"十四五"时期国家重点出版物出版专项规划项目
现代土木工程精品系列图书

农村小型地下水源供水工程
关键技术研究与应用

赵　微　孙颖娜　郑国臣　等著

哈尔滨工业大学出版社

内 容 简 介

本书简要介绍了农村小型地下水源供水工程关键技术与应用,论述的内容主要包括黑龙江省区域水文地质特征及地下水水源分析研究,水源、选址与建设模式研究,厂房与管网布置技术模式,铁和锰超标、硝酸盐超标、氟化物超标治理工程建设技术模式,农村供水消毒技术及设备选择与应用,农村供水工程技术设备研发,农村供水工程应用效果评价,工程运行管理模式研究及效益分析。本书包括了作者多年来取得的科研成果,可以让读者比较全面地了解农村供水领域的研究进展。

本书可作为农村供水相关方向的本科生和研究生的学习用书,也可作为科研人员的参考资料。

图书在版编目(CIP)数据

农村小型地下水源供水工程关键技术研究与应用/
赵微等著. —哈尔滨:哈尔滨工业大学出版社,2024.
7. —(现代土木工程精品系列图书). —ISBN 978-7
-5767-1653-5

Ⅰ . S277.7

中国国家版本馆 CIP 数据核字第 2024XK9241 号

策划编辑　王桂芝
责任编辑　王　丹　王　雪
出版发行　哈尔滨工业大学出版社
社　　址　哈尔滨市南岗区复华四道街 10 号　邮编 150006
传　　真　0451-86414749
网　　址　http://hitpress.hit.edu.cn
印　　刷　辽宁新华印务有限公司
开　　本　787 mm×1 092 mm　1/16　印张 14.5　字数 345 千字
版　　次　2024 年 7 月第 1 版　2024 年 7 月第 1 次印刷
书　　号　ISBN 978-7-5767-1653-5
定　　价　98.00 元

(如因印装质量问题影响阅读,我社负责调换)

前　言

水是生命之源,获得安全卫生的饮用水是人类生存的基本需求。发展农村供水、保障饮水安全是改善农村居民生活条件的重要措施。国家实施脱贫攻坚政策、乡村振兴战略,要求发展农村供水、保障饮水安全。进一步提高农村饮水安全保障水平,使广大农村居民喝上更加方便、更加稳定、更加安全的饮用水是全面建成小康社会和脱贫攻坚的要求。黑龙江省政府出台《关于做好农村供水保障工作的指导意见》,提出在全省建设小型农村地下水源供水工程,要求农村供水工程管理规范、供水达标、水价合理、运行可靠、管理科学。

保障农村饮水安全是一项长期任务,村镇供水工程可分为集中式和分散式两大类,其中集中式供水工程按供水规模可分为 5 种类型,Ⅰ 型供水规模大于 10 000 m³/d、Ⅱ 型供水规模 5 000 ~ 10 000 m³/d、Ⅲ 型供水规模 1 000 ~ 5 000 m³/d、Ⅳ 型供水规模 200 ~ 1 000 m³/d、Ⅴ 型供水规模小于 200 m³/d。其中 Ⅰ、Ⅱ 和 Ⅲ 型为规模化供水工程,Ⅳ 和 Ⅴ 型为小型集中供水工程,即供水规模小于 1 000 m³/d 的工程为小型供水工程。黑龙江省农村供水工程以小型地下水源供水工程为主,截止到 2019 年底,黑龙江省现有农村饮水安全工程 19 192 处,以地下水为水源的小型集中供水工程 17 695 处,占工程总数的 92.2%。农村小型地下水源供水工程规模小、数量多、分布广,亟需紧密结合供水工程特点和实际情况,开发简单、适用、运行可靠的工程建设技术模式及水处理设备和运行管理方法,满足全面建成小康社会和乡村振兴对农村供水安全的要求。

全书共分 10 章,分别讲述了黑龙江省区域水文地质特征及地下水水源分析研究,水源、选址与建设模式研究,厂房与管网布置技术模式,铁和锰超标治理工程建设技术模式,硝酸盐超标治理工程建设技术模式,氟化物超标治理工程建设技术模式,农村供水消毒技术及设备选择与应用,农村供水工程技术设备研发,农村供水工程应用效果评价,工程运行管理模式研究及效益分析。本书在充分收集资料与调研的基础上,分析了黑龙江省水文地质特征及地下水水源情况;剖析了黑龙江省 5 种技术模式(铁和锰超标治理工程、水质合格工程、氟化物超标治理工程、氨氮超标治理工程、水量达标工程);研制了 7 种适用于地下水源供水工程的水处理设备(自动清洗紫外消毒设备、自动投加二氧化氮清毒设备、高效气提除铁和锰设备、气水脉冲管道清洗装置、生物漫滤柱、涌砂离心过滤器和农村生活污水快速处理装置);基于层次分析法(analytic hierarchy process,AHP)构建了 1 种供水工程安全评价指标体系与评价模型,并对典型供水工程开展应用效果评价;最后进行了工程运行管理模式研究及效益分析。

本书由赵微、孙颖娜、郑国臣、李琳、杨尚、王然、马俊芳共同撰写。本书是在国家重点研发技术项目（2018YFC0408102）、黑龙江省自然基金联合引导项目（JJ2022LH0911）、城市水资源与水环境国家重点实验室开放课题（ES202217）、黑龙江生态灌区水利技术研发与创新团队建设项目（YC2015D006）、黑龙江省财政专项课题（KY201614）的支持下，作者基于已有成果撰写而成的。中国水利水电科学研究院杨继富教授为本书的撰写给予了大力支持，在此表示感谢。另外，本书在撰写过程中参阅了相关文献和书籍，同时也向这些作者致以诚挚的谢意。

由于作者水平有限，在理论和技术方面还有很多不足，也未能将更多的国内外最新成果涵盖其中，衷心希望广大读者批评指正。作者将在后续工作中进一步完善。

赵 微

2024 年 3 月

于哈尔滨

目　　录

第1章 黑龙江省区域水文地质特征及地下水水源分析研究

1.1 地下水资源类型区水文地质特征

地下水资源类型区划分的目的是确定各个具有相似水文地质特征的均衡计算区。正确划分地下水资源类型区是一项关系地下水资源量评价成果精度的重要基础工作。摸清地下饮用水水源的现状,提出切实可行的成井类型及井深数据,能够为打井工作提供可靠的数据支撑。根据区域地形地貌将评价区划分为平原区和山丘区,根据次级地形地貌特征和地下水类型,将平原区划分为三江低平原、穆棱兴凯低平原、松嫩平原、逊河平原及松花江干流河谷平原;山丘区划分为黑龙江干流、松花江、嫩江、乌苏里江和绥芬河。

1.1.1 平原区水文地质特征

平原区划分为三江低平原、穆棱兴凯低平原、松嫩平原、逊河平原及松花江干流河谷平原。

1.三江低平原

三江低平原地下饮用水水源成井条件见表1.1。

表1.1 三江低平原地下饮用水水源成井条件

地下水类型	分布地域	水文地质条件	成井条件	成井设计	
				成井类型	井深/m
河谷漫滩孔隙潜水区	分布于黑龙江、松花江、乌苏里江及其主要支流河谷漫滩,萝北、绥滨、同江、抚远、饶河、汤原、桦川、佳木斯、富锦等市(县)均有分布	含水层岩性,为砂及砂砾石,含水层厚度一般为10~25 m,最厚可达30 m,地下水埋深一般为1.5~5.0 m,渗透系数一般大于30 m/d,单井涌水量一般为1 000~3 000 m^3/d,局部为3 000~5 000 m^3/d	埋藏浅,富水性中等,便于开采	管井	40~60

续表 1.1

地下水类型	分布地域	水文地质条件	成井条件	成井类型	井深/m
阶地孔隙潜水–弱承压水区	分布于三江平原广大一级阶地，萝北、绥滨、同江、抚远、饶河、汤原、桦川、佳木斯、富锦、集贤、友谊、宝清、鹤岗等市（县）均有分布	含水层岩性，为砂及砂砾石，含水层厚度绥滨一带为120～200 m，同江、抚远为120～240 m；渗透系数大于30 m/d，单井涌水量大于5 000 m³/d。萝北—汤源连线以东大致呈近南北向延伸的条带状地段、街津口岛状丘陵区外围及佳木斯—富锦—62团北—别拉洪河连线以北的条形地带，砂及砂砾石含水层因地处绥滨、同江、抚远拗陷的边部斜坡带，厚度逐渐变薄，渗透系数为12～30 m/d，单井涌水量为3 000～5 000 m³/d。萝北—佳木斯—别拉洪河一线以南至山前地区，含水层厚度一般为40～100 m，渗透系数为6～12 m/d，单井涌水量为1 000～3 000 m³/d。同江—富锦—友谊连线以东地区因普遍上覆5～20 m厚的亚黏土，地下水具弱承压性，水位埋深为4～9 m，承压水头为6～7 m。该连线以西地区，亚黏土覆盖较薄，为潜水分布区，潜水位埋深一般为4～6 m。绥鹤地区，北部临黑龙江地带，水位埋深为6～8 m；南部近松花江地带，水位埋深为3～4 m。在水成子以南及梧桐河下游一带，地下水埋藏浅，一般小于2 m，局部溢出地	埋藏浅，富水性中等–强富水，便于开采	管井	50～80

续表1.1

地下水类型	分布地域	水文地质条件	成井条件	成井设计	
				成井类型	井深/m
山前台地微孔隙裂隙潜水区	呈条带状断续分布于平原周边的山前台地区,萝北、饶河、汤原、佳木斯、集贤、友谊、宝清、鹤岗等市(县)均有分布	含水层岩性,为具柱状裂隙和微孔隙发育的亚黏土及间夹的薄层砂,含水层厚度一般为3~10 m,水位埋深为2~5 m,富水性很差,单井涌水量小于100 m³/d,渗透系数为1~1.3 m/d	贫水区,不宜成井	—	—
残丘(山)区	分布于平原区内的残丘(山)区,同江、抚远、饶河、富锦、友谊等市(县)均有分布	基岩裂隙水,为贫水区	贫水区,不宜成井	—	—

由表1.1可见,三江低平原河谷漫滩孔隙潜水区和阶地孔隙潜水-弱承压水区地下水埋藏浅,富水性中等,便于开采,成井类型以管井为主,井深为40~80 m。山前台地微孔隙裂隙潜水区和残丘(山)区为贫水区,不宜成井。

2. 穆棱兴凯低平原

穆棱兴凯低平原地下饮用水水源成井条件见表1.2。

表1.2 穆棱兴凯低平原地下饮用水水源成井条件

地下水类型	分布地域	水文地质条件	成井条件	成井设计	
				成井类型	井深/m
漫滩孔隙潜水区	分布于乌苏里江、穆棱河中下游、七虎林河河谷漫滩上,鸡西、鸡东、密山、虎林等市(县)均有分布	含水层岩性,为砂及砂砾石,大部分地区无黏性土覆盖,部分地段上覆1~2 m厚亚黏土或亚砂土,含水层厚一般为16~80 m,渗透系数为12~50 m/d。单井涌水量为1 000~3 000 m³/d,局部为100~1 000 m³/d或3 000~5 000 m³/d。地下水埋深为1~3 m	埋藏浅,富水性中等,便于开采	管井	40~90

续表1.2

地下水类型	分布地域	水文地质条件	成井条件	成井设计	
				成井类型	井深/m
阶地孔隙潜水-承压水区	分布于穆棱兴凯低平原的阶地区,鸡西、鸡东、密山、虎林等市(县)均有分布	含水层由砂、砂砾石、含黏土质砂砾石组成,上覆黏性土厚度一般为1~3 m,多为潜水,仅在平原南部地区,由于分布有较厚的亚黏土层,地下水呈弱承压—承压性。水位埋深一般为3~5 m,只有阿布沁河以北地区为5~10 m。含水层厚度一般为20~80 m,最厚达150 m。水量丰富,单井涌水量一般为1 000~3 000 m³/d,部分地段为3 000~5 000 m³/d。渗透系数为6~12 m/d。兴凯湖低平原南部,含水介质为细砂,含砾粗砂、砂砾石。含水层厚度为45 m,顶板埋深为63 m,水位埋深为1.5 m,为承压水,水头高为61 m,单井涌水量为1 000~3 000 m³/d	埋藏浅,富水性中等-强富水,便于开采	管井	50~80
山前台地微孔隙裂隙潜水区	沿低山丘陵前缘呈条带状分布,鸡西、鸡东、密山、虎林等市(县)均有分布	含水层岩性,为亚黏土或亚黏土夹碎石,厚度为10~20 m,赋存微孔隙裂隙水;富水性很弱,单井涌水量小于100 m³/d,渗透系数为0.05~0.6 m/d,地下水埋深为5~20 m。主要为大气降水入渗补给	贫水区,不宜成井	—	—
残丘(山)区	分布于平原区内的残丘(山)区,只在虎林县分布	基岩裂隙水,为贫水区	贫水区,不宜成井	—	—

由表1.2可见,穆棱兴凯低平原漫滩孔隙潜水区和阶地孔隙潜水-承压水区地下水埋藏浅、富水性中等,便于开采,成井类型以管井为主,井深分别为40~90 m和50~80 m。山前台地微孔隙裂隙潜水区和残丘(山)区为贫水区,不宜成井。

3. 松嫩平原

松嫩平原地下饮用水水源成井条件见表 1.3。

表 1.3　松嫩平原地下饮用水水源成井条件

地下水类型	分布地域	水文地质条件	成井条件	成井设计	
				成井类型	井深/m
河谷孔隙潜水-弱承压水区	沿嫩江、松花江及其支流呈条带状分布于河谷漫滩,宽为 1.5~30 km。嫩江、讷河、五大连池、富裕、依安、克山、克东、北安、齐齐哈尔、泰来、龙江、泰康、甘南、肇源、肇东、哈尔滨、双城、呼兰、宾县、巴彦、五常、兰西、青冈、绥化、望奎、海伦、绥棱、庆安、铁力、明水、拜泉等市(县、区)均有分布	含水层岩性,为砂及砂砾石,间夹黏土薄层或透镜体,具有上细下粗的二元结构。北部河流支谷含水层由亚砂土、泥质砂、泥质砂砾石或碎石夹亚黏土组成。含水层厚度为 2~39 m,局部达 50 m 左右。水位埋深多小于 5 m。松花江、嫩江中段、讷漠尔河、乌裕尔河、双阳河、呼兰河、拉林河等河谷含水层颗粒粗,厚度大,富水性强,单井涌水量为 1 000~3 000 m³/d,局部地段大于 3 000 m³/d;科洛河、通肯河、嫩江上游地段及其支谷含水层颗粒细,厚度薄,富水性弱,单井涌水量为 100~1 000 m³/d,局部地段小于 100 m³/d	埋藏浅,富水性弱-中等富水,差别很大,便于开采	管井	50~70
西部扇形地孔隙潜水区	分布于松嫩平原西部嫩江右岸甘南、齐齐哈尔市市区山前地带,由北向南有诺敏河、阿伦河、雅鲁河及绰尔河扇形地,构成扇形平原。甘南、齐齐哈尔、龙江等市(县)均有分布	含水层岩性,主要为砂砾石及含黏土砂砾石,次之为细砂。含水层厚度一般为 10~60 m,渗透系数一般为 50~150 m/d。水位埋深一般为 1~4 m,局部为 5~10 m。含水富水性强,单井涌水量为 3 000~5 000 m³/d,次之为 1 000~3 000 m³/d 或小于 1 000 m³/d,并且由扇顶至前缘,从轴部向两侧,富水性逐渐减弱	埋藏浅,富水性中等-强富水,便于开采	管井	50~80

续表 1.3

地下水类型	分布地域	水文地质条件	成井条件	成井设计	
				成井类型	井深/m
中部低平原孔隙潜水-承压水区	分布于西部山前倾斜平原与东部高平原之间的广大低平原区,富裕、依安、林甸、齐齐哈尔、泰来、泰康、大庆、安达、肇东、肇源、肇州等市(县)均有分布	含水层多为上、下二元结构。上部第四系上更新统含水层岩性,为砂及砂砾石,次之为亚黏土及亚砂土。含水层厚度为 3~20 m。地下水埋深为 2~5 m,局部为 5~20 m。地下水具有潜水性质,仅在东部低平原的乌双低洼地区,地下水具有微承压性质。嫩江东侧富裕—齐齐哈尔—江桥连线间呈北东向的长条地带,含水层颗粒粗,厚度大,富水性强,单井涌水量为 3 000~5 000 m³/d;在该连线以东,含水层粒度渐细,厚度变薄,富水性减弱,单井涌水量依次为 1 000~3 000 m³/d、100~1 000 m³/d;到东部林甸一带,单井涌水量则小于 100 m³/d;连线西部,单井涌水量 100~150 m³/d。下部含水层主要由中更新统、下更新统砂、含砾砂及砂砾石组成,为孔隙承压水。其中,中更新统含水层厚度一般为 5~50 m,齐齐哈尔市附近厚度达 70~106 m,承压水盆地边缘厚度小于 5 m。地下水埋深多小于 10 m,局部达 15~30 m。该含水岩组上覆 10~60 m 厚的淤泥质亚黏土,构成稳定的区域性隔水层。顶板埋深由低平原边缘地区的 20~40 m 增至中心地区的 80 m 左右,单井涌水量为 1 000~3 000 m³/d,局部为 3 000~5 000 m³/d 或 100~1 000 m³/d。下更新统孔隙承压水分布于大同—安达—依安以西,乌裕尔河以南,甘南—龙江—泰来以东的广大地区。含水介质为砂及砂砾石,胶结较弱,局部与亚黏土互层,含水层厚度为 10~100 m,承压水盆地南部顶板埋深为 40~120 m,北部多为 80~140 m。地下水埋深为 1~10 m,局部达 15~30 m。单井涌水量为 1 000~3 000 m³/d 或 100~1 000 m³/d	上部潜水埋藏浅,富水性较弱-中等,地下水脆弱性高,水质相对较差。在下部承压水分布区,开采下部承压水为宜	管井	80~120

续表 1.3

地下水类型	分布地域	水文地质条件	成井条件	成井设计	
				成井类型	井深/m
西部山前台地深藏孔隙潜水区	断续分布于大兴安岭东麓山前台地地区,大致呈北东、南西向展布于甘南、龙江等地	含水层岩性及厚度在不同地段变化较大,由北向南,在甘南县城以西一带,岩性主要为分选差的砂砾石、卵石夹黏土透镜体,含水层厚度为 20 m 左右;向南至龙江县七棵树一带,含水层岩性为亚黏土,厚度小于 10 m;龙江镇以南厚度小于 26 m,基本上为不含水的亚黏土及黏土夹砾石;南部的仙人洞一带,砂砾石含水层厚度大于 50 m。地下水位埋深除沟谷地带小于 2 m 外,其他地段均大于 10 m。地下水富水性较差,除个别地区单井涌水量达 1 000 ~ 3 000 m³/d 外,其他地区均小于 100 m³/d	贫水区,不宜成井。	—	—
东部高平原微孔隙裂隙潜水－承压水区	分布于松嫩平原东部广大高平原区,嫩江、讷河、五大连池、富裕、依安、克山、克东、北安、巴彦、青冈、绥化、望奎、海伦、绥棱、庆安、铁力、明水、拜泉、宾县、哈尔滨、双城、阿城、五常等市(县、区)均有分布	讷漠尔河以北的倾斜高平原,含水层介质由中上更新统砂、砂砾石组成,局部地段为亚黏土。含水层顶部断续分布亚黏土或黄土状亚黏土,厚度为 1.5 ~ 30 m。该含水层所处地势较高,高位砂砾石层透水而不含水。含水层厚度一般约为 10 m,最厚在 30 m 以上,总的变化趋势是由北向南逐渐增厚。嫩江镇—讷漠镇连线间,含水层颗粒粗,厚度大,富水性相对较强,单井涌水量为 100 ~ 1 000 m³/d。平原边部,含水层厚度薄,颗粒细,富水性弱,单井涌水量多小于 100 m³/d。地下水埋深为 5 ~ 15 m,北部地区大于 30 m。讷漠尔河以南松嫩高平原区,含水介质主要为黄土状亚黏土、黄土状亚砂土,局部为砂、砂砾石。肇东以南高平原地区,含水介质为黄土状亚砂土,西部局部有薄层砂、砂砾石。含水层厚度多为 3 ~ 6 m,单井涌水量为 100 ~ 1 000 m³/d,水位埋深为 2 ~ 10 m。其他地区含水介质主要为黄土状亚黏土,含水层厚度为 1.5 ~ 21 m,单井涌水量小于 100 m³/d,局部为 100 ~ 1 000 m³/d	埋藏深,富水性极弱-较弱,水质差,开采深层承压水为宜	管井	80 ~ 150

续表1.3

地下水类型	分布地域	水文地质条件	成井条件	成井设计	
				成井类型	井深/m
五大连池玄武岩台地孔洞裂隙水区	集中分布于五大连池地区,只在五大连池市分布	含水层上部为玄武岩,厚度为20~40 m,下部为第四系中更新统砂砾石(北部地区缺失),厚度为1~5 m,二者直接接触,组成统一含水体,含水介质孔洞、裂隙发育。地下水埋深小于10 m,单井涌水量为100~1 000 m³/d。多以岩溶泉形式出露。零星分布于克山和克东一带的玄武岩含水层,由于岩体规模小,厚度薄,孔洞、裂隙发育程度差,不利于地下水的富集与赋存,单井涌水量为100~1 000 m³/d。科洛河中段的玄武岩含水层,由于分布地貌部位高,不利于地下水的富集与赋存,单井涌水量为100 m³/d	不宜大面积开采,在富水性较好的地域开采为宜	管井	60~80
残丘(山)区	分布于平原区内的残丘(山)区,龙江、嫩江、讷河、五大连池、宾县等市(县)均有分布	基岩裂隙水,为贫水区	贫水区,不宜成井	—	—

由表1.3可见,松嫩平原河谷孔隙潜水 - 弱承压水区和西部扇形地孔隙潜水区地下水埋藏浅、富水性中等,地下水上部水质差,以开采下部深层承压水为宜,注意上部浅层地下水止水工作。中部低平原孔隙潜水 - 承压水区埋藏深、富水性极弱 - 较弱,上部水质差,以开采下部深层承压水为宜,注意上部浅层地下水止水工作。五大连池玄武岩台地孔洞裂隙水区不宜大面积开采,宜在富水性较好的地域开采。西部山前台地深藏孔隙潜水区和残丘(山)区为贫水区,不宜成井。

4. 逊河平原

逊河平原地下饮用水水源成井条件见表1.4。

表1.4　逊河平原地下饮用水水源成井条件

地下水类型	分布地域	水文地质条件	成井条件	成井设计	
				成井类型	井深/m
逊河河谷孔隙潜水区	分布于逊河及主要支流河谷一级阶地及漫滩中，孙吴、逊克等市（县）均有分布	含水层上部为1~1.5 m厚的亚砂土或亚黏土，分布稳定，下部为砂砾石及粗砂，局部夹有细砂层及亚黏土透镜体。含水层厚度为5~10 m，地下水埋深为1~4 m，渗透系数为50~60 m/d，单井涌水量为1 000~3 000 m³/d	埋藏浅，富水性中等，便于开采	管井	40~70
台地孔洞裂隙水–裂隙孔隙水区	集中分布于逊河以南（石参山至逊河间）广大台地区，只在逊克县分布	玄武岩上部普遍被第四系上更新统堆积物覆盖，仅在较高部位或沿河流两侧，由于河流的冲刷作用玄武岩裸露。含水层由第四系玄武岩组成。岩石气孔发育，直径为2~5 mm，大者可达10~20 mm，多发育在30 m以上部位。含水段厚度为10~15 m，水位埋深变化较大，为10~35 m。渗透系数小于5 m/d，局部地段小于1 m/d。单井涌水量为100~1 000 m³/d	不宜大面积开采，在富水性较好的地域开采为宜	管井	60~80
残丘（山）区	分布于平原区内的残丘(山)区，龙江、嫩江、讷河、五大连池、宾县等市（县）均有分布。	基岩裂隙水，为贫水区	贫水区，不宜成井	—	—

由表1.4可见，逊河平原逊河河谷孔隙潜水区埋藏浅、富水性中等，便于开采，成井类型以管井为主，井深为40~70 m。台地孔洞裂隙水－裂隙孔隙水区不宜大面积开采，宜在富水性较好的地域开采，井深为60~80 m。残丘（山）区为贫水区，不宜成井。

5. 松花江干流河谷平原

松花江干流河谷平原地下饮用水水源成井条件见表1.5。

表1.5 松花江干流河谷平原地下饮用水水源成井条件

地下水类型	分布地域	水文地质条件	成井条件	成井设计	
				成井类型	井深/m
河谷平原孔隙潜水-弱承压水区	分布于松花江干流、牡丹江、倭肯河及蚂蚁河河谷,木兰、通河、方正、尚志、延寿、依兰、勃利、七台河、汤原、牡丹江、海林、宁安等市(县)均有分布	含水层岩性,为砂及砂砾石。松花江干流河谷含水层以依兰—达连河一带最薄,厚度一般约为10 m,向其上、下游逐渐增厚,一般为13~50 m。牡丹江河谷在与松花江的汇流处,含水层较厚,为30~45 m。倭肯河河谷含水层厚度一般为20~40 m。蚂蚁河河谷含水层厚度约为20 m,在与松花江交汇处,厚度约为50 m。低漫滩区含水层多出露地表,高漫滩区含水层上覆不连续的厚度为1~7 m的亚砂土,一、二级阶地区含水层上覆厚度一般为3~13 m的亚黏土。地下水位埋深总体上变化较大,低漫滩区一般为1~6 m,高漫滩区一般为4~6 m,一级阶地区一般为6~15 m,二级阶地区为15~20 m。渗透系数为15~25 m/d,富水性好,单井涌水量为1 000~3 000 m^3/d或100~1 000 m^3/d	埋藏浅,富水性较弱-中等,便于开采	管井	50~80
山前台地微孔隙裂隙潜水区	呈条带状分布于倭肯河河谷的山前台地区及松花江北岸山前台的局部地区。木兰、通河、勃利、七台河等市(县)均有分布	含水层岩性,为黄土状亚黏土、亚黏土或含砾亚黏土,含水层厚度一般为15~20 m,地下水埋深一般为6~10 m,局部地段为15~20 m。渗透系数一般为1~3 m/d,单井涌水量小于100 m^3/d	贫水区,不宜成井	—	—
倭肯河河谷残丘(山)区	分布于残丘(山)区,只在勃利县分布	基岩裂隙水,为贫水区	贫水区,不宜成井	—	—

由表1.5可见,河谷平原孔隙潜水 – 弱承压水区地下水埋藏浅、富水性较弱–中等,便于开采,成井类型以管井为主,井深为 50 ~ 80 m。山前台地微孔隙裂隙潜水区和倭肯河河谷残丘(山)区为贫水区,不宜成井。

综合分析表1.1~1.5可见,黑龙江省农村平原地下饮用水水源取水构筑物主要为管井,结合管井设计、施工、管理等相关法律法规及黑龙江省农村地区的管井建设与管理的实际情况,管井的结构、过滤器的设计应符合《管井技术规范》(GB 50296—2014)和《机井技术规范》(GB/T 50625—2010)中的有关规定。管井的井位、出水量、散水坡、井台和井盖设计应符合《村镇供水工程技术规范》(SL 310—2019)中 4.1.1、4.1.2 和 12.4.1 的有关规定。提水设备的选择应遵循《村镇供水工程技术规范》(SL 310—2019)中 1 ~ 5 的规定。

1.1.2 山丘区水文地质特征

黑龙江省山丘区划分为黑龙江干流、松花江、嫩江、乌苏里江和绥芬河。

1. 黑龙江干流

黑龙江干流地下饮用水水源成井条件见表1.6。

表 1.6 黑龙江干流地下饮用水水源成井条件

地下水类型	分布地域	水文地质条件	成井条件	成井设计	
				成井类型	井深/m
第四系山间河谷孔隙潜水区	分布于黑龙江干流、额穆尔河、呼玛河、库尔滨河山间河谷平原。漠河、呼玛、塔河、逊克、孙吴、黑河、嘉荫等市(县)均有分布	黑龙江干流河谷含水介质为砂、砂砾石、含泥质砂砾石,含水层厚度一般为 7 ~ 10 m,渗透系数为 10 ~ 70 m/d,单井涌水量为 100 ~ 1 000 m³/d。阶地区含水层上覆厚度一般为 1 ~ 5 m 的亚黏土,水位埋深为 5 ~ 7 m;河漫滩区含水层上覆厚度一般为 1 ~ 3 m 亚砂土,局部砂砾石直接出露地表,水位埋深为 1 ~ 5 m。黑河市南松树沟—爱辉镇一带,由于所处部位较高,上部第四系基本不含水。额穆尔河、呼玛河、库尔滨河河谷平原含水介质为砂砾石、砾卵石,含水层厚度不一,上覆厚度一般为 0.2 ~ 1.3 m 的亚黏土,局部砂砾石直接出露地表。额穆尔河谷平原含水层厚度为 5 ~ 10 m,水位埋深为 1 ~ 5 m,单井涌水量为 100 ~ 1 000 m³/d。呼玛河河谷平原含水层厚度为 5 ~ 20 m,地下水埋深为 1 ~ 4 m,单井涌水量为 1 000 ~ 3 000 m³/d。库尔滨河谷平原含水层厚度为 5 m 左右,地下水埋深小于 4 m,单井涌水量小于100 m³/d	埋藏浅,富水性较弱 – 中等富水,便于开采	管井	40 ~ 60

续表 1.6

地下水类型	分布地域	水文地质条件	成井条件	成井设计	
				成井类型	井深/m
第三系孔隙裂隙水区	主要分布于乌云、孙吴及黑河镇一带拗陷盆地区的顶部,漠河、呼玛、孙吴、黑河、嘉荫等市(县)均有分布	含水介质由上第三系孙吴组砂岩、砂砾岩组成,岩石均呈弱胶结状,含水层厚度变化较大。黑河市—孙吴县北部一带砂岩、砂砾岩直接出露地表,大气降水入渗是主要补给来源;含水层厚度为 1.5~3.5 m,单井涌水量小于 100 m³/d。南部的乌云、乌拉嘎等地,含水层上部普遍覆盖有泥岩,地下水多具承压性,地下水埋深为 10~20 m;在嘉荫县沪嘉乡福民屯,含水层厚度为 21.61 m,降深 2.32 m 时单井涌水量为 555 m³/d	埋藏深,富水性弱-较弱富水,差别较大	管井	80~120
白垩系孔隙裂隙水区	集中分布于乌云—结雅中新生代拗陷盆地区,逊克、孙吴、黑河、嘉荫等市(县)均有分布	含水层由白垩系砂岩、砂砾岩及泥质粉砂岩组成。四季镇—黑河市、双河大岗—结烈河乡拗陷盆地区含水层厚度为 10~15 m,单井涌水量为 100~600 m³/d。孙吴、乌云、嘉荫拗陷盆地区含水层分布最广,且厚度较大,累计厚度为 45~60 m。在边疆乡光明钻孔水位降深 3.18 m 时单井涌水量为 1 104 m³/d。其他地区,白垩系含水层厚度变化较大,为 6~71 m,单井涌水量为 75~300 m³/d	埋藏深,富水性弱-较弱富水,差别较大	管井	100~150
基岩裂隙水区	分布于大兴安岭地区的广大山丘区,漠河、呼玛、塔河、逊克、孙吴、黑河、嘉荫、加格达奇、伊春等市(县)均有分布	风化裂隙水主要赋存于花岗岩、变质岩和火山岩的风化裂隙中,其分布及富水性受地貌、岩石风化程度及风化带厚度影响很大,水量贫乏。构造裂隙水多呈带状或脉状分布,主要分布于张性及张扭性断裂带中或构造带的复合部位。塔河—漠河一带,由大型张性断裂带与其他小型张性断裂带组成,在中酸性火山岩或花岗岩分布地段较富水,单井涌水量可达 1 000 m³/d 以上。变质岩地段单井涌水量小于 100 m³/d	分布不稳定,富水性弱,不宜成井。支流小河谷地带,以管井为宜	管井	50~100

由表 1.6 可见,黑龙江干流第四系山间河谷孔隙潜水区、第三系孔隙裂隙水区和白垩系孔隙裂隙水区埋藏浅,富水性较弱–中等富水,便于开采,成井类型以管井为主,基于现有资料、物探勘察结果及多年打井找水经验,确定的井深分别为:第四系山间河谷孔隙潜水区井深为 40～60 m,第三系孔隙裂隙水区和白垩系孔隙裂隙水区井深为 80～150 m。基岩裂隙水区分布不稳定,富水性弱,不宜成井,支流小河谷地带,以管井为宜,井深为50～100 m,基于现有资料或物探勘察结果显示较富水地域可以打井。

2. 松花江

松花江地下饮用水水源成井条件见表 1.7。

表 1.7　松花江地下饮用水水源成井条件

地下水类型	分布地域	水文地质条件	成井条件	成井设计	
				成井类型	井深/m
第四系山间河谷孔隙水区	分布于牡丹江、汤旺河、倭肯河、蚂蚁河上游山间河谷平原。海林、牡丹江、宁安、伊春、嘉荫、汤原、勃利、七台河、延寿、木兰、方正、通河、尚志等市(县)均有分布	含水层由第四系松散堆积物构成。在河谷漫滩区,含水介质为全新统粉细砂、中粗砂、砂砾石。低漫滩区砂、砂砾石层多直接出露地表,高漫滩区砂、砂砾石层上覆不连续的厚度为 1～5 m 的亚砂土或亚黏土;在一级阶地区,含水介质为上更新统中细砂、中粗砂、砂砾石、砾卵石,上覆厚度为 4～9 m 的亚黏土,局部地区地下水具有微承压性质。牡丹江河谷含水层厚度一般为 4～11 m,汤旺河河谷含水层厚度为 3～20 m,倭肯河上游河谷含水层厚度一般为 12～25 m,蚂蚁河上游河谷含水层厚度为 5～10 m。低漫滩区地下水埋深为 1～3 m,高漫滩区一般为 4～6 m,一级阶地区为 6～10 m。渗透系数为 15～25 m/d,单井涌水量为 100～1 000 m³/d,局部为 1 000～3 000 m³/d。牡丹江上游山间河谷左侧西安附近,熔岩台地之下分布孔隙承压水。其上部普遍覆盖有 5～7 m 厚的第四系镜泊中期气孔状玄武岩和 1～2 m 的亚黏土。含水介质由砾卵石、卵石组成。含水层厚度为 12 m,顶板埋深为 13 m,地下水埋深为 6 m,承压水头为 7 m,单井涌水量为 100～1 000 m³/d 或 1 000～3 000 m³/d	埋藏浅,富水性较弱–中等富水,便于开采	管井	40～60

地下水类型	分布地域	水文地质条件	成井条件	成井设计	
				成井类型	井深/m
第三系裂隙孔隙水区	分布于依舒地堑中牡丹江市的黄花、桦林镇及五常一带、七星河上游第三纪盆地中,海林、牡丹江、宁安、双鸭山、友谊、五常、木兰、孙吴、黑河、逊克等市(县)均有分布	黄花盆地第三系裂隙孔隙承压水分布于海浪河与牡丹江交汇处,含水层上部普遍覆盖一层平均厚度为 60 m 的第三系玄武岩和 10 ~ 20 m 厚的泥岩、砂质泥岩,构成隔水顶板,地下水多具承压性,仅在盆地边缘直接出露地表。含水层厚度一般为 10 ~ 30 m,从盆地边缘向盆地中心顶板由薄变厚,承压水头由小变大,单井涌水量小于 100 m³/d。桦林镇五林盆地第三系裂隙孔隙水分布于嘎库—北甸一带,局部隐伏于河谷第四系下部。含水介质为第三系宝泉岭组半胶结含砾中粗砂岩、砂砾岩。北甸—洪都一带,含水层厚度为 22 ~ 24 m,顶板埋深为 29 ~ 43 m,地下水埋深为 17.5 m,承压水头高为 41.9 m,单井涌水量为 100 ~ 1 000 m³/d。七星河上游第三系裂隙孔隙水埋藏于七星河谷下部。含水介质为上第三系砂岩、砂砾岩,含水层厚度一般为 57 ~ 71 m,埋深一般大于 50 m。多为承压水,水位埋深为 2.23 ~ 7.30 m,单井涌水量为 1 000 ~ 3 000 m³/d 及 100 ~ 1 000 m³/d。五常一带的第三系裂隙孔隙水近北东向分布于依舒断裂及胜利镇—山河等地。含水介质为第三系弱胶结的砂岩、含砾中粗砂岩、砂砾岩。在尚志—山河断拗带中,均被第四系全新统砂砾石或上更新统亚黏土所覆盖。含水层埋深为 2.86 ~ 78.63 m,含水层厚度为 16.72 ~ 29.95 m,地下水埋深为 1.75 ~ 6.39 m,具有承压性,单井涌水量小于 100 m³/d。小兴安岭丘陵边缘井家店一带的第三系孔隙水区含水介质为上第三系孙吴组砂岩、砂砾岩、砾岩	埋藏深,富水性弱-中等富水,差别较大	管井	80 ~ 120

续表 1.7

地下水类型	分布地域	水文地质条件	成井条件	成井设计	
				成井类型	井深/m
白垩系孔隙裂隙水区	分布于翠岭、伊春河、鹤岗、双鸭山及七台河一带的山间盆地及海浪、海林、新安镇等山间盆地中，伊春、嘉荫、鹤岗、萝北、双鸭山、七台河、勃利、海林、牡丹江、宁安、林口、穆棱等市（县）均有分布	翠岭—七台河一带的山间盆地含水层为白垩系粉砂岩、砂岩及砾砂岩。翠岭一带，含水层累计厚度达 20 m，顶板埋深为 47 m，地下水埋深小于 8 m，单井涌水量为 1 000 ~ 3 000 m³/d。伊春河谷地区该含水岩组上覆第四系孔隙含水层，含水段一般位于 100 m 以上，裂隙带厚度为 10 ~ 60 m，地下水埋深为 2 ~ 4 m，单井涌水量为 1 000 ~ 3 000 m³/d。分布于七台河盆地的白垩系孔隙裂隙水，含水层厚度为 25 ~ 80 m，地下水埋深为 7 ~ 15 m，单井涌水量一般为 400 ~ 1 000 m³/d，局部地段高达 6 000 m³/d。分布于鹤岗盆地的白垩系孔隙裂隙水，含水层厚度为 40 ~ 50 m，地下水埋深为 1 ~ 4 m，单井涌水量一般为 100 m³/d。分布于双鸭山盆地的白垩系孔隙裂隙水，富含水的强风化带厚度为 70 ~ 80 m，水位埋深一般为 10 ~ 20 m，单井涌水量一般为 100 ~ 500 m³/d。海浪、海林、新安镇等山间盆地大部分地区砂质泥岩直接出露地表，局部地区上覆第三系，在河谷平原区则隐伏于第四系之下。含水岩组为白垩系湖相或滨湖相碎屑岩，含水介质主要为泥质砾岩夹砂岩、砂砾岩、砾岩等。含水层具有层数多、单层厚度小、累计厚度大的特点，含水层厚度和富水性变化较大。在海浪盆地东南部，含水层厚度大于 30 m，单井涌水量为 100 ~ 1 000 m³/d；在海林、新安镇盆地含水层厚度为 15 ~ 50 m，但因多为泥质胶结，富水性较差，单井涌水量小于 100 m³/d	埋藏深，富水性弱-中等富水，差别较大	管井	100 ~ 150

续表 1.7

地下水类型	分布地域	水文地质条件	成井条件	成井设计	
				成井类型	井深/m
第三系裂隙孔隙水区	分布于依舒地堑中牡丹江市的黄花、桦林镇及五常一带、七星河上游第三纪盆地中,海林、牡丹江、宁安、双鸭山、友谊、五常、木兰、孙吴、黑河、逊克等市(县)均有分布	结构呈松散状,孔隙发育,厚度小于 60 m,单井涌水量为 100 ~ 1 000 m³/d。地下水位埋深随地形和基底埋深变化而变化,除接近河谷区较浅外,其他地区均大于 10 m,个别地段深达 30 m	埋藏深,富水性弱-中等富水,差别较大	管井	80 ~ 120
基岩裂隙水区	包括风化裂隙水及构造裂隙水,广泛地分布于小兴安岭、张广才岭、老爷岭等丘陵山区,分布于鹤岗、伊春、双鸭山、牡丹江、七台河等市的广大山丘区	含水介质主要为花岗岩、碎屑岩及古生代变质岩,主要是裂隙储水,分布不稳定,水量贫乏	分布不稳定,弱富水,不宜成井。支流小河谷地带,以管井为宜	管井	50 ~ 100
玄武岩孔洞裂隙水区	主要分布于牡丹江地区山丘区,牡丹江、宁安、穆棱等市(县)均有分布	出露于熔岩高、低台地、黄花断陷盆地上部,牡丹江河谷断续分布,含水介质为第四纪镜泊期和新第三纪及老第三纪气孔状玄武岩。第四纪镜泊期玄武岩断续分布于牡丹江河谷熔岩低台地、二级阶地及倾斜平原第四系砂砾石孔隙水上部。含水体上部普遍覆盖一层 3 ~ 5 m厚的亚黏土,地下水局部具有承压性,含水体厚度一般为 5 ~ 6 m。含水岩体风化破碎严重,多呈碎块状,气孔及节理裂隙发育,地下水埋深为 3 ~ 5 m,富水性弱,单井涌水量为 100 ~ 500 m³/d	不宜大面积开采,在富水性较好的地域开采为宜	管井	60 ~ 100

由表 1.7 可见,松花江第四系山间河谷孔隙水区水层埋藏浅,富水性较弱－中等富水,便于开采,成井类型以管井为主,井深为 40～60 m,基于现有资料或物探勘察结果显示较富水地域可以打井。第三系裂隙孔隙水区和白垩系孔隙裂隙水区水层埋藏深,富水性弱－中等富水,差别较大,成井类型以管井为主,井深为 80～150 m。基岩裂隙水区水层分布不稳定,弱富水性,不宜成井。支流小河谷地带,以管井为宜,井深为 50～100 m,应进行地球物理勘察后再打开采井。玄武岩孔洞裂隙水区不宜大面积开采,在富水性较好的地域开采为宜,以管井为宜,井深为 60～100 m,基于现有资料或物探勘察结果显示较富水地域可以打井。

3. 嫩江

嫩江地下饮用水水源成井条件见表 1.8。

表 1.8　嫩江地下饮用水水源成井条件

地下水类型	分布地域	水文地质条件	成井条件	成井设计	
				成井类型	井深/ m
第四系山间河谷孔隙潜水区	主要分布于嫩江上游及门鲁河、鸡爪河、南北河、阿伦河、雅鲁河上游山间河谷平原中,嫩江、五大连池、北安、甘南、龙江等市(县)均有分布	含水介质为砂、砂砾石、砾卵石,上覆薄层亚黏土、亚砂土,局部地段砂砾石出露地表。含水层厚度自上游到下游由薄变厚,地下水埋深一般为 1.5～5 m,渗透系数为 10～20 m/d。门鲁河河谷含水层厚度一般为 2～4 m,单井涌水量一般为 10～100 m³/d。鸡爪河、南北河谷含水层厚度一般为 2～6 m,单井涌水量为 100～500 m³/d。雅鲁河上游河谷含水层厚度一般为 10～20 m,单井涌水量为 100～1 000 m³/d	埋藏浅,富水性极弱-较弱,差别较大,便于开采	管井	40～70
第三系孔隙裂隙水区	主要分布于北安拗陷北部边缘,北安、五大连池等市均有分布	含水介质由孙吴组砂岩、砂砾岩组成,砾径一般为 7～8 mm,磨圆较好,分选较差,结构松散,含水层薄,单井涌水量小于 100 m³/d	埋藏深,富水性极弱,不宜成井	管井	80～120
基岩裂隙水区	广泛分布于低山丘陵区,在北安、五大连池、海伦、铁力、庆安、绥棱等市(县)山丘区均有分布	广泛分布于低山丘陵区。根据含水裂隙成因及其功能特征的差异,分为风化裂隙水及构造裂隙水。含水介质主要为花岗岩、碎屑岩及古生代变质岩。主要是裂隙储水,分布不稳定,水量贫乏	分布不稳定,弱富水,不宜成井。支流小河谷地带,以管井为宜	管井	50～100

续表1.8

地下水类型	分布地域	水文地质条件	成井条件	成井设计	
				成井类型	井深/m
白垩系裂隙孔隙水区	由南向北断续分布于北安市建设林场、引龙河上游及嫩北农场地区,在北安、五大连池东北部山丘区均有分布	含水介质为白垩系上统嫩江组泥质粉砂岩、砂岩、砂砾岩,其上部一般覆盖20~50 m厚度不一的亚黏土或泥岩,地下水多具有承压性。在北安建设林场一带,含水层顶板埋深为19 m,含水层厚度为18 m,水位埋深一般小于10 m,单井涌水量一般小于100 m³/d。引龙河上游地区,襄河农场、固东河两侧地区,含水层累计厚度为25~30 m,顶板埋深为20~35 m,地下水埋深为35~54 m,单井涌水量小于100 m³/d。引龙河农场一带,含水层厚度为22~75 m,地下水埋深为3~31 m,单井涌水量一般为100~1 000 m³/d。嫩北农场地区,含水层厚度一般为20~60 m,水位埋深为16~48 m,单井涌水量为300~700 m³/d	埋藏深,富水性极弱–较弱富水	管井	100~150

由表1.8可见,嫩江第四系山间河谷孔隙潜水区水层埋藏浅,富水性极弱–较弱,差别较大,便于开采,成井类型以管井为主,井深为40~70 m。第三系孔隙裂隙水区埋藏深,富水性极弱,不宜成井。白垩系裂隙孔隙水区埋藏深,富水性极弱–较弱富水,以管井为宜,井深为100~150 m,应进行物探勘察后再打开采井。基岩裂隙水区分布不稳定,弱富水,不宜成井。支流小河谷地带,以管井为宜,井深为50~100 m,基于现有资料或物探勘察结果显示较富水地域可以打井。

4. 乌苏里江

乌苏里江地下饮用水水源成井条件见表 1.9。

表 1.9　乌苏里江地下饮用水水源成井条件

地下水类型	分布地域	水文地质条件	成井条件	成井设计	
				成井类型	井深/m
第四系山间河谷孔隙潜水区	分布于穆棱河上游山间河谷平原,鸡西、密山、鸡东、宝清、虎林、饶河等市(县)均有分布	第四系堆积物薄,上覆 1~2 m 厚的亚黏土。含水介质由第四系上更新统与全新统冲积物组成,岩性为含砾粗砂、砂砾石、卵石。含水层厚度为 3~8 m,一般在上游厚度较薄,向下游逐渐增厚,地下水埋深为 1~4 m,渗透系数为 50~100 m/d,单井涌水量为 100~1 000 m³/d,局部为 1 000~3 000 m³/d	埋藏浅,富水性较弱-中等,便于开采	管井	30~60
白垩系孔隙裂隙水区	分布于鸡西、梨树、麻山、恒山等地	含水介质下部为粗粒砂岩、细砂岩、含砾砂岩,可分为下部砾岩段和上部砂岩段。裂隙含水带深度一般在 80 m 以上,地下水埋深为 10~25 m,年水位变幅为 4~6 m,单井涌水量一般为 100~1 000 m³/d	埋藏深,富水性较弱,差别较大	管井	100~150
基岩裂隙水区	广泛分布于低山丘陵区,鸡西、密山、鸡东、宝清、虎林、饶河、友谊等市(县)均有分布	根据含水裂隙成因及其功能特征的差异分为风化裂隙水及构造裂隙水。含水介质主要为花岗岩、碎屑岩及古生代变质岩。主要是裂隙储水,分布不稳定,水量贫乏	分布不稳定,弱富水,不宜成井。支流小河谷地带,以管井、大口井为宜	管井	50~100

由表 1.9 可见,乌苏里江第四系山间河谷孔隙潜水区埋藏浅,富水性较弱-中等,便于开采,以管井为宜,井深为 30~60 m。白垩系孔隙裂隙水区埋藏深,富水性较弱,差别较大,以管井为主,井深为 100~150 m,应进行物探勘察后再打开采井。基岩裂隙水区分布不稳定,弱富水,不宜成井。支流小河谷地带,以管井、大口井为宜,基于现有资料或物探勘察结果显示较富水地域可以打井。

5. 绥芬河

绥芬河地下饮用水水源成井条件见表 1.10。

表 1.10 绥芬河地下饮用水水源成井条件

地下水类型	分布地域	水文地质条件	成井条件	成井设计	
				成井类型	井深/m
基岩裂隙水区	分布于低山丘陵区,绥芬河、东宁市(县)山丘区均有分布	含水介质主要为花岗岩,主要是裂隙储水,分布不稳定,水量贫乏	分布不稳定,弱富水,不宜开采。支流小河谷地带,以管井为宜	管井	50~100
第四系山间河谷孔隙潜水区	分布于绥芬河山间河谷平原,绥芬河、东宁市(县)均有分布	含水层为第四系全新统冲积层。含水层上覆 1~3 m 厚的亚黏土或亚砂土,低漫滩一带砂、砂砾石往往直接出露地表。含水介质由卵砾石组成,卵砾石呈浑圆状或半浑圆状,磨圆、分选好,砾径为 0.5~3 mm。含水层厚度为 5~7 m,变化较大,地下水埋深为 1~4 m,渗透系数为 100~150 m/d。在最富水地段,单井涌水量为 1 000~3 000 m³/d,其他地区单井涌水量为 100~1 000 m³/d	埋藏浅,富水性弱-较弱,便于开采	管井	30~60
白垩系裂隙孔隙水区	主要分布于东宁与和平一带,以东宁盆地最为发育,绥芬河、东宁市(县)均有分布	含水层除局部出露外,多隐伏于山前台地和河谷平原之下,含水介质以砂岩为主,胶结差。上覆泥岩形成隔水顶板,地下水位埋深为 2~5 m,含水层顶板埋深为 4~20 m。地下水具承压性,承压水头变化较大,一般为 0.16~13.80 m。单井涌水量为 100~500 m³/d	埋藏深,富水性较弱,差别较大	管井	100~150

由表 1.10 可见,绥芬河第四系山间河谷孔隙潜水区埋藏浅,富水性弱-较弱,便于开采,以管井为宜,井深为 30~60 m。白垩系裂隙孔隙水区埋藏深,富水性较弱,差别较大,以管井为宜,井深为 100~150 m,应进行物探勘察后再打开采井。基岩裂隙水区分布不稳定,弱富水,不宜开采。支流小河谷地带,以管井为宜,井深为 50~100 m,基于现有资料或物探勘察结果显示较富水地域可以打井。

综合分析表 1.6~1.10 可见,黑龙江省农村山丘地下饮用水水源取水构筑物主要为管井,除第四系山间河谷孔隙水区便于开采外,其他地区宜在基于现有资料或经物探勘察结果显示富水性较好的地域打井。

1.2　地下水水源分析研究

1.2.1　水源地数量与分布

黑龙江省农村饮水安全工程农村供水水源以小型地下水源(日供水规模 1 000 m³ 以下或供水人口 10 000 人以下的地下水源)为主,以地下水为供水水源的工程数量有 18 854 处,占工程总数的 98.5%,小型集中供水工程有 17 383 处,占工程总数的 92.2%;以地表水为供水水源有 296 处,占工程总数的 1.5%。根据《地下水质量标准》(GB/T 14848—2017)和《地表水环境质量标准》(GB 3838—2002),黑龙江省Ⅰ、Ⅱ、Ⅲ类水源水质的工程数量有 12 660 处,占工程总数的 66.0%。与城市集中式饮用水水源相比,农村地下水源面临的安全隐患多,防护措施薄弱,管护经费短缺。

根据 2015 年《黑龙江省统计年鉴》,全省总人口为 3 835.0 万人,其中农村人口 1 633.7 万人,占全省总人口的 42.6%;平原区农村人口约 1 589 万人,占农村总人口的 97.3%。全省农牧活动主要分布于平原区,人饮工程也主要分布于平原区,平原区工程形式主要为管井,山丘区除管井外还包含大口井和引泉。

1.2.2　水源保护范围内污染源现状

黑龙江省农村供水工程按照《农村饮用水水源地环境保护技术指南》(HJ 2032—2013)要求,划定水源保护区或保护范围的工程数量有 4 357 处,占工程总数的 22.7%。水源地保护工作尚未达到规范运行,未开展专项定期水质检测工作。目前,主要依靠县级疾病预防控制中心进行水质监测工作。

依据《饮用水水源保护区污染防治管理规定》(〔89〕环管字第 201 号)文件规定,寒区水文生态课题组对小型农村地下饮用水水源可能存在的安全隐患进行调查,依据《饮用水水源保护区划分技术规范》(HJ 338—2018)中 7.1 的规定,地下饮用水水源地分类细砂二级保护区半径为 30~50 m,结合黑龙江省的实际情况,确定以水源取水口为中心,周围 30 ~50 m 范围为饮用水水源保护范围。调查发现,污染源主要包括与取水设施无关的建筑物;向陆域排放污水的排污口,倾倒和堆放工业废渣;乡村垃圾、粪便及其他有害废弃物;输送污水渠道、输油管道;油库;墓地。主要污染源如图 1.1~1.6 所示。

图 1.1　与取水设施无关的建筑物

图 1.2　污水排放渠道

图 1.3　输油管道

图 1.4　禽畜养殖

图 1.5　农业种植

图 1.6　秸秆堆放

1.2.3　地下饮用水水源水质

黑龙江省地下水水质受地下水的补给、径流、排泄条件和地质地貌条件的影响,大部分地区深层地下水天然条件下水质较好,无色、无味,水化学类型较为简单,矿化度较低,是以重碳酸盐为主的低矿化淡水。局部地区浅层地下水中氟化物、铁、锰超标严重。松嫩平原区潜水化学指标大部分项目符合国家生活饮用水标准。pH 为 6.0 ~ 9.2,个别地区稍偏酸性,总硬度(质量浓度,下同)多小于 250 mg/L,属于软水 ~ 硬水;铁含量(质量浓度,下同)半数以上地区小于 0.3 mg/L,部分地区高于生活饮用水水质标准;锰含量(质量浓度,下同)大部分地区小于 0.1 mg/L,少部分地区高于生活饮用水水质标准。在毒理性指标中,主要表现为部分地区氟超标,其含量(质量浓度,下同)为 1.0 ~ 5.0 mg/L,不能满足生活饮用水水质标准。部分地区细菌学指标、氨氮含量超过生活饮用水水质标准,作为饮用水水源时应采取必要的处理措施。三江及穆兴低平原区大多数化学指标可达到生活饮用水标准,其中铁、锰含量普遍偏高,主要集中在中部,铁超标率达 80% 左右,锰超标率达 60% 左右,最高含量在 30 mg/L 以上,其高值点主要集中区域为西北部。此外,部分地区细菌学指标、氨氮及硝酸盐含量超过生活饮用水水质标准,作为饮用水水源时应采取必要的处理措施。山丘区基岩地下水水质较好,其一般性化学指标含量适中,满足生活饮用水水质标准,但水量不够丰富。

1. 铁、锰超标地区

42 个市(县、区)农村地下饮用水水源铁、锰超标情况见表 1.11。

由表 1.11 可见,调查的 42 个市(县、区)中,东宁市、海林市、林口县、穆棱市、宁安市、鹤岗市、密山市地下饮用水水源水质较好,未发现铁、锰超标现象;北安市、呼兰区、双城区、泰来县、肇州县、逊克县、富裕县、兰西县、林甸县、依安县、安达市、绥化市北林区、勃利县、方正县、富锦市、依兰县、桦川县、桦南县、汤原县、鸡东县、萝北县、佳木斯市郊区、七台河市铁、锰超标在 10 倍以内;孙吴县、拜泉县、绥棱县、明水县、肇东市、肇源县、巴彦县、宾县、阿城区、木兰县、虎林市、绥滨县部分地区铁、锰超标在 10 倍以上。

表 1.11　42 个市(县、区)农村地下饮用水水源铁、锰超标情况

市(县、区)名称	铁、锰合格地区	铁、锰超标 1 ~ 10 倍地区	铁、锰超标 10 倍以上地区
北安市	位于北纬 47° 37′ ~ 47°55′,东经 126° 32′ ~ 126°59′之间,海拔高程为 200 ~ 260 m,包含的主要乡镇有石泉镇、通北镇、杨家乡,无含水层	位于北纬 47°33′ ~ 48°30′,东经 126°25′ ~ 127°20′之间,海拔高程为 200 ~ 280 m,包含的主要乡镇有二井镇、北安镇、城郊乡、东胜乡、赵光镇、海星镇	—

续表1.11

市(县、区)名称	铁、锰合格地区	铁、锰超标1~10倍地区	铁、锰超标10倍以上地区
呼兰区	位于北纬 46°14′~46°19′,东经 126°37′~126°48′之间,海拔高程为 130~150 m,包含的主要乡镇有大用镇	位于北纬45°57′~46°24′,东经126°26′~127°12′之间,海拔高程为 120~170 m,包含的主要乡镇有许堡乡、孟家乡、呼兰街道、腰堡街道、双井镇、长岭镇、沈家镇、方台镇、杨林乡、二八镇、石人镇、白奎镇、莲花镇、康金街道	—
双城区	位于北纬 45°13′~45°32′,东经 125°45′~126°39′之间,海拔高程为 150~180 m,包含的主要乡镇有双城区所有乡镇	分两部分:一部分位于北纬45°29′~45°38′,东经125°53′~126°19′之间,海拔高程为 130~150 m,包含的主要乡镇有东胜乡、临江乡的沿江地区;另一部分位于北纬45°09′~45°18′,东经125°48′~126°30′之间,海拔高程为140~155 m,包含的主要乡镇有单城镇、兰陵镇、朝阳乡、韩甸镇的沿江地区	—
绥棱县	—	位于北纬47°07′~47°26′,东经126°57′~127°17′之间,海拔高程为 190~220 m,包含的主要乡镇有靠山乡、后头乡、绥棱镇、克音河乡、绥中乡、阁山乡、上集镇北部、长白乡西部、双岔河镇南部	位于北纬 47°05′~47°30′,东经 126°59′~120°30′之间,海拔高程为 180~240 m,包含的主要乡镇有上集镇南部、泥尔河乡、长山乡东部、双岔河镇北部、四海店镇、绥棱农场
肇州县	—	位于北纬45°37′~46°51′,东经125°24′~125°40′之间,海拔高程为 140~205 m,包含的主要乡镇有朝阳乡、朝阳沟镇、二井镇、新福乡、永乐镇、榆树乡、兴城镇、永胜乡、双发乡、肇州镇、托古乡	—

续表1.11

市(县、区)名称	铁、锰合格地区	铁、锰超标1~10倍地区	铁、锰超标10倍以上地区
泰来县	位于北纬46°20′~46°36′,东经123°0′~123°12′之间,海拔高程为140~155 m,包含的主要乡镇有塔子城镇和和平镇	位于北纬46°14′~46°55′,东经123°22′~123°49′之间,海拔高程为130~140 m,包含的主要乡镇有克利镇、泰来镇、胜利乡、平洋镇、六三农场、江桥镇南部和北部、宁姜乡、汤池镇、大兴镇	—
逊克县	—	位于北纬48°40′~49°32′,东经127°56′~129°01′之间,海拔高程为160~460 m,包含逊克县所有乡镇	—
孙吴县	位于北纬49°02′~49°43′,东经126°35′~127°19′之间,海拔高程为220~280 m,包含的主要乡镇有卧牛河乡、西兴乡、孙吴镇西部、清溪乡、正阳山乡、红旗乡、辰清乡	位于北纬49°02′~49°43′,东经126°35′~127°19′之间,海拔高程为220~280 m,包含的主要乡镇有卧牛河乡、西兴乡、孙吴镇西部、清溪乡、正阳山乡、红旗乡、辰清乡	位于北纬49°32′~49°39′,东经127°29′~127°56′之间,海拔高程为120~180 m,包含的主要乡镇有沿江乡
拜泉县	位于北纬47°18′~47°54′,东经125°31′~126°12′之间,海拔高程为220~270 m,包含的主要乡镇有长春镇、大众乡、兴农镇、兴华乡、丰产乡、永勤乡、拜泉镇、时中乡、富强镇和爱农乡	位于北纬47°19′~47°37′,东经125°51′~126°33′之间,海拔高程为260~290 m,包含的主要乡镇有龙泉镇、新生乡、兴国乡和三道镇	位于北纬47°33′~47°44′,东经126°06′~126°29′之间,海拔高程为250~280 m,包含的主要乡镇有上升乡和富国镇
富裕县	位于北纬47°41′~48°01′,东经124°12′~124°59′之间,海拔高程为160~180 m,包含的主要乡镇有富裕镇北部、二道湾镇、忠厚乡、富海镇、富裕牧场	位于北纬47°27′~47°47′,东经124°13′~124°49′之间,海拔高程为150~165 m,包含的主要乡镇有富裕镇南部、塔哈乡、富路镇、邵文乡、繁荣乡和龙安桥镇	—

续表1.11

市(县、区)名称	铁、锰合格地区	铁、锰超标1~10倍地区	铁、锰超标10倍以上地区
兰西县	位于北纬 46°05′~46°32′,东经 125°36′~126°22′之间,海拔高程为 154~174 m,包含的主要乡镇有燎原乡、星火乡、远大乡、北安乡、平山镇、红星乡、奋斗乡、红光乡、康荣乡、兰西镇和榆林镇	位于北纬46°04′~46°35′,东经 126°17′~126°41′之间,海拔高程为124~140 m,包含的主要乡镇有尚家镇	—
林甸县	—	位于北纬46°44′~47°29′,东经 124°48′~125°21′之间,海拔高程为190~220 m,包含的主要乡镇有林甸县全县	—
明水县	位于北纬 47°04′~47°16′,东经 125°56′~126°21′之间,海拔高程为 180~210 m,包含的主要乡镇有永兴镇、繁荣乡、光荣乡、兴仁镇、树人乡和永久乡	位于北纬47°04′~47°17′,东经 125°42′~125°49′之间,海拔高程为190~220 m,包含的主要乡镇有明水镇、通泉乡和双兴乡	位于北纬 47°04′~47°17′,东经 125°25′~125°45′之间,海拔高程为169~238 m,包含的主要乡镇有崇德镇、通达镇和育林乡
依安县	位于北纬 47°51′~48°01′,东经 124°54′~125°33′之间,海拔高程为 190~220 m,包含的主要乡镇有依安镇、先锋乡、上游乡、太东乡、新屯乡、红星乡	位于北纬47°16′~47°54′,东经 124°53′~125°41′之间,海拔高程为165~245 m,包含的主要乡镇有新兴乡、中心镇、三兴镇、新发乡、阳春乡、解放乡、双阳镇、依龙镇、富饶乡	—
肇东市	位于北纬 46°12′~46°23′,东经 125°31′~125°59′之间,属于盐沼化低平原,海拔高程为 141~146 m,包含的主要乡镇有宋站镇、宣化乡和四方山农场	位于北纬46°01′~46°13′,东经 125°25′~126°02′之间,海拔高程为120~208 m,分布在昌五台地、五里明镇、姜家镇以北、四方镇、黎明乡	位于北纬45°32′~45°51′,东经 125°46′~126°21′之间,海拔高程为120 m 左右,包含的主要乡镇有西八里乡、涝州镇和五站镇

续表1.11

市(县、区)名称	铁、锰合格地区	铁、锰超标1~10倍地区	铁、锰超标10倍以上地区
肇源县	位于北纬45°29′~45°58′,东经124°14′~124°34′之间,海拔高程为125~130 m,包含的主要乡镇有古龙镇、义顺乡和新站镇	位于北纬45°17′~45°43′,东经124°28′~125°51′之间,海拔高程为120~150 m,包含的主要乡镇有肇源镇、二站镇、薄荷台乡、三站镇、福兴乡、和平乡、古恰乡、超等乡、头台镇、茂兴镇、民意乡、浩得乡和大兴乡	位于北纬45°23′~45°35′,东经125°02′~125°41′之间,海拔高程为140~150 m,包含的主要乡镇有肇源镇、二站镇、薄荷台乡和三站镇
安达市	—	位于北纬46°01′~47°01′,东经124°53′~125°55′之间,海拔高程为140~165 m,包含的主要乡镇有安达市所有乡镇	—
绥化市北林区	—	位于北纬46°25′~47°08′,东经126°26′~127°24′之间,海拔高程为130~220 m,包含的主要乡镇有连岗乡、永安镇、红旗乡、太平川镇、西长发镇、绥胜镇、新华镇、宝山镇、东富乡、兴福乡、津河镇、东津镇、秦家镇、双河镇、兴和乡、五营乡、三河镇、张维镇、三井乡、四方台镇	—
东宁市	位于北纬45°36′~45°51′,东经125°24′~125°40′之间,海拔高程为380~460 m,包含的主要乡镇有东宁市所有乡镇	—	—
海林市	位于北纬45°36′~45°51′,东经125°24′~125°40′之间,海拔高程为280~460 m,包含的主要乡镇有海林市所有乡镇	—	—
林口县	位于北纬45°36′~45°51′,东经125°24′~125°40′之间,海拔高程为260~320 m,包含的主要乡镇有林口县所有乡镇	—	—

续表1.11

市(县、区)名称	铁、锰合格地区	铁、锰超标1~10倍地区	铁、锰超标10倍以上地区
穆棱市	位于北纬45°36′~45°51′,东经125°24′~125°40′之间,海拔高程为270~420 m,包含的主要乡镇有穆棱市所有乡镇	—	—
宁安市	位于北纬45°36′~45°51′,东经125°24′~125°40′之间,海拔高程为280~460 m,包含的主要乡镇有宁安市所有乡镇	—	—
勃利县	—	位于北纬45°46′~46°02′,东经130°12′~130°48′之间,海拔高程为130~220 m,包含的主要乡镇有永恒乡、吉兴乡、倭肯镇、杏树乡、抢垦乡、青山乡、大四站镇北部、勃利镇北部、小五站镇北部。山区数据较少,位于北纬45°37′~45°49′,东经129°49′~130°45′之间,海拔高程为300~400 m,包含的主要乡镇有大四站镇南部、勃利镇南部、小五站镇南部,饮水井取水层为岩石裂隙水,埋深为40~100 m	—
巴彦县	—	位于北纬46°17′~46°30′,东经127°17′~127°30′之间,海拔高程为200~300 m,包含的主要乡镇有华山乡南部、龙庙镇西部、洼兴镇东部、黑山镇北部	位于北纬45°56′~46°40′,东经126°48′~127°40′之间,海拔高程为110~210 m,包含的主要乡镇有富江乡、松花江乡、巴彦港镇、巴彦镇、西集镇、龙泉镇、集东镇、丰乐乡、华山乡南部、龙庙镇西部、洼兴镇东部、黑山镇南部、兴隆镇南部和北部、德祥乡南部和北部、红光乡、万发镇、天增镇、山后乡

续表1.11

市(县、区)名称	铁、锰合格地区	铁、锰超标1～10倍地区	铁、锰超标10倍以上地区
宾县	—	位于北纬45°33′～45°52′,东经127°10′～128°11′之间,海拔高程为200～230 m,分布于东部和南部低山丘陵区,包含的主要乡镇有平坊镇、三宝乡、宁远镇、胜利镇	位于北纬45°44′～45°55′,东经126°59′～128°11′之间,海拔高程为145～170 m,包含的主要乡镇有糖坊镇、满井镇、永和乡、宾西镇、居仁镇、宾州镇、鸟河乡、民和乡、经建乡、宾安镇、新甸镇、摆渡镇、常安镇
阿城区	位于北纬45°12′～45°35′,东经126°59′～127°40′之间,海拔高程为160～210 m,包含的主要乡镇有双丰街道东部、料甸乡南部、大岭乡、亚沟镇、玉泉街道、小岭镇、交界镇、平山镇、松风山镇	位于北纬45°30′～45°43′,东经126°49′～127°10′之间,分布于松花江、阿什河、海沟河、蜚克图河河谷漫滩,海拔高程为150～180 m,包含的主要乡镇有舍利街道北部、新华街道北部、料甸乡北部、蜚克图镇	位于北纬45°19′～45°36′,东经126°43′～126°58′之间,分布于高平原区,海拔高程为170～200 m,包含的主要乡镇有杨树乡、双丰街道西部、舍利街道南部、新华街道南部
方正县	位于北纬45°35′～45°57′,东经128°02′～129°15′之间,分布于山前台地,海拔高程为130～200 m,包含的主要乡镇有大罗密镇、高楞镇	位于北纬45°39′～45°57′,东经128°32′～128°57′之间,分布于松花江、蚂蚁河河漫滩及一级阶地,海拔高程为100～130 m,包含的主要乡镇有方正镇、天门乡、松南乡、会发镇、伊汉通乡、德善乡、宝兴乡	—
木兰县	位于北纬46°04′～46°35′,东经127°31′～128°9′之间,海拔高程为160～300 m,包含的主要乡镇有木兰镇、柳河镇部分地区	位于北纬45°59′～46°26′,东经127°39′～128°10′之间,海拔高程为130～165 m,包含的主要乡镇有东兴镇、大贵镇、新民镇、建国乡	位于北纬45°56′～46°12′,东经127°33′～128°20′之间,海拔高程为100～130 m,包含的主要乡镇有木兰镇、柳河镇、利东镇、吉兴乡

续表1.11

市(县、区)名称	铁、锰合格地区	铁、锰超标1~10倍地区	铁、锰超标10倍以上地区
富锦市	位于北纬46°58′~47°05′、东经131°38′~131°43′及北纬47°11′~47°15′、东经132°12′~132°19′之间,海拔高程为65~200 m,包含的地区有乌尔古力山与别拉音子山周围	位于北纬46°43′~47°28′,东经131°34′~132°29′之间,海拔高程为50~65 m,包含的地区有富锦市除乌尔古力山与别拉音子山以外的地区	—
依兰县	位于北纬45°57′~46°03′、东经129°24′~129°44′及北纬46°03′~46°27′、东经129°24′~129°44′之间,海拔高程为180~260 m,包含的主要乡镇有迎兰朝鲜民族乡	位于北纬46°05′~46°32′,东经129°18′~129°56′之间,海拔高程为120~150 m,包含的主要乡镇有依兰镇、宏克力镇、愚公乡、迎兰乡、达连河镇、江湾镇、道台桥镇、团山子乡、三道岗镇	—
桦川县	位于北纬46°39′~46°48′、东经130°27′~130°37′之间,海拔高程为100~170 m,包含的主要乡镇有四马架乡和横头山镇	位于北纬46°47′~47°13′,东经130°30′~131°30′之间,海拔高程为60~75 m,包含的主要乡镇有建国乡、星火乡、创业乡、苏家店镇、悦来镇、新城镇、梨丰乡、东河乡	—
桦南县	位于北纬45°52′~46°31′,东经130°06′~130°58′之间,海拔高程为130~200 m,包含的主要乡镇有金沙乡北部、明义乡北部、孟家岗镇、驼腰子镇、石头河镇、阎家镇、大八浪乡	位于北纬46°02′~46°33′,东经129°56′~130°40′之间,海拔高程为110~145 m,包含的主要乡镇有土龙山镇、金沙乡南部、明义乡南部、梨树乡、桦南镇	—
鹤岗市	位于北纬47°04′~47°24′,东经130°08′~130°30′之间,海拔高程为100~150 m,包含的主要乡镇有蔬园乡、东方红乡、红旗镇、新华镇	—	—

续表1.11

市(县、区)名称	铁、锰合格地区	铁、锰超标 1~10 倍地区	铁、锰超标 10 倍以上地区
汤原县	位于北纬 46°33′ ~ 47°20′,东经 129°43′ ~ 130°57′之间,海拔高程为 70 ~ 120 m,包含的主要乡镇有竹帘镇和香兰镇东部、大来镇、汤原镇、胜利乡、太平川乡、永发镇、鹤立镇、吉祥乡、振兴乡	位于北纬 46°40′ ~ 47°15′,东经 129°32′ ~ 130°05′之间,海拔高程为 120 ~ 260 m,包含的主要乡镇有汤旺乡、香兰镇西部	—
虎林市	位于北纬 45°45′ ~ 45°54′,东经 132°09′ ~ 132°27′之间,海拔高程为 100 ~ 130 m,包含的主要乡镇有杨岗镇北部	位于北纬 45°44′ ~ 46°13′,东经 132°45′ ~ 133°34′之间,海拔高程为 50 ~ 70 m,包含的主要乡镇有新乐乡、伟光乡、迎春镇、阿北乡	位于北纬 45°42′ ~ 46°13′,东经 132°23′ ~ 133°47′之间,海拔高程为 50 ~ 70 m,包含的主要乡镇有珍宝岛乡、虎头镇、护林镇、保东镇、杨岗镇南部
鸡东县	位于北纬 45°03′ ~ 45°31′,东经 130°59′ ~ 131°32′之间,海拔高程为 270 ~ 330 m,包含的主要乡镇有兴农镇、哈达镇、永和镇、东海镇北部、永安镇北部、平阳镇南部、下亮子乡南部、向阳镇南部	位于北纬 45°12′ ~ 45°27′,东经 131°01′ ~ 131°43′之间,海拔高程为 130 ~ 170 m,包含的主要乡镇有鸡东镇、鸡林乡、明德乡、东海镇南部、永安镇南部、平阳镇北部、下亮子乡北部、向阳镇北部	—
绥滨县	—	—	位于北纬 47°12′ ~ 47°44′,东经 131°16′ ~ 132°31′之间,海拔高程为 50 ~ 65 m,包含整个绥滨县。该区水质检测铁、锰含量全部超标 30 倍以上,部分地区超标 100 倍以上

续表1.11

市(县、区)名称	铁、锰合格地区	铁、锰超标1~10倍地区	铁、锰超标10倍以上地区
密山市	位于北纬45°17′~45°45′,东经131°13′~132°45′之间,海拔高程为180~220 m,包含的主要乡镇有太平乡、黑台镇、连珠山镇、兴凯镇北部和南部、裴德镇北部和南部、密山镇、和平乡、知一镇、柳毛乡、二人班乡、富源乡、白泡子乡、兴凯湖乡、承紫河乡、杨木乡	—	—
萝北县	位于北纬47°32′~48°28′,东经130°09′~130°44′之间,海拔高程为100~200 m,包含的主要乡镇有鹤北镇、云山镇、太平沟乡	位于北纬47°25′~47°39′,东经130°37′~131°33′之间,海拔高程为60~100 m,包含的主要乡镇有凤翔镇、东明乡、团结镇、名山镇、肇兴镇	—
佳木斯市郊区	位于北纬46°29′~47°02′,东经129°55′~130°45′之间,海拔高程为160~200 m,包含的主要乡镇有四马架乡和横头山镇	位于北纬46°39′~47°00′,东经129°54′~130°34′之间,海拔高程为70~120 m,包含的主要乡镇有建国乡、星火乡、创业乡、苏家店镇、悦来镇、新城镇、梨丰乡、东河乡	—
七台河市	—	位于北纬45°40′~46°02′,东经130°46′~131°54′之间,海拔高程为220~320 m,包含的主要乡镇有新兴区、桃山区、茄子河区的铁山乡、宏伟镇	—

2. 氟超标地区

黑龙江省饮水型氟超标村屯情况见表 1.12,结果显示,黑龙江省饮水型氟超标地区分布在肇东市、安达市、梅里斯达斡尔族区 3 个市(区),118 个行政村,324 个自然屯。

表 1.12　黑龙江省饮水型氟超标村屯情况

市(区)名称	乡镇名称	行政村名称	自然屯名称
肇东市	宋站镇	合胜村	小窑屯、于凤阁
		乐业村	榆树林、聚宝山
		共荣村	长发屯、侯家屯、毕大干
		万发村	朝阳、后长发、三星泡、东万发、西万发
	昌五镇	金安村	祝家屯、新立屯、小六井、大六井、前双合
		福利村	太平屯、周家窝棚、二龙山
		巨宝村	巨发屯、巨宝屯、房身屯
		五井村	刘兴汉屯
		向前村	徐发屯
	安民乡	八撮村	腰八撮、王家围子
		安民村	翟家屯、李家围子、鲍家围子
		长青村	后赵家、曾围子、前赵家、王文清
		合发村	安家屯
		胜安村	太平屯、朱拉西、防风庄
		榆林村	东大榆
		奋发村	西三撮、大有乡、新立屯、东三撮、张大围子
	尚家镇	尚家村	铁东、训练所
		红光村	张家围子、四撮房、相家围子
		平房村	三友屯、大平房屯
		长安村	长安屯
		红庆村	西山屯、重兴
		红明村	腰屯

续表 1.12

市(区)名称	乡镇名称	行政村名称	自然屯名称
肇东市	明久乡	明久村	前金山
		长发村	陈木匠、高家窝棚、冷家屯
		东升村	小李围子
		东风村	破围子屯
		迎春村	李廷耀
		东富村	郎家屯
	宣化乡	长胜村	畜牧场、五间房屯、西郭家屯
		锋原村	十一村屯、王家屯
安达市	安达镇	光明村	大草房屯、大富来1屯、大富来2屯
		立志村	苗家屯、四撮房屯
		胜利村	三屯、许井章屯、李昌
		团结村	吉利2屯、团结繁荣屯、吉利1屯
	昌德镇	昌德村	前五家屯
		建设村	四村屯
		立功村	李银匠屯、薛海田屯
		龙德村	华君屯、二村屯
		庆新村	小西山屯、满家屯
		永福村	腰围子屯、李珠屯、曲家屯
		永兴村	东邵家屯
	火石山乡	仁合村	王正英屯、乡机关屯
		兴华村	林家屯
		兴胜村	谢三家屯、8组
		兴业村	张家小铺屯、桦家屯、大围子屯、纪家店屯、庙宇屯
	吉星岗镇	宝星村	王画匠屯、张凤岐屯
		东星村	刘大劲屯
		和星村	赵家屯、张荒户屯、刘汉吉屯、后闫家屯、沈家屯、周振英屯、前闫家屯、夏家屯
		吉星村	郭家屯、新立屯、李大姑娘屯

续表 1.12

市(区)名称	乡镇名称	行政村名称	自然屯名称
安达市	吉星岗镇	金星村	卢家屯、西杨营子屯
		久星村	孙奎武屯、陈奎军家、卢生屯、薛家屯、何家屯、曹家屯、陈粉房屯、孙窝棚屯、后纪家屯
		巨星村	高家屯、杨凤启屯、徐老九屯、王大包屯、何家屯、前董家屯、徐油房屯、杜家屯
		隆星村	付家围子屯、刘会青屯、郝家屯、魏家屯
		明星村	花家屯、谢家屯、张老四屯、张区长、于青山、潘家屯、徐彬屯、老局所屯
		中星村	王大片屯、孙毛驴屯、王勤屯、付大先生屯、四平屯、赵兽医屯
	老虎岗镇	宝利村	随家屯、田家屯
		本利村	石家屯
		利民村	吴小鬼屯、韩家屯、高老好屯、李老生屯、后义合店、孙猪腰子屯、孙大院、常珍屯
		联合村	门家屯、史家屯、前烧瓜屯、刘黑鼻子屯、包家屯、后烧瓜屯、于天宝屯、杨荣屯、尹大央子屯、老许家屯
		文化村	田家店屯、奶牛场屯、王国富屯、兰家围子屯、东孙家屯、刘祯店屯、道德会屯
		向前村	刘大先生屯、姜永屯、周自力屯、郭海屯、后冯家屯
		新兴村	合家屯、贾家店屯、马庆吉屯
		永合村	孙家帽铺屯、后梁家窝棚
		长利村	沈家店屯、马庆富屯、卢海屯、侯连友屯、厢房李屯
	青肯泡乡	革命村	李三屯、刘马架子屯、新发屯、三门李屯、罗家屯
		巩固村	徐家围子屯、冷家屯、曹家围子屯、三姓庄屯
		民生村	欢喜岭屯
		农义村	大侯家窝棚屯
		双山村	十里站屯
		自卫村	吴兴屯、彭家屯、孙家围子屯、孙海、丛家屯、李大平房屯、林家屯

市(区)名称	乡镇名称	行政村名称	自然屯名称
安达市	任民镇	工农村	长发屯、三盛永屯、汤家屯、张维兴屯
		合力村	腾家屯
		和平村	西阮家屯、贾清佰屯、牟家屯、刘天主屯
		任民村	杨六麻子屯、六屯
		新义村	一屯、二屯
		永平村	郑家屯、姜祥屯、于家屯
		永生村	八屯、七屯
		裕民村	宁家屯、孟家屯
	升平镇	板子房村	大窝棚屯、西板房屯、腰板子房屯
		保田村	许财旺屯、刘兆屯、新立屯、赵不得了屯、胡老实屯、王家围子屯、部落屯
		太平村	胡井安屯
		拥护村	三四五组屯、十二号屯
		增函村	林家屯
	太平庄镇	北旺村	沿河分场、北旺分场、牧羊分场
		二村	一村屯
		宽甸村	柳田泡屯
		双兴村	机关屯、马场屯
	万宝山镇	爱国村	钓鱼台、钟海山、太平山屯、种马场、一牛场
		福民村	中心屯
		巨宝村	隋生屯
		兴晨村	袁大愣屯、刘惠川屯
	卧里屯镇	龙华村	高家窑子屯
		青山村	曲家屯、徐小辫屯、李大挂子屯

续表 1.12

市（区）名称	乡镇名称	行政村名称	自然屯名称
安达市	卧里屯镇	王花泡村	一分场屯、四分场屯
		保国村	鸡房子屯
		东清村	西山屯
		龙山村	齐家屯
		致富村	全家围子屯、洪家店屯、任家屯、刘铁匠屯
	先源乡	红星村	红星屯
	羊草镇	安乐村	六撮房屯、大房身屯、张明久屯
		保安村	赵万金屯、武才屯
		东升村	葛家围子屯、八撮房屯、马家屯
		火星村	刘家屯、大草房屯、曹家屯、崔家屯、闫家屯、焦家屯
		南来村	南来三屯、三撮房屯、新建屯、南来二屯
		青龙山村	大围子屯、毛家围子屯、两撮房屯、后青龙屯、杨家围子屯、小围子屯、东四撮房屯、西四撮房屯、前青龙屯
		五撮村	蔡家窝棚屯、郭家屯、长发屯、五撮房屯
		永富村	永发屯
		镇直村	铁东区屯
	中本镇	大本村	林大草房屯、马场屯
		德本村	杨家洼子屯、小林场
梅里斯达斡尔族区	梅里斯镇	正本村	杜烧锅窝棚屯
		哈力村	五间房屯
		前平村	前平屯、长春房屯
		荣胜村	后长胜屯
	达呼店镇	复兴村	民主屯
		哈什哈村	哈什哈屯
	共和镇	长兴村	长岗子屯

表1.12的统计结果与2015年黑龙江省饮水型氟中毒调查结果相结合可知,黑龙江省饮水型氟超标地区主要分布在肇东市、安达市、梅里斯达斡尔族区3个市(区)。这3个市(区)地下水中氟含量在1.0~3.5 mg/L之间,调查的25 288名8~12周岁儿童中,氟斑牙患者有1 302人,占调查总人数的5.1%,说明饮水型氟超标引起地方性水病问题突出。

本 章 习 题

一、填空题

1. 根据区域地形地貌可将评价区划分为_____和_____。

2. 黑龙江省平原区划分为_____、_____、_____、_____和_____。

3. 黑龙江省山丘区划分为_____、_____、_____和_____。

4. 黑龙江省农村饮水安全工程农村供水水源以_____为主。

二、简答题

1. 简述三江低平原各地下水类型区成井条件。

2. 穆棱兴凯低平原漫滩孔隙潜水区的水文地质条件是什么?

3. 简述松嫩平原各地下水类型区成井条件。

4. 黑龙江干流分布地域有哪些?

5. 小型农村地下饮用水水源常见污染源有哪些?

三、思考题

1. 你认为影响成井条件的主要因素有哪些?

第2章 水源、选址与建设模式研究

地下饮用水水源可分为井水和泉水等类型。井水水源的优点是靠近用水区,取水简易,水质稳定且不易被污染;缺点是易受地下水位影响,干旱地区取水深度较深,一般家庭自备井难以获得较优质的水源。泉水水源的优点是水质好且不易被污染;缺点是供水水量不稳定,有潜在污染的可能。

2.1 选址原则

依据地下水开发利用以人为本的原则,地下饮用水水源应选择水量较丰富、水质优良、便于水源卫生安全保护的地域。水源选择顺序为山涧泉水、深层地下水(承压水)、浅层地下水(潜水)。有地形条件时,宜优先选择重力流泉水水源。单村或单镇供水可选择水量较小的深层地下水源。联片式供水应选择水量充沛、水质达标及便于开采的深层地下水源。富水区应优先考虑水质条件择优选取。贫水区应优先考虑水量条件,当水量能够满足设计要求时按水质条件择优选取。水源地理位置宜优先选择乡(镇)、村的上游。水质、水量均能满足要求时,宜优先选择施工、运行和维护方便的地域。

2.2 资料分析

充分搜集区域地质、水文地质资料,拟定待选水源比选方案。在比选方案优良地区,充分搜集拟建水源周围机电井、钻井资料及地下水水质分析成果,了解拟建地下水水源的含水层特征、富水性、水质状况,初步确定其水量、水质能否满足设计要求。

2.3 现场调查

咨询当地政府主管部门,初步确定水源地位置。现场查看初选水源位置半径30~50 m之内应满足以下规定:不应存在与取水设施无关的建筑物;不应存在向陆域排放污水的排污口,已设置的排污口必须拆除;不应存在农牧业活动;不应存在倾倒和堆放工业废渣、乡村垃圾、粪便及其他有害废弃物等行为;输送污水的渠道、输油管道不应通过本地区;不应存在油库;不应存在墓地。

2.4 选址勘察

拟建水源位于富水区时,如嫩江右岸扇形平原,三江低平原,穆棱兴凯低平原,松花江、嫩江、呼兰河等江河及其主要支流河谷平原,松嫩平原的绥化、海伦、肇东、哈尔滨、双城承压水盆地等地下水资源丰富,水量能够满足设计用水量要求,可以在满足2.3现场调查条件下,择优选择拟建饮用水水源地场址。

拟建地下水水源位于贫水区时,如山丘区及松嫩平原的兰西、望奎、明水、青冈、克山、克东、拜泉等县大部地区地下水富水性贫乏,应在充分搜集区域地质、水文地质资料基础上,在平原区布置1眼探采结合井并进行抽水试验,或进行工程物探勘察;在山丘区或残山分布区,进行工程物探勘察。查明拟建地下水水源周围含水层分布特征,选择富水性相对较好的地域作为饮用水水源地场址。

2.5　工　程　物　探

对初步选定的几处备选拟建水源地进行工程物探勘察,勘察执行《水电工程物探规范》(NB/T 10227—2019)标准,并形成物探报告。根据物探成果,初步确定主要开采目的层层位,选择一处含水层相对较厚、分布稳定、富水性相对较好的备选地域作为饮用水水源地场址,确定井深。分析物探成果,设计水量应低于允许开采量。

2.6　抽　水　试　验

选定的探采结合井应做最大降深稳定流抽水试验,水位稳定时间不少于24 h,其他要求应按《供水水文地质勘察规范》(GB 50027—2001)中的抽水试验技术要求执行。另外,抽水前应测量孔深,抽水试验结束后再次测量孔深,以确定抽水期间涌入孔中砂量,从而判定过滤管孔隙率是否合理。水质分析所需的水样,宜在抽水试验结束前采集。在不具备抽水试验条件下,可直接参考表1.1~1.12确定成井深度,初步评价水量。

2.7　水量水质要求

按照《村镇供水工程技术规范》(SL 310—2019)标准确定供水量和取水量。取水量应低于允许开采的水量,当单一水源水量不能满足设计水量要求时,可采取多水源或调蓄等措施。备用井取水量应不低于设计水量的10%~20%。

水源水质应达到《地下水质量标准》(GB/T 14848—2017)中的Ⅲ类标准。若水质不达标,又没有其他水源可以利用时,则应选择经过相应处理后水质达到《生活饮用水卫生标准》(GB 5749—2022)要求的水源。当水质达不到上述要求时,不宜作为生活饮用水水源。

2.8　取水构筑物建设

地下水取水构筑物按照取水构筑物类型分为机井、渗渠和泉室等类型。机井包括管井、大口井和辐射井。其中管井为应用最广的形式。取水构筑物类型选择应执行《村镇供水工程技术规范》(SL 310—2019)的有关规定。管井的设计执行《机井技术规范》(GB/T 50625—2000)及《管井技术规范》(GB 50296—2014)的要求。井位、散水坡、井台和井盖设计应符合《村镇供水工程技术规范》(SL 310—2019)的有关规定。提水设备的选择与设计应遵循《村镇供水工程技术规范》(SL 310—2019)等有关规定。大口井和辐射井设计应符合《村镇供水工程技术规范》(SL 310—2019)的有关规定。泉室的设计应符合《室外给水设计标准》(GB 50013—2018)中 3.2.2 和《农村给水设计规范》(CECS 82：96)中 5.1.2.4 的规定。

2.9　监控能力建设

可在水井设置监测点;现用水源由于封井等原因不具备监测条件的,可在水厂汇水池(加氯前)设置监测点。水源监测按照各级环境保护主管部门每年下达的监测计划实施。水样的采集、保存与检测方法执行《生活饮用水标准检验方法》(GB/T 5750.1~5750.13—2023)标准。

2.10　风险防控与应急能力建设

水源风险防控与应急能力建设应具备水源保护范围内风险源名录和风险防控方案。应定期或不定期开展水源周边环境安全隐患排查及环境风险评估。应具备饮用水水源突发环境事件应急处置技术方案及应急专家库。

2.11　水源保护范围的划定与防护设施建设

参考《饮用水水源保护区划分技术规范》(HJ 338—2018)要求按照经验值法划定水源保护范围。分散式地下水水源保护范围一般为取水口周边 30~50 m;岩溶水水源保护范围一般为取水口周边 50~100 m;当采用引泉供水时,可将泉室周边 30~50 m 划为水源保护范围;对单独设立的蓄水池,其周边的保护范围一般为 30 m。

参考《饮用水水源保护区标志技术要求》(HJ/T 433—2008)设置界标、交通警示牌和宣传牌等标识。

应根据具体情况设立物理隔离(护栏、围网、围墙等),防止人群活动对水源水量、水质造成影响。物理隔离防护设施应遵循耐久、经济的原则。目前应用较多的护栏和隔离网为电焊网片护栏和勾花隔离网。规格一般为高度 1.7 m,顶部 0.2 m 向内倾斜。

地下水井应有井台、井栏和井盖,宜采用相对封闭的水井;井底与井壁要确保水井的卫生防护。大口井井口应高出地面 50 cm,并保证地面排水畅通。以水井为中心,周围设置坡度为 5% 的硬化导流地面,半径不小于 3 m,30 m 处设置导流水沟,防止地表积水下渗进入井水。导流水沟外侧设置防护隔离墙,高度为 1.5 m,顶部向外侧倾斜 0.2 m,或者设置宽度为 5 m、高度为 1.5 m 的生物隔离带。

泉水周围 100 m 及上游 500 m 处应修建栅栏等隔离防护设施,在泉水旁设置简易导流水沟,避免雨水或污水携带大量污染物直接进入泉水。

2.12 污染防治

为防止地下水污染和过度开采、人工回灌、污水排放、有害废弃物(农村生活垃圾、秸秆、工业废渣)的堆放和地下处置等引起地下水质量恶化,水源的环境保护执行《农村饮用水水源地环境保护技术指南》(HJ 2032—2013)标准。

本 章 习 题

一、填空题

1.地下饮用水水源可分为_____和_____。

2.地下饮用水水源应选择_____、_____和_____的地域。

3.地下水井类型有_____、_____和_____。

4.机井包括_____、_____和_____。

二、简答题

1.在地下饮用水水源中,井水水源和泉水水源的优点和缺点分别是什么?

2.水源建设中现场查看初选水源位置半径30~50 m之内应满足什么规定?

3.如何进行水源防护设施建设?

4.如何进行水源的污染防治?

三、思考题

1.请根据本章学习内容,分析你平时接触水源的建设技术模式。

第3章 厂房与管网布置技术模式

3.1 厂房布置技术模式

3.1.1 厂房布置要求

水厂总体设计应按照工艺流程将生产构筑物、附属建筑物等进行合理的分区、组合和布置,满足系统配水生产工艺过程、运行操作、生产管理和维修检修等要求。

厂房布置原则以规划主管部门及其他有关部门对建设单位提出的该地区的规划设计要求为依据,综合本建设用地内的工艺生产要求,使本次设计既满足工艺生产要求,又能与城市建设的整体规划布局保持一致,成为其有机组成部分并与周边地段协调。按流程顺序布置,便于管理。高程布置应充分利用原有地形条件,力求流程通畅、能耗降低、土方平衡。在满足各构筑物和管线施工要求的前提下,水厂各构筑物应紧凑布置。寒冷地区生产构筑物尽量集中布置。对于生产构筑物间连接管道的布置,宜水流顺直,避免迂回。

水厂建筑部分平面设计包括水处理间(含污水处理间)、送水泵房、配电室、加药间、二氧化氯发生器间、化学危险品仓库、普通仓库、化验室、自动化控制室、办公室、员工休息室、卫生间、燃煤锅炉房、门卫及消防通道、院内排水系统、通行道路、停车场等。厂区工艺管道包括连接管-构筑物之间的联系线、给水管-水厂本身用水管、排水管-水厂本身排水管等管线的布设;供配电和自控线路等布置。

3.1.2 厂址的选择

根据项目所在区域的自然和社会地形条件来选择水厂位置,使整个供水系统布局合理,保证用水服务区水量充足。水厂厂址的选择应符合下列要求:充分利用地形高程,靠近用水区和可靠电源,整个供水系统布局合理;不受洪水与内涝的威胁;有良好的卫生环境,并便于设立防护地带;有较好的废水排放条件;少拆迁,不占或少占农田;施工、运行管理方便。

3.1.3 占地面积

水厂占地面积应根据供水规模、净化工艺类型及复杂程度、卫生防护等确定。规划阶段可参照表3.1确定,设计阶段应根据实际需要确定。Ⅴ型工程不宜小于100 m²。劣质地下水水厂占地可结合实际情况适当放宽。

表 3.1 村镇集中水厂占地参考指标

工程类型		I 型	II 型	III 型	IV 型	V 型
供水规模/ （m³·d⁻¹）		>10 000	5 000 ~ 10 000	1 000 ~ 5 000	200 ~ 1 000	<200
用地控制指标/ （m²·m⁻³·d⁻¹）	地表水	0.7 ~ 1.0	0.9 ~ 1.1	1.0 ~ 1.3	1.1 ~ 1.4	1.2 ~ 1.5
	地下水	0.4 ~ 0.7	0.6 ~ 0.8	0.7 ~ 1.0	0.8 ~ 1.1	0.9 ~ 1.2

注:水厂占地系指水厂围墙内的用地,包括构筑物、道路及绿化用地,不包括厂外取水泵房、高位水池(水塔)、加压泵站等用地。取值时,应根据净化工艺类型及复杂程度确定。

3.1.4 水厂总体布置

水厂总体布置应根据工程目标、建设条件、工艺组成、水处理构筑物形式确定。平面和竖向布置应满足各构筑物的功能和工艺流程要求,宜简洁流畅。水厂附属建筑和设施应根据水厂规模、生产经营和管理体制,并结合当地实际情况确定。

1. 生产构筑物及净水设备(装置)的布置

生产构筑物和净水设备(装置)的布置应符合下列要求:按照净水工艺流程顺流布置;多组净水构筑物宜平行布置且配水均匀;构筑物之间宜紧凑,并满足构筑物和管道的施工及维修要求;构筑物之间应设安全通道,规模较小时可采用组合式布置;构筑物竖向布置应充分利用天然地形坡度,优先采用重力流布置,并满足净水流程中的水头损失要求;应合理确定各构筑物池底、池顶高程。防止埋深过大或池体架空;净水设备(装置)的布置应留足操作和检修空间,并有遮阳、避雨设施;在寒冷地区,净水构筑物和设备应设在室内。

2. 平面布置

水厂的平面布置应符合下列要求:生产构筑物和附属建筑物宜分别集中布置;生活区宜与生产区分开布置;分期建设时,近远期构筑物、附属建筑物及相关设备的布置应统筹安排、衔接协调;生产附属建筑物的面积及组成应根据设计供水规模、净水工艺和经济条件确定;加药间、消毒间应分别靠近投加点,并应与其药剂仓库毗邻;消毒间及其仓库宜设在水厂的下风处,并应与值班室、宿舍区保持一定的安全距离;滤料、管道配件等堆料场地应根据需要分别设置,并有遮阳、避雨设施;厕所和化粪池的位置与生产构筑物的距离应大于 10 m;新建水厂的绿化占地面积不宜小于水厂总面积的 20%;根据需要设置通向各构筑物的道路。单车道宽度宜为 3.5 m,并应有回车道,转弯半径不宜小于 6 m,在山丘区纵坡不宜大于 8%;人行道宽度宜为 1.0 ~ 1.5 m;应有雨水排放设施,厂区地坪宜高于厂外地坪和内涝水位。雨水管渠设计重现期宜采用 1 ~ 3 年;水厂周围应有围墙或护栏及安全防护设施,围墙或护栏高度不宜低于 2.5 m。

3. 管道布置

水厂内管道布置应符合下列要求:构筑物间的连接管道应短且顺直,不得迂回;并联构筑物间的管道应能互换使用;分期建设的工程应便于管道衔接;阀门井和跨越管应根据工艺要求设置;宜采用金属管材和柔性接口;与混凝剂、消毒剂等药剂接触的管道应耐腐蚀,布置应便于检修和更换;水厂自用水管线应自成体系,避免或减少管道交叉;出厂水总管和进厂原水总管上应设置计量装置。

4. 其他布置

净水构筑物的排水、排泥可合为一个系统,生活污水管道应另成系统;排水系统宜按重力流设计,必要时可设置排水泵房。生产废水排放口应设在水厂取水口下游,并符合卫生防护要求;有条件的水厂应设置排泥池,并定期对排出的泥进行收集处理;生活污水应进行无害化处理,其排放不得污染水源。

3.1.5　厂房抗冻

季节性冻胀土的地基在冻结深度内,不准把基础底面和侧面放在冻胀性土中,应采取消除或减少法向冻胀力和切向冻胀力的措施,可采用在冻结深度内将基础底面冻胀性土壤全部挖除,基础侧面换填混砂石的方法。

厂房门窗设置防冻门斗、闭锁装置及防雨雪挑檐,能起到阻风保温作用,保证边界门的防冻功能;排风系统的排风口增加电动截止风阀,解决冬季冷风倒灌问题;若暖通负荷预估不足,致暖通设备加热能力不满足要求,则增加加热器、电暖风机或更换加热设备。

3.2　输配水管道布置技术模式

3.2.1　一般规定

输水方式应通过技术经济比较后确定,可采用重力式、加压式或组合方式。在各种设计工况下运行时,管道不应出现负压。配水管网设计应根据设计水量、水压、水质和安全供水要求,经技术经济比较后确定。压力输水管应防止水流速度剧烈变化产生的水锤危害,并应采取有效的水锤防护措施。村镇生活饮用水管网严禁与非生活饮用水管网连接。

3.2.2　管线布置

1. 输配水管线布置应符合的要求

选择较短的线路,满足管道地理要求,沿现有道路或规划道路一侧布置;避开不良地质、污染和腐蚀性地段,无法避开时应采取防护措施;减少穿越铁路、高等级公路、河流等障碍物;减少房屋拆迁、占用农田、损害植被等;施工、维护方便,节省造价;运行经济安全可靠。

水源到水厂的输水管道,可按单管布置;Ⅰ、Ⅱ型供水工程,宜按双管布置。双管布置时,应设连通管和检修阀,输水干管任何一段发生事故时仍能通过70%的设计流量。

2. 集中供水工程的水厂到村镇配水主干管布置应符合的要求

供水管网宜以树枝状为主,有条件时可环状、树枝状结合;平原区的主干管应以较短的距离引向各村镇;山丘区主干管的布置应与高位水池的布置相协调,利用地形重力流配水。

3. 输水管道和配水干管上的附属设施布置应符合的规定

在管线凸起点应设置空气阀；长距离无凸起点的管段，宜每隔 1.0 km 左右设置 1 处空气阀。空气阀直径可为管道直径的 1/12 ~ 1/8 或经水力计算确定；在管线低凹处应设置泄水阀，泄水阀直径可为管道直径的 1/5 ~ 1/3 或经水力计算确定；水源到水厂的输水管道始端和末端均应设置控制阀；在配水干管分水点下游侧的干管和分水支管上应设置检修阀；对于重力流输水管道，因地形高差引起的静水压力或动水压力超过管道的公称压力时，应根据供水水压要求在适当的位置设置减压设施；地埋管道应在水平转弯及穿越铁路或公路、河流等障碍物处设置标志。

4. 村镇内的配水管网布置应符合的要求

规模较小的村镇，可按树枝状布置；规模较大的村镇，有条件时宜按环状布置或环状与树枝状结合布置；干管应分区布置，干管应以较短的距离沿街道引向各分区，并符合村镇建设规划；应分区、分段设置检修阀；消火栓应按《建筑设计防火规范》（GB 50016—2014）和《农村防火规范》（GB 50039—2010）的规定，在醒目处设置；集中供水点应设置在用水户取水方便处，寒冷地区应有防冻设施。

3.2.3 管材选择及水力计算

1. 计算要求

供水管材选择应根据管径、设计内水压力、敷设方式、外部荷载、地形、地质、施工和材料供应等条件，通过结构计算和技术经济比较后确定，并符合下列要求：

① 应符合国家现行产品标准要求。

② 不同管材的设计内水压力见表 3.2，选用管材的公称压力不应小于设计内水压力。最大工作压力应根据工作时的最大动水压力和不输水时的最大静水压力确定。

表 3.2 不同管材的设计内水压力

管材种类	设计内水压力
钢管	$p+0.5 \geqslant 0.9$
球墨铸铁管	$p \leqslant 0.5$ 时, $2p$
	$p>0.5$ 时, $p+0.5$
塑料管	$1.5p$
混凝土管	$1.5p$

注: p 为最大工作压力, 单位为 MPa。

③管道结构设计应符合《给水排水工程管道结构设计规范》（GB 50332—2002）的规定。

④ 露天明设管道宜选用金属管，采用钢管时应进行内外防腐处理，内防腐处理应符合《生活饮用水输配水设备及防护材料的安全性评价标准》（GB/T 17219—1998）的要求，严禁采用冷镀锌钢管。

⑤ 连接管件和密封圈等配件宜由管材生产企业配套供应。

2. 流量确定

水源到水厂的输水管设计流量应按最高日取水量确定。

（1）水厂到村镇配水干管设计流量确定的要求。

村镇用水量计算应符合2.7节的要求，配水干管设计流量应按最高日最高时用水量确定；向高位水池或水塔供水的管道，设计流量宜按最高日工作时用水量确定。

（2）村镇内的配水管网设计流量确定的要求。

① 管网中所有管段的沿线出流量之和应等于最高日最高时用水量。各管段的沿线出流量可根据人均用水当量和各管段用水人口、用水大户的配水流量计算确定。人均用水当量可按式（3.1）计算：

$$q = \frac{1\,000(W - W_1)K_h}{24P} \tag{3.1}$$

式中　q——人均用水当量，L/（人·h）；

　　　W—— 村或镇的最高日用水量，m^3/d；

　　　W_1—— 企业、机关及学校等用水大户的用水量之和，m^3/d；

　　　K_h——时变化系数；

　　　P—— 村镇常住用水人口数，人。

② 树枝状管网的管段设计流量可按其沿线出流量的50%加上其输送流量计算。

③ 环状管网的管段设计流量应通过管网平差计算确定。

3. 流速选择

输配水管道的设计流速宜采用经济流速，不宜大于2.0 m/s；输送原水的管道的设计流速不宜小于0.6 m/s。管道设计内径应根据设计流量和设计流速确定，设置消火栓的管道内径不宜小于100 mm。

4. 水头损失

管道水头损失包括沿程水头损失和局部水头损失。

① 沿程水头损失可按式（3.2）、式（3.3）计算：

$$h_1 = iL \tag{3.2}$$

$$i = 10.67 q^{1.852} C^{-1.852} d^{-4.87} \tag{3.3}$$

式中　h_1——沿程水头损失，m；

　　　i——单位管长水头损失，m/m；

　　　L——计算管段的长度，m；

　　　q——管段设计流量，m^3/s；

　　　C—— 海曾威廉系数，可按表3.3取值；

　　　d——管道内径，m。

表3.3　海曾威廉系数(C值)

管道类型	C 值
塑料管	140~150
钢管、混凝土管及内衬水泥砂浆金属管	120~130

② 输水管和配水干管的局部水头损失可按其沿程水头损失的5%~10%计算。

③ 用水人口少于1 000人的村内管道管径可参照表3.4确定。

表3.4　不同管径的控制供水户数

管径/mm	110	75	50	32	20
控制供水户数/户	170~220	80~110	30~60	5~15	1~3

注:本表以PE管为代表,管径指公称外径;控制供水户数根据住户间距和管道总长等确定。

④ 环状管网的水头损失闭合差绝对值,小环宜小于0.5 m,大环宜小于1.0 m。

3.2.4　管道敷设

1. 敷设条件

输配水管网除岩石地基地区和山区且无防冻要求外应埋设于地下;在覆盖层很浅或基岩出露的地区可浅沟埋设,塑料管道露天敷设应采取防晒、防冻保护措施,金属管道可露天敷设且冬季采取防冻措施。

2. 管道埋设规定

管道应埋设在未经扰动的原状土层上,管道周围0.2 m范围内应用细土回填,回填土的压实系数不应小于0.9。在承载力达不到设计要求的软地基上埋设管道时应进行地基处理,在岩石或半岩石地基上埋设管道时应铺设砂垫层,砂垫层厚度不应小于0.1 m。沟槽回填从管底基础部分开始到管顶以上0.5 m范围内,应采用人工回填;管顶0.5 m以上部位,可用机械从管道轴线两侧同时夯实,每层回填厚度不大于0.2 m。

当供水管与污水管交叉时,供水管应布置在上面,且不应有接口重叠。当供水管道敷设在下面时,应采用钢管或钢套管,钢套管的两端伸出交叉管的长度不得小于3 m,采用防水材料封闭钢套管的两端。

供水管道与构筑物、铁路和其他管道的水平净距,应根据构筑物基础结构、路面种类、管道埋深、管道设计压力、管径、管道上附属构筑物、卫生安全、施工和管理等条件确定。最小水平净距应符合《城市工程管线综合规划规范》(GB 50289—2016)的相关规定。

供水管道与铁路、高等级公路、输油管道等重要设施交叉时,应取得相关行业管理部门的同意,并按有关规定执行。

管道穿越河流时,可采用沿现有桥梁架设或采用管桥或敷设倒虹吸管从河底穿越等方式。穿越河底时,管道管内流速应大于不淤流速,在两岸应设阀门井,应有检修和防止冲刷破坏的措施。管道在河床下的深度应在其相应防洪标准的洪水冲刷深度以下,且不小于1 m。管道埋设在通航河道时,应符合航运部门的规定,并应在河岸设立标志,管道埋设深度应在航道底设计高程 2 m 以下。

露天管道应有调节管道伸缩的设施,并设置保证管道整体稳定的措施;冰冻地区应采取保温等防冻措施。

管道穿越沟谷、陡坡等易受洪水或雨水冲刷地段时,应采取防冲刷措施。

非整体连接管道应在垂直或水平方向转弯处、分叉处、管道端部堵头处及管径截面变化处设置支墩或镇墩,其结构尺寸根据管径、转弯角度、设计内水压力、接口摩擦力及地基和回填土的物理学指标等因素确定。

3.2.5　输配水管道抗冻

管顶覆土应根据冰冻情况、外部荷载、管材强度、与其他管道交叉等因素确定。非冰冻地区,管顶覆土厚度一般不宜小于 0.7 m,在松散岩基上埋设时管顶覆土厚度不应小于 0.5 m;寒冷地区,管顶应埋设于冻深线以下;穿越道路、农田或沿道路铺设时,管顶覆土厚度不宜小于 1.0 m。露天管道应有调节管道伸缩的设施,冰冻地区应采取保温防冻措施。

室外管道上的进(排)气阀、减压阀、消火栓、闸阀、碟阀、泄水阀、排空阀、水表、测压表和法兰,应设置在井内,并有防冻、防淹措施。

本 章 习 题

一、填空题

1. 水厂占地面积,应根据_____、_____和_____等确定。

2. 水厂附属建筑和设施应根据_____、_____和_____,并结合当地实际情况确定。

3. 输配水管道输水方式可采用_____、_____和_____。

4. 管网中各管段的沿线出流量可根据_____、_____和_____计算确定。

5. 管顶覆土可根据_____、_____、_____和_____等因素确定。

二、简答题

1. 水厂厂址的选择应符合哪些要求?

2. 水厂内构筑物间的连接管道应符合哪些要求?

3. 输配水管线布置应符合哪些要求?

4. 管材水力计算中流量该怎么确定?

5. 输配水管道的抗冻应该注意什么?

三、思考题

1. 常见的输配水管道输水方式有哪些,分别有什么优缺点?

第4章　铁和锰超标治理工程建设技术模式

4.1　研　究　背　景

以东北三省为例,该地区多为含铁丰富的岩石山地,其岩层含铁较多并伴生一定数量的锰,岩石风化后部分铁和锰会在融雪期和汛期随水流冲刷进入河道,部分渗入地下并在枯水期补给河流,经此岁月反复,地下水铁和锰超标的问题尤为严重。此外,东北作为老牌工业基地,大量的工业生产加重了污染程度。

水中含铁量过多,也会造成危害。据测定,当水中铁的含量为 0.5 mg/L 时,色度可达 30 度以上;含量达到 1.0 mg/L 时,不仅色度增加,而且会有明显的金属味。铁和锰的浓度超过一定限度,就会产生红褐色的沉淀物,生活上能在白色织物或用水器皿及卫生器具上留下黄斑,同时还容易使铁细菌繁殖堵塞管道;饮用水中铁和锰过多,可引起食欲不振、呕吐、腹泻、胃肠道紊乱和大便失常。据美国、芬兰科学家研究证明,人体中铁过多对心脏有影响,甚至比胆固醇更危险。因此,高铁、高锰水必须经过净化处理才能饮用。

4.2　关　键　技　术

4.2.1　技术简介

1. 化学接触氧化法

化学接触氧化法去除铁和锰是 20 世纪 60 年代李圭白院士成功试验出的锰砂接触过滤除铁工艺。研究发现,含铁地下水经过天然锰砂滤层时,水中的 Fe^{2+} 能够迅速被氧化为 Fe^{3+},并被截留于滤层中,在这一过程中对 Fe^{2+} 氧化起到接触催化作用的是铁质化合物,又称为铁质活性滤膜。在接触除铁的过程中,滤料表面首先会逐渐生成具有催化性能的铁质活性滤膜,而随着过滤的进行,生成的滤膜会逐渐脱水老化,变为 $FeO \cdot OH$ 或 Fe_2O_3,从而丧失催化性能,而新的铁质活性滤膜则会在过滤过程中不断生成,整体实现了铁质活性滤膜的循环再生。化学接触氧化法主要包含两个步骤:

第一步,水中的 Fe^{2+} 通过离子交换方式被吸附到铁质活性滤膜表面:

$$Fe(OH)_3 \cdot 2H_2O + Fe^{2+} \Longrightarrow Fe(OH)_2(OFe) \cdot 2H_2O^+ + H^+$$

第二步,被吸附的 Fe^{2+} 在铁质活性滤膜的催化作用下迅速被水中的溶解氧氧化生成铁氢氧化物,并实现铁质活性滤膜的再生:

$$Fe(OH)_2(OFe) \cdot 2H_2O^+ + 14O_2 + 25H_2O \Longrightarrow 2Fe(OH)_3 \cdot 2H_2O + H^+$$

在这一反应过程中,铁质活性滤膜既作为反应的生成物,又作为催化剂参与了铁的氧化反应,因此铁质活性滤膜接触氧化除铁是一个自催化过程。我国地下水的 pH 一般在 6.0 以上,在这一 pH 范围内,水中的 Fe^{2+} 在铁质活性滤膜接触氧化作用下,仅需 5 ~ 30 min 便可以被氧化为 Fe^{3+}。此外,溶解性硅酸对铁质活性滤膜接触氧化除铁的效能基本没有影响。由于化学接触氧化法不仅具有很好的除铁传质速率,同时具有 pH 易控属性,并且生成的铁氧化物泥浆还可以通过再循环方式作为氧化 Fe^{2+} 的催化剂,因此整体具有较低的能耗和构建成本。对于适用的水体,化学接触氧化法是最为简单和经济适用的除铁方法,因此常作为地下水除铁的首选工艺。

高价铁、锰进入滤层后,其表面氢氧化物形成铁质、锰质滤膜,被附着在滤料表面,在 pH 中性条件下,Fe^{2+}、Mn^{2+} 能被这种具有接触催化作用的滤膜吸附,被溶解氧化后生成新的参与反应的活性滤膜物质,该工艺能够在很大程度上节约成本。

2. 生物接触氧化法

生物接触氧化法是一种介于活性污泥法与生物滤池之间的生物膜法工艺,其特点是在池内设置填料,池底曝气对污水进行充氧,并使池体内污水处于流动状态,以保证污水与污水中的填料充分接触,避免生物接触氧化池中存在污水与填料接触不均的缺陷。生物接触氧化法净化废水的基本原理与一般生物膜法相同,以生物膜吸附废水中的有机物,在有氧的条件下,有机物由微生物氧化分解,废水得到净化。

生物接触氧化法中微生物所需氧由鼓风曝气供给,生物膜生长至一定厚度后,填料壁的微生物会因缺氧而进行厌氧代谢,产生的气体及曝气形成的冲刷作用会造成生物膜的脱落,并促进新生物膜的生长,此时脱落的生物膜将随出水流至池外。

生物接触氧化池内的生物膜由菌胶团、丝状菌、真菌、原生动物和后生动物组成。在活性污泥法中,丝状菌常常是影响正常生物净化作用的因素;而在生物接触氧化池中,丝状菌在填料空隙间呈立体结构,大大增加了生物相与废水的接触表面,同时因为丝状菌对多数有机物具有较强的氧化能力,对水质负荷变化有较大的适应性,所以是提高净化能力的有利因素。

3. 絮状沉淀法

絮状沉淀法的基本原理是在废水中投入混凝剂,因混凝剂为电解质,在废水中形成胶团,与废水中的胶体物质发生电中和,形成绒粒沉降。混凝沉淀不但可以去除废水中粒径为 10^{-6} ~ 10^{-3} mm 的细小悬浮颗粒,而且还能够去除色度、油分、微生物、氮和磷等富营养物质,以及重金属和有机物等。废水在未加混凝剂之前,水中的胶体和细小悬浮颗粒的本身质量很轻,受水的分子热运动的碰撞而作无规则的布朗运动。颗粒都带有同性电荷,它们之间的静电斥力阻止微粒间彼此接近而聚合成较大的颗粒;带电荷的胶粒和反离子都能与周围的水分子发生水化作用形成一层水化壳,可阻止各胶体的聚合。一种胶体的胶粒带电越多,其电位就越大;扩散层中反离子越多,水化作用也越大,水化层也越厚,因此扩散层也越厚,稳定性越强。废水中投入混凝剂后,胶体因电位降低或消除,破坏了颗粒的稳定状态(称脱稳)。脱稳的颗粒相互聚集成较大颗粒的过程称为凝聚。未经脱稳的胶体也可形成大颗粒,这种现象称为絮凝。不同的化学药剂能使胶体以不同的方式脱稳、凝聚或絮凝。按照机理混凝可分为压缩双电层、吸附电中和、吸附架桥、沉淀物网铺。在废水的混凝沉淀处理过程中,影响混凝效果的因素比较多。对于不同水样,由于废水中的成分不同,同一种混凝剂的处理效果可能会相差很大。还有水温的影响,其影响主要表现为:影响药剂在水中发生化学反应的速度;对金属盐类的混凝影响很大,因其水解是吸热反应;影响矾花的形成和质量。水温较低时,絮凝体形成缓慢,结构松散,颗粒细小。水温低时,水的黏度大,布朗运动强度减弱,不利于脱稳胶粒相互凝聚,水流剪力也增大,影响絮凝体的成长。温度因素主要影响金属盐类的混凝,对高分子混凝剂影响较小。

4.2.2 技术选择

结合黑龙江省农村铁和锰超标地下原水中铁含量普遍小于 2.0 mg/L、锰含量小于 1.5 mg/L,pH 普遍介于 6.5~7.5 之间,多数原水 pH 已经达到 6.8~7.0,通过曝气后 pH 比较容易达到 8.5 以上,水中溶解氧含量(质量浓度,下同)一般在 3.0 mg/L 左右的特点,筛选了接触氧化法铁和锰超标水处理技术及设备,通过现场应用、检测及研究各种影响因素和指标参数获得适用于黑龙江省农村铁和锰超标水处理技术模式 2 套,如图 4.1 所示。

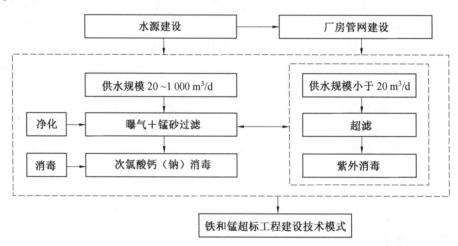

图 4.1 铁和锰超标水处理技术模式图

(1)供水规模为 20~1 000 m³/d 的农村地下水源供水工程。

采用曝气+锰砂滤池过滤技术去除铁和锰。原水进行曝气充氧,提高溶解氧浓度,然后进入锰砂滤池,依靠离子交换和催化氧化方式,使 Fe^{2+}、Mn^{2+} 分别被氧化为 FeO_2 和 MnO_2,然后通过过滤去除。当水中铁、锰含量较低时,可在同一滤池中去除,即滤池上部为除铁带,下层为除锰带,仍是先除铁后锰;当铁含量较高或滤速较大时,除铁带会向下延伸,压缩除锰带甚至穿透,此时可采用两级过滤,一级除铁(简单曝气充氧),二级除锰(充分曝气)。

(2)供水规模小于 20 m³/d 的农村地下水源分散式供水工程。

采用微滤技术去除铁和锰。微滤膜主要用于截留悬浮固体、细菌,超滤膜主要用于截留大分子有机物、蛋白质、多肽等。即采用 PP 棉精密过滤器和活性炭过滤器对原水进行预处理,去除原水中的杂质、色度及异味。

水中 Fe^{2+} 的自然氧化速率较低,使其难以在常规水处理过程中完成氧化沉淀过程,且水中的铵盐、亚硝酸及其他还原性物质也会导致 Fe^{2+} 的氧化速率减慢。例如,佳木斯某含铁地下水经跌水曝气后,水中 Fe^{2+} 要经过 100 h 以上才能全部被氧化为 Fe^{3+};但采用天然锰砂滤层过滤时,只需几分钟时间就能使 Fe^{2+} 全部被氧化为 Fe^{3+},并被截留于滤层中。在天然水条件下(通常 pH 为 6~7.5),锰难以被溶解氧氧化去除。自然氧化法除锰,要求将水的 pH 提高到 9.5 以上,为此需对含锰地下水进行碱化处理,从而导致处理后水的 pH 过高,不满足《生活饮用水卫生标准》(GB 5749—2022)要求,所以还要对水进行酸化处理,导致水处理工艺流程复杂,制水成本显著增加。实践证明,含锰地下水曝气后经滤层过滤,能在滤料表面形成具有接触催化作用的活性滤膜,加快锰的氧化速度,使 Mn^{2+} 在较低 pH 条件下就能被溶解氧氧化为 MnO_2 而被除去,显著缩短了在滤池的停留时间,经济简便,效果稳定,比较适合我国国情。

4.3　关键设备及工艺

4.3.1　工艺流程

在地下水曝气过程中,空气中的氧气将溶于水中,部分二氧化碳会从水中逸出,引起水的 pH 升高。地下水的除铁、除锰工艺不同,对水的曝气要求也不同。接触氧化法除铁一般要求水的 pH 不低于 6.0,接触氧化法除锰一般要求水的 pH 达到 6.5 以上,大多数地下水的 pH 都高于 6.5,所以曝气的主要目的是增加水中的溶解氧浓度。

Fe^{2+} 的氧化当量为 0.14 $mgO_2/mgFe^{2+}$,Mn^{2+} 的氧化当量为 0.29 $mgO_2/mgMn^{2+}$。对于地下水除铁和锰,所需溶解氧量并不大。一般水中 Fe^{2+} 含量不超过 15 mg/L,Mn^{2+} 含量不超过 1.5 mg/L,相应的除铁和锰过程原水中溶解氧的含量约为 2.58 mg/L,采用跌水曝气池、喷水曝气装置、淋水曝气装置及射流曝气设备等进行曝气可满足铁、锰氧化过程中所需的溶解氧量。

常见的含铁、含锰地下水接触氧化滤池主要分为压力式滤罐和重力式滤池两种,压力式滤罐又分为立式和卧式两种类型。过滤方式的选择通常需要综合考虑设计规模、原水水质特性、经济技术可行性、占地面积、操作维护及当地气候等因素。在大型水厂中采用重力式滤池不仅可以节约初期投资和运行成本,有效地降低除铁、除锰工艺的操作和运行维护成本,同时便于观测滤池内部结构、反冲洗情况、滤层厚度和运行情况。在中小型地下水除铁和锰水厂中,采用压力式过滤装置,施工安装更为方便,但压力滤池的池体必须用钢板焊成,所以容量不可能太大。当受地形或地下水水位影响而使重力式滤池在竖向布置上有困难时,可考虑采用压力式滤罐。

4.3.2　关键设备

1. 曝气设备

地下水除铁和锰装置有多种形式,如跌水曝气池、喷水曝气装置、淋水曝气装置、射流曝气设备及板条式或焦炭曝气塔等,应根据原水水质,通过计算和技术经济比较进行选择。

(1)射流曝气设备。

射流曝气是应用水射器利用高压水吸入空气,高压水一般为压力滤池的出水回流,经过水射器将空气带入深井泵吸水管中。射流曝气设备图如图4.2所示,该设备构造简单,适用于原水中铁和锰含量较低且无需去除CO_2以提高pH的情况。

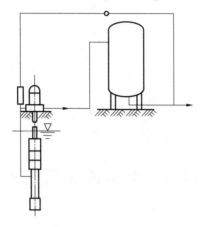

图4.2 射流曝气设备图

(2)曝气塔。

曝气塔是一种重力式曝气装置,适用于铁的含量不高于10 mg/L的地下水处理。曝气塔设备图如图4.3所示。曝气塔以多层板条或者1~3层厚度为0.3~0.4 m的焦炭或

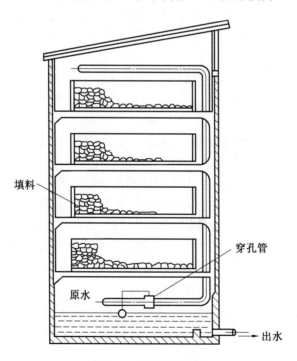

图4.3 曝气塔设备图

矿渣作为填料层,填料层的上下净距在 0.6 m 以上,以便空气流通。含铁和锰的水从位于塔顶部的穿孔管喷淋而下,成为水滴或水膜通过填料层,由于空气和水的接触时间长,所以效果好。焦炭或矿渣填料常因铁质沉淀堵塞而需更换,因此在含铁量较高时,以采用板条式较佳。曝气塔的水力负荷为 5 ~ 15 m³/(h·m²)。

2. 滤罐设备

滤罐设备是一种罐体式的过滤器械,外壳一般为不锈钢或者玻璃钢,内部填充活性炭,用来过滤水中的游离物、微生物、部分重金属离子,并能有效降低水的色度。

4.4 典型案例

依据 42 个市(县、区)农村饮用水水源铁和锰超标情况调查结果,黑龙江省农村地下饮用水水源铁和锰超标现象普遍。因此,选取供水规模 200 ~1 000 m³/d、水源水质铁和锰超标、取水构筑物均为管井的古北乡龙泉二队供水工程,以及供水规模小于 20 m³/d、水源水质铁和锰超标、取水构筑物均为管井的明义乡油坊村油新屯供水工程作为典型案例,剖析铁和锰超标治理工程建设技术模式。

4.4.1 锰砂过滤+二氧化氯消毒技术模式

(1)古北乡龙泉二队供水工程区域自然与社会概况。

古北乡位于黑龙江省克山县城北部,丘陵漫岗地形,波状起伏,土壤黑土层深厚,养分丰富,土地面积为 158.42 km²,辖 7 个行政村,人口 22 877 人。

(2)工程概况。

古北乡龙泉二队供水工程建成时间为 2011 年,工程总投资额为 389.53 万元。覆盖 4 个行政村 13 个自然屯,为联村工程。供水范围 1 431 户共 5 011 人,设计供水规模为 400 m³/d,供水厂房面积为 99 m²。地下水水源,管井 3 眼,井深均为 140 m。铺设输配水管网 57 581 m,PE 管材,管顶埋深为 2.8 m,检查井 13 眼。2016 年对水厂进行改造,扩建厂房 80 m²,新增铁和锰处理罐 1 套,二氧化氯粉剂投加设备 1 套,安装水源隔离防护设施,24 h供水。古北乡龙泉二队供水工程技术流程图如图 4.4 所示,工程现状如图 4.5 ~ 4.8 所示。

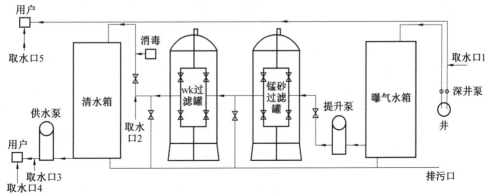

图 4.4 古北乡龙泉二队供水工程技术流程图

图4.5　古北乡龙泉二队水厂

图4.6　铁和锰处理罐

图4.7　二氧化氯粉剂投加设备

图4.8　在线监测设备

（3）工程运行情况。

作者对该工程进行了为期2年的跟踪调查,调查结果显示,出厂水铁、锰指标达到了《生活饮用水卫生标准》(GB 5749—2022)的要求,水源、水质、水量及环境状况良好。供水规模200~1 000 m³/d、水源水质铁和锰超标、取水构筑物均为管井的古北乡龙泉二队供水工程采用锰砂过滤+二氧化氯消毒技术模式是稳定可靠的。

4.4.2　锰砂过滤+紫外线消毒技术模式

（1）明义乡油坊村油新屯供水工程区域自然与社会概况。

明义乡油坊村位于双龙河南岸,临鹤大公路201国道102 km处,土地面积为9 836.51亩(1亩≈668 m²),辖2个自然屯,共有306户1 364人。

（2）工程概况。

明义乡油坊村油新屯供水工程建成时间为2006年,工程总投资额为60万元。设计供水规模20 m³/d,设计供水人口209人,实际供水规模10 m³/d,实际供水人口约130人。水源水质较好,管井1眼,井深120 m。采用除铁和锰净化工艺,紫外线消毒。水源有井房保护。工程现状如图4.9~4.11所示。

图4.9　明义乡油坊村油新屯水厂

图4.10　铁和锰处理罐

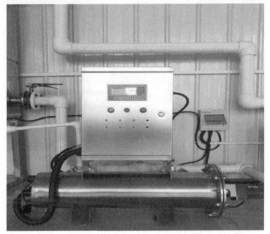

图4.11　紫外线消毒装置

（3）工程运行情况。

作者对该工程进行了为期2年的跟踪调查,调查结果显示,出厂水铁和锰指标达到了《生活饮用水卫生标准》(GB 5749—2022)的要求,水源、水质、水量及环境状况良好。供水规模小于20 m³/d、水源水质铁和锰超标、取水构筑物均为管井的明义乡油坊村油新屯供水工程采用锰砂过滤+紫外线消毒技术模式是稳定可靠的。

本 章 习 题

一、填空题

1.含铁地下水经过锰砂滤层过滤时,对Fe^{2+}氧化起到接触催化作用的是 _____。

2.供水规模为20~1 000 m³/d 的农村地下水源供水工程,除铁和锰采用_____过滤技术。

3. 常见的含铁、含锰地下水接触氧化滤池主要分为 _____ 和 _____。

4. 地下水除铁和锰曝气装置有多种形式,应根据_____,通过计算和技术经济比较进行选择。

二、简答题

1. 比较除铁和锰方法的优缺点。

2. 简述化学接触氧化法的原理。

3. 如何根据供水量进行技术选择?

4. 简述射流曝气的原理。

5. 分别简述滤池和滤罐除铁和锰的流程。

三、简答题

1. 如何根据不同的供水条件选择曝气装置和过滤设备?

第5章 硝酸盐超标治理工程建设技术模式

5.1 研究背景

多年来农业化肥农药过量使用及生活污水排放等,导致地下水源硝酸盐超标问题突出。我国《生活饮用水卫生标准》(GB 5749—2022)及世界卫生组织(WHO)规定,硝酸盐为毒理指标(饮用水硝酸盐含量(质量浓度,下同)不得超过 10 mg/L),在人体中转化成亚硝酸盐后会引发高铁血红蛋白症,而且具有致癌风险。当硝酸盐含量较高时会引发急性病症,甚至会造成缺氧和死亡,必须采取净化处理措施。

2010 年内蒙古自治区水利厅农水处首先提出,寻找适宜的地下水源硝酸盐处理技术;从 2015 年开始随着全国县级农村水质检测中心的建立,地下水硝酸盐超标问题逐步暴露出来,已成为阻碍农村供水水质提升的突出问题。

相关的调研结果显示,平原地区的农村主要生活用水来自于浅层地下,地下水埋深与污染程度之间成反比,埋深越浅,往往硝酸盐污染程度越大。而相关调研结果显示,作为农村农户区主要的生活用水来源,浅层地下水的硝酸盐污染程度不容乐观,平原地区大部分农村浅层地下水硝酸盐严重超标,其中低平原地区超标严重,整体污染程度达到 50 mg/L,远远超出了世界卫生组织规定的饮用水标准。由此可以看出,与农村生活息息相关的浅层地下水污染情况严重,农民生活饱受其害。

5.2 关键技术

5.2.1 技术选择

根据水利部标准《村镇供水工程技术规范》(SL 310—2019),硝酸盐超标地下水处理宜采取反渗透膜或生物反硝化法。生物反硝化法是利用反硝化细菌,在缺氧条件下将硝酸盐还原为氮气(N_2)。此法因具有高效、低耗的特点,被认为是最具潜力的饮用水脱氮方法。生物法具有工艺成熟、针对性强、节能环保的优点,同时处理范围更广且成本低,利用硝化作用和反硝化作用去除有机废水和高含量硝酸盐废水中的氮(N),来减少排入河流的氮污染和富营养化问题,已是环境学家的共识。利用各种反应器处理城市废水或其他废水时,有机废水中的碳源可支持反硝化作用,进行有效的生物脱氮。污水处理中所利用的反硝化菌为异养菌,其生长速度很快,但是需要外部的有机碳源,在实际运行中,有时会添加少量甲醇等有机物以保证反硝化过程的顺利进行。

5.2.2 基本原理

1. 生物法

反硝化也称脱氮作用,是指细菌将硝酸盐(NO_3^-)中的氮通过一系列中间产物如亚硝酸盐(NO_2^-)、一氧化氮(NO)、一氧化二氮(N_2O)还原为N_2的生物化学过程。参与这一过程的细菌统称为反硝化菌。

微生物吸收、利用硝酸盐有两种完全不同的用途,一是利用其中的氮作为氮源,称为同化性硝酸还原作用:$NO_3^- \longrightarrow NH_4^+ \longrightarrow$有机态氮。许多细菌、放线菌和霉菌能利用硝酸盐作为氮素营养。

另一用途是利用NO_2^-和NO_3^-作为呼吸作用的最终电子受体,把硝酸还原成N_2,称为反硝化作用或脱氮作用:$NO_3^- \longrightarrow NO_2^- \longrightarrow N_2 \uparrow$。能进行反硝化作用的只有少数细菌,这个生理群称为反硝化细菌。大部分反硝化细菌是异养菌,例如脱氮小球菌、反硝化假单胞菌等,它们以有机物为氮源和能源进行无氧呼吸。

总的反硝化过程可以用以下方程式表示:

$$2NO_3^- + 10e^- + 12H^+ \longrightarrow N_2 + 6H_2O, \Delta G = -333 \text{ kJ/mol}$$

其中包括以下4个还原反应:

①NO_3^-还原为NO_2^-:$2NO_3^- + 4H^+ + 4e^- \longrightarrow 2NO_2^- + 2H_2O$

②NO_2^-还原为NO:$2NO_2^- + 4H^+ + 2e^- \longrightarrow 2NO + 2H_2O$

③NO还原为N_2O:$2NO + 2H^+ + 2e^- \longrightarrow N_2O + H_2O$

④N_2O还原为N_2:$N_2O + 2H^+ + 2e^- \longrightarrow N_2 + H_2O$

以上4个反应均为放热反应,所以在无氧或缺氧条件下,细菌可以将NO_3^-作为电子传递链(ETC)的最终电子受体(terminal electron acceptor, TEA),来完成物质能量交换。

2. 反渗透膜法

反渗透膜是模拟生物半透膜制成的具有一定特性的人工半透膜,是反渗透技术的核心构件。反渗透技术原理是在高于溶液渗透压的作用下,依据其他物质不能透过半透膜而将这些物质和水分离开来。反渗透膜的膜孔径非常小,因此能够有效地去除水中的溶解盐类、胶体、微生物、有机物等。反渗透膜法具有水质好、耗能低、无污染、工艺简单、操作简便等优点。

反渗透又称逆渗透,是一种以压力差为推动力,从溶液中分离出溶剂的膜分离操作。对膜一侧的料液施加压力,当压力超过它的渗透压时,溶剂会逆着自然渗透的方向作反向渗透,从而在膜的低压侧得到透过的溶剂,即渗透液;高压侧得到浓缩的溶液,即浓缩液。若用反渗透处理海水,在膜的低压侧得到淡水,在高压侧得到卤水。

对透过的物质具有选择性的薄膜称为半透膜,一般将只能透过溶剂而不能透过溶质的薄膜称之为理想半透膜。当把相同体积的稀溶液(例如淡水)和浓溶液(例如盐水)分别置于半透膜的两侧时,稀溶液中的溶剂将自然穿过半透膜而自发地向浓溶液一侧流动,这一现象称为渗透。当渗透达到平衡时,浓溶液侧的液面会比稀溶液的液面高出一定高度,即形成一个压差,此压差为渗透压。渗透压的大小取决于溶液的固有性质,即与浓溶液的种类、浓度和温度有关而与半透膜的性质无关。若在浓溶液一侧施加一个大于渗透压的压力时,溶剂的流动方向将与原来的渗透方向相反,开始从浓溶液向稀溶液一侧流动,这一过程称为反渗透。反渗透是渗透的一种反向迁移运动,是一种在压力驱动下,借助于半透膜的选择截留作用将溶液中的溶质与溶剂分开的分离方法,它已被广泛应用于各种液体的提纯与浓缩,其中最普遍的应用实例便是在水处理工艺中,用反渗透技术将原水中的无机离子、细菌、病毒、有机物及胶体等杂质去除,以获得高质量的纯净水。

3. 离子交换法

离子交换是溶液中的离子与某种离子交换剂上的离子进行交换的作用或现象,是借助于固体离子交换剂中的离子与稀溶液中的离子进行交换,以达到提取或去除溶液中某些离子的目的,是一种属于传质分离过程的单元操作。

离子交换是可逆的等当量交换反应。离子交换树脂充夹在阴阳离子交换膜之间形成单个处理单元,并构成淡水室。离子交换速度随树脂交联度的增大而变小,随颗粒的减小而变大。离子交换是一种液固相反应过程,必然涉及物质在液相和固相中的扩散过程。

水溶液中的一些阳离子进入反离子层,而原来在反离子层中的阳离子进入水溶液,这种发生在反离子层与正常浓度水溶液之间的同性离子交换被称为离子交换作用。离子交换主要发生在扩散层与正常水溶液之间,由于黏土颗粒表面通常带的是负电荷,故离子交换以阳离子交换为主,因此又称为阳离子交换。离子交换严格服从当量定律,即进入反离子层的阳离子与被置换出反离子层的阳离子的当量相等。

早在 1850 年就发现了土壤吸收铵盐时的离子交换现象,但离子交换作为一种现代分离手段,是 20 世纪 40 年代人工合成离子交换树脂以后的事。离子交换操作的过程和设备,与吸附基本相同,但离子交换的选择性较高,更适用于高纯度的分离和净化。

离子交换是应用离子交换剂(最常见的是离子交换树脂)分离含电解质的液体混合物的过程。离子交换过程是液固两相间的传质(包括外扩散和内扩散)与化学反应(离子交换反应)过程,通常离子交换反应进行得很快,过程速率主要由传质速率决定。

离子交换反应一般是可逆的,在一定条件下被交换的离子可以解吸(逆交换),使离子交换剂恢复到原来的状态,即离子交换剂通过交换和再生可反复使用。同时,离子交换反应是定量进行的,所以离子交换剂的交换容量(单位质量的离子交换剂所能交换的离子的当量数或摩尔数)是有限的。

5.3　工 艺 流 程

5.3.1　技术流程

①高效去除硝酸盐单元内装生物填料(陶粒/聚氨酯),通过填料上接种附着的反硝化水中的硝酸盐转化为 N_2 排放,实现彻底去除硝酸盐。

②内装生物填料用于去除水中可能存在的有机物,为水充氧。

③内装石英砂滤料等,可去除水中悬浮物等。

④为硝酸盐单元异养反硝化菌提供碳源。

技术流程图如图 5.1 所示。

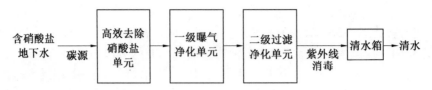

图 5.1 技术流程图

5.3.2 填料选择

生物法硝酸盐处理工艺中的填料选择原则：

①本身无毒无害,也不会释放有毒有害物质。

②比表面积大,微生物易附着。

③堆积在一起通透性好,易过水,不易堵塞。

④自身强度大,长期冲刷摩擦不易破碎、掉渣。

填料选择见表 5.1。

表 5.1 填料选择

陶料	(1)主要由黏土经高温烧制而成,无毒无害 (2)光滑而坚硬,内部呈蜂窝状,强度大,易于微生物附着
聚氨酯	(1)耐腐蚀性强,能够在酸、碱、盐等腐蚀性介质中长期使用 (2)耐磨性好,能够在高速流动介质中长期使用 (3)良好的弹性和回弹性,能够适应不同的填料层压力和流量变化 (4)易于安装和维护,同时也易于清洗

5.3.3 碳源选择

碳源选择见表 5.2。

表 5.2 碳源选择

碳源类别	去除硝酸盐含量/ $(mg \cdot L^{-1})$	处理成本/ $(元 \cdot m^{-3})$	安全与方便程度
甲醇	50	0.7	有毒,易燃,易爆
蔗糖	50	0.5	需定期人工配制,溶液中易滋生异养菌
乙醇	50	0.5	易燃,易爆,使用安全要求高
葡萄糖	50	0.5	需要定期人工配制,溶液中易滋生异养菌
乙酸	50	1.2	使用方便,成本相对较高
乙酸钠	50	3.5	需定期人工配制,成本高,溶液中易滋生异养菌

5.3.4　试验确定

1. 比较试验

(1)3 种不同比表面积陶粒填料对脱氮效率的影响——从中选出优质陶粒。

通过对比 3 种不同比表面积(2.13 m³/g、2.64 m³/g 和 4.2 m³/g)陶粒填料对硝酸盐处理效率的影响,发现比表面积为 2.64 m³/g 的陶粒填料的硝酸盐去除效果相对较好,在水力停留时间(HRT)= 4 h 时,硝酸盐去除率为 80% 以上,HRT = 2 h 降到 40% 左右。比表面积太小,则生物量不足;而比表面积过大,则生物膜较厚,影响传质。

(2)3 种不同孔径聚氨酯填料对脱氮效率的影响——从中选出优质聚氨酯。

通过对不同孔径(10 个孔/cm²、15 个孔/cm²、18 个孔/cm²)的聚氨酯填料的硝酸盐去除效果进行对比,发现 15 个孔/cm² 和 18 个孔/cm² 的聚氨酯填料的硝酸盐处理效果较好,但 18 个孔/cm² 运行后期填料易堵塞,需要频繁反冲洗,经综合考虑确定 15 个孔/cm² 聚氨酯填料为最优填料。不同孔径聚氨酯填料试验比较如图 5.2 所示。

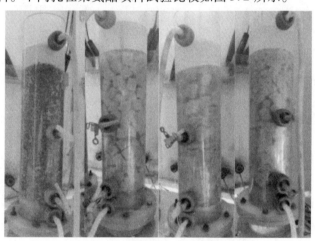

图 5.2　不同孔径聚氨酯填料试验比较

(3)3 种不同碳源及混合碳源对脱氮效果的影响——从中选取优质碳源。

基于填料比选结果,在优选填料基础上对比葡萄糖、蔗糖、乙醇、混合碳源(葡萄糖、蔗糖、乙醇)4 种不同碳源的硝酸盐处理性能,结果表明乙醇的硝酸盐去除效果最优,HRT = 1 h 时仍能保持较好的处理效果。不同碳源及混合碳源试验比较如图 5.3 所示。

2. 试验确定

对于陶粒填料,比表面积过大、过小均不利于硝酸盐的去除,粒径为 3 ~ 5 mm 的陶粒最好。对于聚氨酯填料,孔径小有利于硝酸盐的去除,但孔径过小易堵塞,需频繁反冲洗,15 个孔/cm² 最好。在进水水温为 15 ~ 20 ℃ 的条件下,两种填料处理效果基本相同,停留时间为 1.5 h,聚氨酯填料的容积负荷为 0.7 kg/(m³·d)。相较于葡萄糖、蔗糖及混合碳源,乙醇碳源对硝酸盐的去除效率最高。

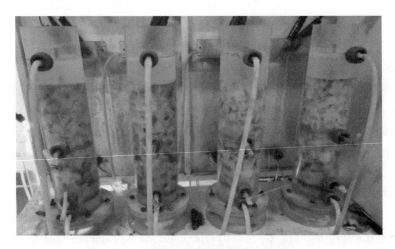

图 5.3　不同碳源及混合碳源试验比较

5.4　典型案例

（1）辽宁省昌图县供水区域自然与社会概况。

昌图县是辽宁省最北部的县,是全国著名的农业大县,东北最大的花生集散地,全国最大的粮食生产基地和畜禽生产加工基地。区域面积为 4 317 km^2,昌图县总人口为95.5 万人。依据调查结果显示,昌图县地下饮用水水质硝酸盐超标现象较普遍。

（2）工程概况。

在阜新市阜蒙县、铁岭市昌图县建成国内首批地下水硝酸盐生物法处理技术示范工程 7 处。原水硝酸盐含量在 32 ~55 mg/L 之间,处理后出厂水达到《生活饮用水卫生标准》(GB 5749—2022)要求。运行费用为每吨水 0.45 ~0.55 元。

两处供水示范工程覆盖 3 800 人,24 h 供水,设计供水规模达到 360 m^3/d,进水硝酸盐含量超过 50 mg/L,经设备处理后出水硝酸盐含量小于 10 mg/L。

本 章 习 题

一、填空题

1.我国《生活饮用水卫生标准》及世界卫生组织规定饮用水硝酸盐含量不得超过_____。

2.生物反硝化法是利用 _____,在缺氧条件下将硝酸盐还原为 N$_2$。

3._____是模拟生物半透膜制成的具有一定特性的人工半透膜,是反渗透技术的核心构件。

4.生物法具有 _____、_____、_____ 的优点。

5.高效去除硝酸盐单元内装生物填料的选择有_____和_____。

二、简答题

1. 硝酸盐超标的饮用水会对人体造成什么危害?

2. 对比几种除硝酸盐方法的优缺点。

3. 简述生物反硝化法。

4. 生物法硝酸盐处理工艺中的填料选择原则是什么?

5. 生物法硝酸盐处理工艺的基本流程是什么?

三、思考题

1. 在改进基础的生物法除硝酸盐工艺时应该注重哪些方面,该遵守怎样的原则?

第6章　氟化物超标治理工程建设技术模式

6.1　研　究　背　景

6.1.1　研究背景

由于特殊的水文地质条件、不合理的地下水开采及采矿和选矿等生产污染造成的农村饮用水中氟超标问题十分突出，解决难度大，主要分布在华北、西北、华中地区。解决高氟水问题的首选方案是寻找替代水源，其次是采取特殊水处理措施。但由于以往缺乏适宜的高氟水处理技术和设备，或现有降氟技术及设备运行成本高、使用操作复杂，造成设备失效或闲置。特别是我国农村高氟水水质条件复杂，同时存在悬浮物、有机物、胶质、色度、硬度、碱度、磷酸盐等多指标超标问题，直接影响除氟技术及设备的正常运行，使部分已经解决的高氟水人口又重新饮用高氟水。

因此，如何破解高氟水处理难题，直接影响全国农村饮水安全目标的实现，亟需研究和示范推广适合农村供水特点的高氟水处理及消毒技术，提高供水水质合格率。

6.1.2　除氟的必要性

氟是人体必需的微量元素之一，适量氟有益于牙齿的健康，但过量时会引发慢性氟中毒，氟中毒是一种慢性、全身性疾病，主要症状是氟斑牙和氟骨症。氟斑牙表面粗糙、着色、缺损并容易脱落，氟骨症主要表现为骨质疏松、骨骼脆弱、极易发生骨折。氟还可沉积于关节中，造成骨质增生、韧带骨化，严重者出现骨骼变形、关节僵硬，最后致人残废和瘫痪。此外，氟还会抑制人的肾上腺、生殖腺、甲状腺、胰腺功能，并损害人的消化系统、心血管系统，严重的氟中毒会导致高氟区居民丧失劳动力，长期饮用高氟水是害骨毁齿的主要原因，氟中毒是一种严重危害人体健康的地方病。解决高氟水问题是十分必要和迫切的工作。

我国《生活饮用水卫生标准》（GB 5749—2022）规定，氟化物含量（质量浓度，下同）限值为1.0 mg/L，小型供水工程限值为1.2 mg/L。目前，高氟水问题的解决办法主要包括两种方式：

①寻找和替换水源，指采用地表水或深井低氟水作为新的饮用水源。

②人工除氟。在不能采用替换水源的地区，人工除氟是一种最为实际的方法。现有的除氟方法主要包括混凝沉淀法、吸附法、混凝沉淀与吸附组合技术、接触沉淀法、膜分离法等。近几十年来，国内外对含氟水的处理进行了大量研究，在除氟工艺及相关的基础理论方面取得了一些研究进展。本章将对各种除氟方法的原理、处理效果和优缺点等进行

分析对比。

6.2　关　键　技　术

6.2.1　高氟水处理技术简介

1. 混凝沉淀法

混凝沉淀法的原理是向含氟水中加入 Fe^{3+}、Fe^{2+}、Al^{3+} 等离子型混凝剂,在适当 pH 条件下形成氢氧化物胶体,吸附水中的氟离子后沉淀析出。常用的混凝剂主要有硫酸铝、聚合硫酸铝、聚合氯化铝、聚合硫酸铁、硫酸铝钾等。不同混凝剂应用范围和性能不同,对地下水的处理效果也各有差异。对聚合硫酸铁、硫酸铝和明矾等不同混凝剂的降氟性能进行了比较,结果表明,明矾混凝沉降效果优于其他混凝剂。地下水的硬度对降氟效果没有明显影响。随着新型絮凝剂的开发应用,在混凝沉淀处理的基础上,加入高分子絮凝剂,加快絮状物的生成与沉降,取得了更好的效果。目前最常用的有机絮凝剂是聚丙烯酰胺(PAM),作用机理是吸附和架桥作用。由 PAM 吸附架桥而成的絮凝体含有氢键,它比靠范德华引力而凝聚成绒粒的强度要高,降低了滤料表面电位,在水流剪力作用下不易破坏,从而使沉淀更好地从水中分离出来。

2. 吸附法

吸附法是目前饮用水除氟应用最广泛的方法,吸附剂的特性是决定除氟成本和效果的重要因素。根据所用原料可以将吸附剂分为活性金属氧化物、稀土类吸附剂、骨炭、天然沸石、生物吸附剂、羟基磷灰石(HAP)等。关于水合氧化物的离子交换性能的研究,开展比较广泛的是美国,研究结果显示,水合氧化物进行阴阳离子交换时可表现出很好的耐热性、耐辐射性和选择性。近 20 年来,关于吸附剂交换性的研究报道逐渐增多。以多孔吸附树脂为基体,用 $Ti-(OC_4H_9)_4$ 浸渍基体树脂后,在一定条件下使醇盐水解,制得水合氧化物负载的球状吸附剂,对氟离子有较好的吸附-脱吸作用。

(1)活性氧化铝。

活性氧化铝法是国际上应用最广泛、最成功的除氟方法。氧化铝除氟的最佳 pH 为 $4.5 \sim 6.0$,实际应用中通入 CO_2 调节 pH 至 $6.5 \sim 7.0$ 也能取得较好效果。吸附容量(质量比,下同)一般为 $0.8 \sim 2.0$ mg/g,最高可达 15.0 mg/g。使用活性氧化铝前需用硫酸或硫酸铝预处理。$(Al_2O_3)_n \cdot 2H_2O$ 失去除氟能力后,可用 H_2SO_4 或 $Al_2(SO_4)_3$ 溶液淋洗再生。近年来,明矾包裹氧化铝、涂层氧化铝、电极性氧化铝等方法也被用来去除氟离子,表现出更为优越的除氟性能。活性氧化铝除氟具有吸附容量高、处理费用低、运行稳定、易于再生等优点,但设备投资高,处理过程需要调节 pH,另外活性氧化铝中铝的流失可能会成为影响人体健康的不利因素。

(2)骨炭。

骨炭的主要成分是羟基磷灰石,为磷酸盐型除氟剂,应用数量仅次于活性氧化铝。其除氟机理是氟与水中的 Ca^{2+} 形成 CaF_2 后被羟基磷酸钙吸附,同时存在 F^- 与 OH^- 的交换。

骨炭吸附达饱和后可用 5%(质量分数)的 NaOH 再生。骨炭的除氟效果主要受粒度、pH、接触时间和共存离子的影响。粉末状骨炭比粒状骨炭吸附容量大,较低 pH 条件有利于氟离子的吸附,水中 Ca^{2+} 和 Mg^{2+} 对吸附起到促进作用,Cl^-、NO_3^- 和 SO_4^{2-} 影响轻微,HCO_3^- 会极大地影响除氟效果。骨炭的缺陷在于:吸附容量过低;再生时间过长;骨炭溶于酸,在实际应用时需控制原水 pH 以减少滤料的损失。

(3)沸石分子筛及天然沸石。

沸石分子筛是天然或人工合成的含碱金属和碱土金属氧化物的晶态硅铝酸盐。它的骨架由 SiO_4 和 AlO_4 四面体通过顶点按三维堆积而成,骨架中 Si 原子被 Al 原子代替时将带有负电荷,需要由骨架外的单价或多价阳离子来补偿。沸石的孔道被补偿阳离子、结合水及其他杂质填充,其中补偿阳离子和羟基可以发生离子交换。目前,沸石除氟改性主要用离子交换法,指利用 Al^{3+}、La^{3+} 等与沸石中的 Ca^{2+}、Na^+ 等发生交换。改性后的沸石吸附容量得到显著提高。沸石除氟的优点是成本较低,再生简易,除氟的同时对铁、锰、砷、色度、总硬度等均有去除作用,可以全面提高水质,缺点是吸附容量一般较低。

天然沸石是一种水合硅酸盐类,经脱水后空间十分丰富,具有很大的内表面积,可以吸附相当数量的吸附质。同时内晶表面高度极化,晶体空隙内部具有强大的静电场起作用,微孔分布单一均匀,并具有普通分子般大小,宜于吸附、分离不同物质。分子筛吸附的显著特征之一就是它具有选择吸附性能。这种选择吸附性能有两种情况:一种是单纯根据分子的形状与大小来筛分分子;另一种是根据分子极性、不饱和度、极化率来选择吸附。此外,分子筛还具有在低分压(低浓度)及较高温度下吸附能力强的优点。沸石经过活化后,调节了其孔道结构,使其活性表面增加,活化后可更好地吸附铝盐及其水解产物,成为铝盐的良好载体,可用来有效吸附与交换水中的氟离子。天然沸石孔道中的水分子经过烘烤后会部分或全部脱水,但不会破坏结构骨架,从而形成内表面很大的空穴,可吸附并储存大量的分子。同时沸石晶体内部的空穴和孔道大小均匀固定,只有直径较小的分子才能进入沸石孔道被吸附,而尺寸大的分子则不能进入孔道,即沸石具有选择性吸附和筛分能力。

(4)羟基磷灰石。

羟基磷灰石是近几年发展起来的一种新型除氟材料及医学材料,它除了可以用于饮水除氟外,还可用于医学的骨科、牙科领域的填补和移植材料。由于它的应用日趋广泛,其研究也相应出现活跃局面,制备羟基磷灰石的化学合成法有多种。

羟基磷灰石的投加量对除氟率有影响,随着羟基磷灰石投加量的增加,除氟率先急剧增大,而后趋于稳定。当羟基磷灰石的用量为 0.1 g 时,除氟率就达到 90% 以上;当羟基磷灰石的用量为 0.12 g 时,除氟率几乎达到 100%。当羟基磷灰石的投加量比较小时,由于其数量有限,吸附剂和水样比值偏小,有限的吸附剂不足以完全吸附水中的氟离子。羟基磷灰石吸附氟离子的能力达到了最大值,完全达到了吸附饱和状态,没有多余的活性吸附中心进一步吸附水中游离的氟离子,因此除氟率不是特别高。随着羟基磷灰石投加量的增加,吸附剂和水中氟离子的比例明显增大,更多活性吸附中心可以参与到对氟离子的吸附过程,除氟率因而随着投加量的增加而增大。当羟基磷灰石的投加量增加到一定值时,羟基磷灰石与氟离子的比例恰好合适,这时水中的氟离子被羟基磷灰石完全吸附,除氟率达到 100%。

3. 膜分离法

膜分离技术是 20 世纪 60 年代迅速崛起的一门新型高效分离技术。由于膜具有选择透过性,混合物中某些物质可以通过,另一些物质不能通过,从而实现混合物的分离,目前用于含氟水处理的常用膜分离法是反渗透(RO)法和纳滤(NF)法。

膜分离技术不仅能有效去除饮用水中的氟离子及某些盐类物质,还能对水中的有机物、微生物、细菌和病毒等进行分离控制,而且具有分离效率高、节能、易于自动控制等优点。但是膜的污染、堵塞易使膜通量下降,耐用性变差,寿命变短,此外处理后污水的排放问题至今没有得到较好的解决。

(1)反渗透法。

反渗透设备除氟的原理和除其他杂质相同,反渗透是一种物理处理方法,只要杂质的孔径大于反渗透膜的孔径都可以分离去除。由试验测定结果可知,氟离子是可以去除的,反渗透膜以 1 nm 或以上的无机离子为主要的分离对象。所施加的压力与渗透压反向,并超过渗透压,从而导致浓溶液中的水向稀溶液的一侧反向渗透,因反渗透膜的有效处理范围在 0.1 nm 以上,而氟离子的直径为 0.266 nm,所以利用反渗透压能够有效除去溶液的氟离子。氟离子含量(质量浓度,下同)为 10 mg/L 的水通过反渗透膜后其去除率在 90% 以上,而欧共体制定的饮用水标准中氟离子的允许含量为 0.5 ~ 1.5 mg/L,我国应该还低一些。近年来随着反渗透工艺的成熟,反渗透法在价格上更体现出了优势。与传统电渗析法相比,反渗透法的优点在于操作简单,处理效果好。地下水中的氟离子大多来自于围岩侵蚀溶解作用,而在水中还含有大量可溶性离子,在进行除氟时必须考虑其他分子对除氟效果的影响。

(2)纳滤法。

纳滤法是一种低压反渗透,膜孔径比反渗透膜大,比超滤小,它兼有反渗透与超滤(UF)的分离性能,可以去除纳米级粒子与分子量在 200 ~ 1 000 u 之间的有机物。纳滤可以脱色、软化、部分除盐,以及去除水中有毒有害无机盐类和重金属(如砷、汞、铅、镉、铬等)、天然有机物与合成有机物、挥发性有机物、三致物质、消毒副产物及其前体物、微生物、肿瘤病毒等危害人体健康的物质,同时部分保留水中有益于人体健康的溶解氧、二氧化碳、矿物质及微量元素,产水安全卫生、健康营养,达到《生活饮用水卫生标准》(GB 5749—2022)及《饮用净水水质标准》(CJ 94—2005)。

纳滤法用于将相对分子量较小的物质,如无机盐或葡萄糖、蔗糖等小分子有机物从溶剂中分离出来。纳滤法是膜分离技术的一种新兴领域,其分离性能介于反渗透和超滤之间,允许一些无机盐和某些溶剂透过膜,从而达到分离的效果。

纳滤技术不仅可以有效去除饮用水中的氟离子,在软化地下水和去除微污染物等方面亦表现出了较好的效果。

6.2.2　适宜农村高氟水处理技术模式

通过应用考察各类技术及示范工程,初步形成了 5 种不同类型农村高氟水处理技术模式:分质供水技术模式,包括单村膜处理+常规供水技术模式、规模化膜处理+常规供水技术模式;低超标高氟水处理勾兑技术模式(适用于氟含量在 2.0 mg/L 以下的地区);吸附法处理技术模式(羟基磷灰石、纳米复合吸附);混凝沉淀与吸附组合(HAP-F)处理技术模式(羟基磷灰石);接触沉淀法处理技术模式。

1. 分质供水技术模式

(1)单村膜处理+常规供水技术模式。

以村为单位建设净水站,包括制水间和取水间。制水间放置膜处理设备(反渗透或纳滤设备),取水间放置自动刷卡取水装置。村民自助到净水站刷卡取水,用于饮水做饭;其他生活用水通过常规供水管网供给,单村膜处理工艺流程图如图 6.1 所示。

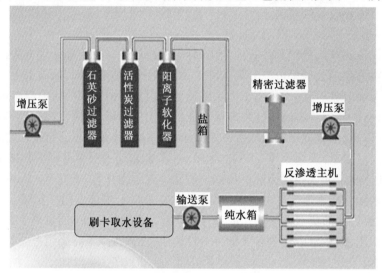

图 6.1　单村膜处理工艺流程图

技术特点:全自动运行,IC 卡取水,使用管理方便,建设与运行成本低,弃水量少而分散,适应性强。

适用条件:原水水质适应性强,从取水距离考虑,适用于单个村庄或社区(2 000 人以下)供水。

处理成本:每吨水为 1.0～1.5 元。

净水价格:2 元/桶以下。

(2)规模化膜处理+常规供水技术模式。

以乡镇为单位或更大范围建设膜处理(反渗透、纳滤)桶装水厂,统一配送到各村取水点或商业网点,由受益户就近购买,用于饮水做饭;其他生活用水通过常规供水管网供给。

技术特点:规模化、专业化、自动化生产,供水保证率高,原水回收率高,运行成本低,取水方便,覆盖范围大,但弃水量大而集中,排放处理难度大。

适用条件:原水水质适应性强,适用于乡镇或跨乡镇统一供水。

处理成本:每吨水为 0.6～1.0 元。

净水价格:2 元/桶以下。

2. 低超标高氟水处理勾兑技术模式

当原水氟含量在 2.0 mg/L 以下时,可采用部分高氟水膜处理与未处理水混合供水方式,处理水比例根据原水氟含量确定,确保混合后出厂水氟含量达标。低超标高氟水处理混合供水工艺流程图如图 6.2 所示。

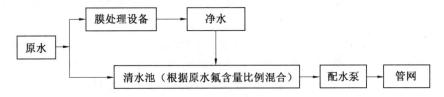

图 6.2　低超标高氟水处理混合供水工艺流程图

技术特点:在保证供水水质达标的同时,可有效降低运行成本,减少弃水。

适用条件:原水氟的含量在 2.0 mg/L 以下,供水系统要有清水池等调节设施,以保证处理水与未处理水均匀混合。

处理成本:每吨水为 0.3~1.0 元。

供水价格:1.5~3.0 元/m³。

3. 吸附法处理技术模式(纳米复合吸附)

通过添加盐酸调节 pH 在 6.5~7.0 之间,然后进入纳米吸附罐;吸附罐采用下进水、上出水方式,使滤料长期处于松散状态,与水充分接触,吸附效果好,滤料不易板结。

当设备运行 1 周左右时,进行 1 次反冲洗;当设备运行 1 个月左右且吸附效果变差时,添加再生溶液进行滤料再生,恢复吸附性能。纳米复合吸附处理工艺流程图如图 6.3 所示。

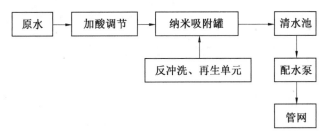

图 6.3　纳米复合吸附处理工艺流程图

技术特点:纳米吸附材料活性强,稳定性高,比表面积大,多次再生后吸附容量基本不降低。

适用条件:中低度氟超标水(氟的含量在 2.5 mg/L 以下),能够实现规模化正常供水。

处理成本:每吨水 0.5 元。

供水价格:2.5 元/m³。

4. 混凝沉淀与吸附组合处理技术模式

首先配制药液,在原位配药桶内加入 HAP-F 粉料,通过搅拌制成原位除氟药液;在絮凝配药桶内加入絮凝药粉,通过搅拌制成絮凝药液。然后,将药液与原水混合进入原位除氟罐底部(原位除氟罐内有 2 层 HAP-F 球状除氟料,每层厚度为 1 m),在罐内与 HAP-F 球状除氟料反应,激活球状料活性,使其吸附氟离子能力达到最佳状态;之后从原位除氟罐顶部流出,通过与絮凝药液混合后分两路进入絮凝反应罐底部(罐内设有反应区、斜管沉淀区及过滤层),经充分反应后低氟水从反应罐上部流出,经保安过滤器进入清水池。混凝沉淀与吸附组合处理工艺流程图如图6.4所示。

技术特点:组合应用混凝沉淀法和吸附法两种除氟工艺,有效克服单一混凝沉淀法工艺滤料排除量大和单一吸附法滤料再生频次高的问题,处理成本低,水质保证率高。

适用条件:中低度氟超标水(氟的含量在 2.5 mg/L 以下),能够实现正常供水。

处理成本:每吨水为 0.4~0.6 元。

供水价格:2.0~2.5 元/m³。

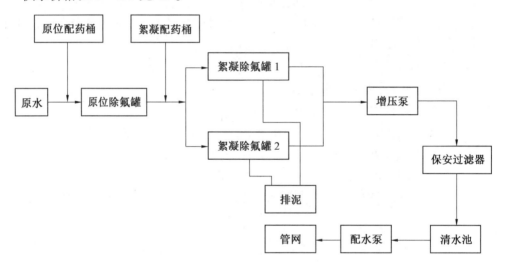

图6.4 混凝沉淀与吸附组合处理工艺流程图

5. 接触沉淀法处理技术模式

向原水中投加钙和磷酸盐,使二者与水中的氟化物反应生成氟磷灰石;然后进入接触过滤床,与其中的活性滤料(主要成分为氟磷灰石)相吸并附着在滤料表面,通过定期脉冲反冲洗松动滤床,使附着的氟磷灰石脱落并排除,实现出水达标。排出沉渣,低氟水经消毒进入清水池贮存。接触沉淀法处理工艺流程图如图6.5所示。

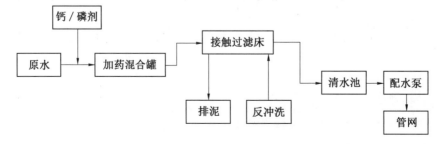

图6.5 接触沉淀法处理工艺流程图

技术特点:兼具混凝法和吸附法除氟的特点,操作简单,无需滤料再生。

适用条件:高中低度氟超标水和高碱度高氟水,能够实现规模化正常供水。

处理成本:每吨水为0.30~0.85元。

供水价格:2.0~3.0元/m³。

6.3　关　键　设　备

6.3.1　适宜农村高氟水处理技术及设备

1. 膜处理法除氟技术及设备

在众多高氟水处理方法中,膜处理技术虽然成本较高,但是最有效。其中以反渗透技术最普遍,应用较广泛,此外纳滤技术在该领域也已部分应用。膜处理技术在农村高氟水处理方面大致分为以下几种模式:集中分质供水,一个乡镇建一个水处理站,供应一个乡镇的饮水;单村分质供水,一个村庄建一个水处理站,供应整个村庄的饮水;低超标高氟水处理混合技术模式;各户安装家用净水机。

(1)反渗透除氟技术。

①反渗透设备机理。渗透是一种物理现象,当两种含有不同盐类浓度的溶液用一张半透膜隔开时会发现,含盐量少的一侧的溶剂会自发地向含盐量高的一侧流动,这个过程叫作渗透。直到两侧的液位差(即压力差)达到一个定值时渗透停止,此时的压力差叫作渗透压。渗透压只与溶液的种类、盐浓度和温度有关,而与半透膜无关。一般说来,盐浓度越高,渗透压越高。渗透平衡时,如果在浓溶液侧施加一个压力,那么浓侧的溶剂会在压力作用下向淡侧渗透,这个渗透由于与自然渗透相反,故叫作反渗透。利用反渗透技术可以将溶质与溶剂分离。

②反渗透设备主要装置。

a. 石英砂过滤器。石英砂过滤器内部装填滤料,采用压力过滤方式。它具有截污能力大、滤速高、过滤周期长的优点。待滤水从过滤器上部进入,自上而下穿过滤料层之后,水中杂质颗粒便被滤料黏附截留,进而使其从水中分离出来。随着过滤时间的延长,滤料层中所截留的杂质颗粒越来越多,其孔隙率越来越小,压力损失逐渐增大。到过滤周期末,压力损失达到极限值,此时便不得不停止过滤进行反冲洗。考虑冲洗周期较长且冲洗过程时间较短,设计采用定期自动或人工手动进行反冲洗和正冲洗。

石英砂过滤的主要目的是去除原水中含有的泥沙、铁锈、胶体物质、悬浮物等颗粒在20 μm以上对人体有害的物质。可分为自动和手动过滤系统,自动过滤系统采用自动控制阀,系统可以自动(手动)进行反冲洗、正冲洗等一系列操作;手动过滤系统采用手动控制阀,系统通过手动控制实现反冲洗、正冲洗等一系列操作。

b. 软化装置。离子软化是利用离子交换树脂中的阳离子与水中的Ca^{2+}、Mg^{2+}及其他可交换离子进行交换,降低水的硬度。离子交换树脂是带有离子交换基团的高分子有机物。其交换基团中的活动部分可选择性地与水中同符号的离子交换,达到去除水中相应离子的作用。离子交换树脂有很多种,用在软化床中的填料树脂为强酸钠型阳离子交换树脂,其交换基团的活动部分为 Na^+。对于不同的离子,离子交换树脂有不同的吸附能力。对于强酸阳离子交换树脂,水中主要阳离子杂质 Ca^{2+}、Mg^{2+} 的交换能力比 Na^+ 要强,因此水在通过 Na^+ 软化器时,Ca^{2+}、Mg^{2+} 的含量下降,Na^+ 的含量相应增加,阴离子基本不发生变化。

原水软化床是用来降低原水的硬度。其主要原理是用阳离子交换树脂交换原水中的 Ca^{2+} 和 Mg^{2+},从而降低原水的硬度。

阳离子交换树脂在工作一定时间后会吸附饱和,即不再吸附水中的 Mg^{2+},此时离子交换树脂需要再生。再生是使用高浓度的含有 Na^+ 的溶液(食盐溶液即可)清洗失效树脂,使交换反应逆转,将 Ca^{2+}、Mg^{2+} 等重新洗脱下来随水排放掉。树脂的再生周期取决于树脂的工作交换容量和原水硬度等可交换离子的浓度,实际生产要在根据经验估算的基础上进行运行试验。离子交换树脂运行过程中要防止氧化及污染对树脂寿命的影响。对于强酸性阳离子交换树脂,主要的污染包括游离氯等氧化性物质的氧化,铁、铝对树脂难逆转的污染。避免的方法是在污染物含量高时采取相应的处理方法去除。如果树脂被污染,可采用特定的方法复苏,但不可能完全恢复。

c.保安过滤器。设置 5 μm 保安过滤器用于滤除前级设备泄漏的细小颗粒物。外壳采用不锈钢材质,内装聚丙烯熔喷滤芯,去污承载能力强、过滤精度稳定、不产生溶出物及提取物。5 μm 保安过滤器的进、出水管路配备压力在线检测,当进、出水压差达到规定值时,则表示需要更换滤芯,这样更科学地更换滤芯,既不会因提前更换造成浪费,又不会因超期工作造成系统损坏。

d.高压泵。为反渗透系统提供动力。设有高低压力保护,当系统有憋压情况时系统自动停机以保护膜元件,当进水压力很低时高压泵不启动或停机,以保护高压泵不被损坏,与系统实现联动。

③反渗透设备的特点。反渗透膜除氟是一物理过滤过程,没有副产物的产生,故不会引起原水某离子含量过高(分子筛会引起水中铝离子含量增多,反渗透则不会),造成饮水安全隐患;在符合反渗透膜进水水质参数的情况下,除氟稳定工作时间长;反渗透除氟更彻底(除氟的同时重金属离子也被去除),出水氟的含量小于 1.0 mg/L,出水质量更好。在水质要求不高的情况下可进行勾兑,减少运行成本;反渗透膜分离法分离装置简单,占地面积小,便于维修,可自动化操作,管理容易。

④反渗透设备工艺流程。原水箱→原水泵→多介质装置→软化装置→保安过滤器→反渗透(RO)→纯水箱。

(2)超低压纳滤除氟技术。

①超低压纳滤设备机理。纳滤是一介于反渗透和超滤之间的压力驱动膜分离过程,纳滤膜的孔径在几个纳米。与其他压力驱动型膜分离过程相比,出现较晚。它的出现可追溯到 20 世纪 70 年代末 J. E. Cadotte 的 NS-300 膜的研究,之后纳滤发展得很快,膜组器于 20 世纪 80 年代中期商品化。纳滤膜大多从反渗透膜衍化而来,如 CA 膜、CTA 膜、芳族聚酰胺复合膜和磺化聚醚砜膜等。

纳滤用于将相对分子量较小的物质,如无机盐或葡萄糖、蔗糖等小分子有机物从溶剂中分离出来。纳滤又称为低压反渗透,是膜分离技术的新兴领域,其分离性能介于反渗透和超滤之间,允许一些无机盐和某些溶剂透过膜,从而达到分离的目的。

纳滤主要用于饮用水和工业用水的纯化,废水净化处理,工艺流体中有价值成分的浓缩等方面。但与反渗透相比,纳滤的操作压力更低,因此纳滤又被称作"低压反渗透"或"疏松反渗透"(loose RO)。

②纳滤设备主要装置与反渗透设备主要装置一致。

③纳滤设备的特点。纳滤除氟是一物理过滤过程,没有副产物的产生;出水中含有一定量的氟(除氟的同时重金属离子也被去除),保留了对人体有益的部分离子;纳滤膜分离法分离装置简单,占地面积小,便于维修,自动化操作,管理简单。

④纳滤设备工艺流程。原水箱→原水泵→多介质装置→软化装置→保安过滤器→纳滤→纯水箱。

2. 混凝沉淀与吸附法组合(HAP-F)除氟技术及设备

(1)HAP-F除氟设备机理。

①HAP-F除氟滤料。针对国内高氟水地区除氟需求,通过HAP-F除氟技术研制出高效、安全、环保、经济的新型除氟滤料,是采用优质矿物材料,工业化制备的一种多孔高容量吸附型饮用水除氟滤料,有粉状和球状两种规格。球状料的工作容量为 $1\sim2$ mg/g,粉状料的工作容量可达 $8\sim15$ mg/g,高于活性氧化铝、沸石、骨炭等,另外还具有接触时间短、除氟速度快、再生效率高、安全环保等优点。

羟基磷灰石具有与骨骼和牙齿相似的无机成分,在医学上可作为牙齿和骨骼的代用品,因此以羟基磷灰石作为基本材料的HAP-F除氟滤料除氟的主要过程是高氟对人体损害的逆反应。

②HAP-F滤料的除氟原理。主要是物理吸附作用,其主要成分为羟基磷灰石,表面特性和结构呈多孔单晶或多晶的六方晶系结构。由于含有 Ca^{2+} 的羟基磷灰石的固体表面形成阳离子半透膜层,从而导致了氟离子与阳离子半渗透层出现吸附作用,即氟离子在羟基磷灰石表面上的吸附作用。当高氟原水与HAP-F滤料接触时,原水中的氟离子被快速吸附在滤料的表面,从而使得原水中的氟含量降低。

HAP-F粉状料吸附水中的氟离子后,经絮凝沉淀与水脱离,直接排出,无需再生,主要应用于大型除氟设备;而HAP-F球状料吸附饱和后可以采用热再生或者碱性液体再生,使已饱和的滤料除氟能力得以恢复。

此外,除氟过程是否产生二次污染,是衡量除氟技术是否安全环保的一项重要指标。根据国家标准《危险废物鉴别标准 浸出毒性鉴别》(GB 5085.3—2007)中的方法,对已饱和除氟滤料(排泥)中氟离子、溴酸根、氯离子、亚硝酸根、氰酸根、溴离子、硝酸根、磷酸根、硫酸根的含量(质量浓度,下同)用离子色谱法进行测定,其离子色谱图如图6.6所示。

浸出液中氟离子的含量为 22.730 8 mg/L,远小于国家标准《危险废物鉴别标准 浸出毒性鉴别》(GB 5085.3—2007)中的 100 mg/L,说明除氟饱和后的HAP-F废料与氟的结合非常牢固,而且没有其他离子析出,可以直接填埋,不会对土壤造成二次污染。经HAP-F滤料吸附的氟离子不会再溶出,反冲洗水不含氟,经沉淀后可以直接进入系统利用,没有废水排放。

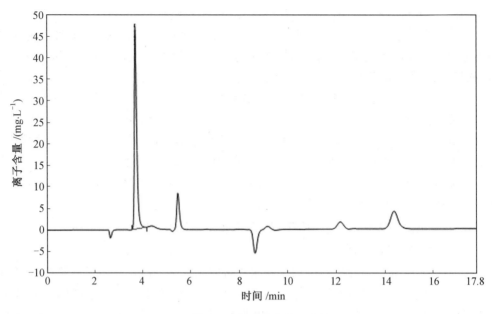

图 6.6　离子色谱图

（2）HAP-F 除氟设备主要装置。

①加药装置。该装置为一套定量加药粉装置，可搅拌，将粉状除氟料与水按一定的比例混合并用计量泵投加到除氟反应罐里（通常每天的药液当天即可用完）。

②除氟反应罐。采用碳钢防腐罐体，内设回旋混合装置、水力循环澄清装置、沉淀装置、集水装置等。高氟原水经该罐体处理后绝大部分氟含量可被去除且浊度也达到介质过滤装置的进水要求。

③袋式过滤器。袋式过滤器是一种结构新颖、体积小、操作简单灵活、节能、高效、密闭工作、适用性强的多用途过滤设备，也是一种新型的过滤系统。袋式过滤器内部由金属网篮支撑滤袋，液体由入口流进，经滤袋过滤后从出口流出，杂质拦截在滤袋中，更换滤袋后可继续使用。

④电气控制系统。采用可编程逻辑控制器（PLC）与触摸屏相结合，为整套设备的运行提供自动化控制，使得操作变得简单、直观、方便。

（3）HAP-F 除氟设备的特点。

出水水质安全，除氟机理主要为吸附作用，处理过程无额外物质进入成品水；产水成本低，HAP-F 除氟材料较常用除氟材料除氟容量高几倍，使处理成本显著低于其他工艺；对水质适应性强，可通过调整粉状 HAP-F 投加量来处理不同含氟量的原水；PLC+触摸屏控制，运行监控简单直观，实现自动运行，提高系统的稳定性和可靠性；出水水质稳定，设备使用寿命长。

3. 接触沉淀除氟技术

（1）接触沉淀法概述。

接触沉淀除氟的原理是，向高氟水中投加钙和磷酸盐，使二者与水中的氟化物形成共沉淀，生成的氟磷灰石沉淀物经过滤而除去。接触沉淀法来源于氟磷灰石沉淀除氟法。

氟磷灰石沉淀除氟法于 1938 年提出,其理论基础是,作为氟在自然界的最终归宿之一,氟磷灰石溶解度极低(溶度积为 10^{-122}),理论上,向水中投加 10.5 mg Ca^{2+} 和 15 mg PO_4^{3-} 可去除 1 mg 氟,并可将水中的氟化物含量降至 0.5 mg/L 以下,具有卫生安全的突出特点,方程式如下

$$10Ca^{2+}+6PO_4^{3-}+2F^- \longrightarrow Ca_{10}(PO_4)_6F_2(S)$$

式中　$Ca_{10}(PO_4)_6F_2(S)$——氟磷灰石,其中 S 表示沉淀物。

常规氟磷灰石沉淀技术除氟效率极低,不具备应用条件。

接触沉淀法是在氟磷灰石沉淀除氟法的基础上,增加活性接触滤料过滤单元,使氟化物沉淀反应发生在滤料表面,由于除氟沉淀反应发生在与滤料上的活性物质接触过程中,故命名为接触沉淀除氟,滤料上的活性物质为氟磷灰石,水氟最终转化为三大类磷灰石化合物,化学组成为

第 I 类:$Ca_5(PO_4)_3F$。

第 II 类:$Ca_{(4.895 \sim 5)}(PO_4)_{(2.995 \sim 3.03)}F_{(0.75 \sim 1)}(OH)_{(0 \sim 0.35)}Cl_{(0 \sim 0.23)}$。

第 III 类:$Ca_{(5.061 \sim 5.164)}(P_{(2.87 \sim 2.892)}O_{(11.46 \sim 11.532)})F_{(0.89 \sim 0.959)}$。

接触沉淀除氟的机理独特,水中氟化物经过复杂的转化过程而除去。向高氟水中投加药剂后,药剂中的磷酸盐和钙盐先发生反应生成中间产物,该中间产物特异性吸附水中氟化物,生成氟–无定形磷酸钙的不溶物,沉积在活性滤料表面,并逐渐转变为氟磷灰石。上述的中间产物包括无定形磷酸钙(ACP)、透钙磷石($CaHPO_4 \cdot 2H_2O$)和三斜钙磷石($CaHPO_4$)。接触沉淀除氟反应方程式如图 6.7 所示。

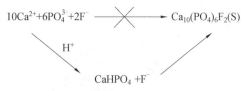

图 6.7　接触沉淀除氟反应方程式

由接触沉淀除氟机理可知,水中氟化物的去除遵循特定的转化路径,即初生态的 $CaHPO_4$ 细颗粒物对水氟具有高度选择性吸附能力,与水氟结合后形成一种专属性但不牢固的暂时性吸附,经晶格重组,再转化为稳定性含氟化合物。接触沉淀除氟工艺中氟的转化路径如图 6.8 所示。

接触沉淀除氟是独立的技术体系,兼具混凝法和吸附法的特点。与混凝法比较,相同点是投药操作,不同点是接触沉淀需经活性滤料过滤;与吸附法相比,相同点是氟的去除机理为吸附,不同点是接触沉淀无需滤料再生操作。

(2)接触沉淀活性滤料。

活性滤料为多孔树脂镶嵌氟磷灰石细颗粒的过滤材料,外观似球形砂粒,多孔树脂为滤料骨架,作为活性组分的氟磷灰石细颗粒镶嵌在骨架的孔道中,水可流过骨架孔道。真密度为 1.32 ~ 1.36 g/cm³,堆密度为 790 ~ 810 kg/m³,粒径为 1.0 ~ 1.5 mm(大于 90%)。该材料孔径及孔道分布合理,比表面积大,滤料粒径适中,近似球形,利于水力冲刷更新滤料表面,降低了"短路"的风险。滤床动态吸附量较高,抗板结能力强,水力阻力小,氟固

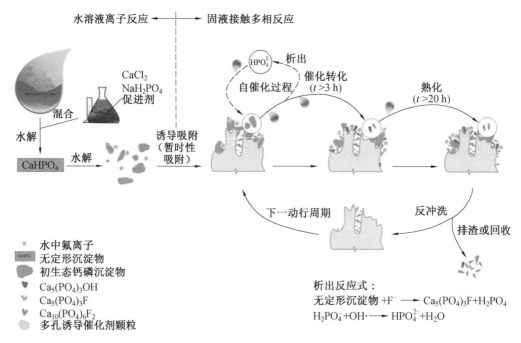

图 6.8　接触沉淀除氟工艺中氟的转化路径

化程度及出水保证率高,可用于不同含盐量的原水,适用于不同季节、不同水温及黏度。滤料表面分析如图 6.9 所示,滤料剖面分析如图 6.10 所示。

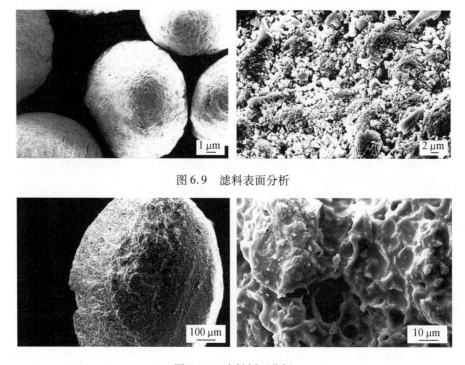

图 6.9　滤料表面分析

图 6.10　滤料剖面分析

（3）接触沉淀除氟工艺。

针对高氟水的区域性水质特点,向水中投加净水剂产生钙磷石细颗粒物,初生态的钙磷石对水氟具有高度选择性吸附能力,与水氟结合后形成一种专属性但不牢固的暂时性吸附,经晶格重组再转化为稳定性含氟化合物,经除活性滤料过滤后,得到澄清的低氟水。吸附了氟的钙磷石细颗粒物在滤料表面进一步转化成稳定的含氟化合物,经间接性反冲洗操作排出净化装置。

工艺流程包括 5 个处理单元,分别为投药混合、接触过滤、消毒、清水池和沉渣排渣单元。接触沉淀除氟工艺流程如图 6.11 所示,滤料表面的含氟沉淀物如图 6.12 所示。

接触过滤为主要除氟单元,采用活性接触滤料,空床接触时间为 40～60 min,定期脉冲反冲洗松动滤床和排出沉渣,滤后的低氟水经消毒进入清水池贮存。

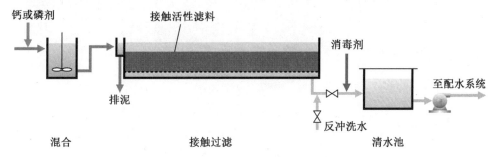

图 6.11　接触沉淀除氟工艺流程

图 6.12　滤料表面的含氟沉淀物

接触沉淀除氟工艺的主要运行参数:滤速为 1.0～1.5 m/h,接触时间(EBCT)为 40～60 min,滤层高度为 0.6～0.8 m,反洗强度为 10～15 L/(s·m²)。

主要技术指标:出水中氟含量为 0.5～1.0 mg/L,水质保证率大于 95%,工艺用水率为 2%,原水回收率为 98%,滤料使用寿命为 10 年。

主要经济指标:运行费以药剂费为主(约占三分之二),按 2015 年药剂采购价格,每吨水去除 1 mg/L 氟的费用为 0.187 元,即当原水中氟含量为 4 mg/L 时,使水的含氟量降至 1 mg/L 的吨水药剂成本为 0.561 元。对于氟含量为 2～4 mg/L 的中低度超标高氟水,除氟处理的综合运行成本为每吨水 0.30～0.85 元。

接触沉淀除氟工艺适用于中低度超标高氟水的规模化供水工程,突出特点是特别适用于高碱度高氟水,日常操作简单,出水水质保证率高及外排水量小。

4. 天然矿物纳米复合除氟技术

针对现有的常规除氟材料存在的诸多问题,中国科学院 973 课题组最新研发出一种天然矿物纳米复合除氟剂(IIM−F−1),基于小尺寸和大比表面积纳米材料的吸附原理,其表面具有高化学活性、高吸附和高亲和能力,可以实现水体中氟、砷的高效选择性去除,出水水质满足国家标准《生活饮用水卫生标准》(GB 5749—2022)中的要求,大大减少水体中氟、砷污染物的含量及危害。天然矿物纳米复合除氟材料如图 6.13 所示。

可再生纳米净水材料　　纳米复合吸附材料　　天然矿物纳米复合剂　　纳米絮凝剂

图 6.13　天然矿物纳米复合除氟材料

该纳米除氟剂以价格低廉且来源广泛的天然矿物为载体,通过特殊的工艺进行拓展、复合,得到纳米级孔径的复合除氟材料,强度高、耐磨损,既克服了纳米材料的易团聚性和易流失性,又充分发挥了纳米材料高活性的优势,具体性能及特点如下:除氟剂粒径达到 $0.5 \sim 1.8$ mm;堆密度为 $1.1 \sim 1.2$ g/cm³;在标准条件下动态测试,对氟含量为 $1.5 \sim 10$ mg/L 的水吸附容量可达到 $1 \sim 5$ mg/g;能反复活化再生,可重复使用 $3 \sim 5$ 年;在 pH 为 $6.5 \sim 8.2$、氟含量为 $2 \sim 3$ mg/L 的水中,除氟运行成本在 0.50 元/t 左右。

该纳米除氟剂的除氟机理是通过纳米材料的表面羟基和硫酸根与地下水中的氟离子协同交换,从而达到吸附去除水中氟离子的目的。该技术的主要优点:

①环保:吸附后的氟部分以固化物形式留在滤柱内,随除氟材料一起回收作为建筑材料。再生液呈中性,不对水环境造成二次污染,再生液中的氟含量不超标,可以直接排放。

②使用寿命长:由于除氟材料以天然矿物为载体,强度高、耐磨损,可重复再生使用 5 年左右。

③稳定性高:由于纳米材料活性强,比表面积大,该纳米除氟材料多次再生后吸附容量基本不降低。

④再生工艺简单:该纳米除氟材料只需要一种中性再生液进行再生,不需要用酸进行中和或者激活,因此工艺简单。

⑤吸附材料不流失:由于再生过程中没有强酸和碱的溶解或者腐蚀作用,该纳米除氟材料不会在使用和再生过程中流失。

(1)除氟效率。

处理前后水质指标见表 6.1。

表 6.1　处理前后水质指标　　　　　　　　　mg/L

项目	原水	处理后	国家标准 GB 5749—2022
氟	1~5	0.8	1.0

（2）技术工艺。

天然矿物纳米复合除氟剂饮用水除氟技术基于纳米吸附材料的吸附原理,采用小尺寸和大比表面积的纳米材料,其表面原子配位不饱和导致大量表面官能团的存在而有着很高的化学活性,在表界面上表现出高吸附亲和力和高吸附能力,可以实现氟的高效去除。该纳米吸附材料以天然矿物材料为基体,修饰组装上选择性好、效率高的纳米氟吸附材料,并且采用中性环保型再生液对除氟剂进行活化再生,从而降低净水运行成本。由于除氟过程是基于羟基与非羟基协同作用完成的,因此本技术可以克服酸碱性干扰,扩大了pH 应用范围,既可以用于饮用水中的氟处理,也可以用于废水中氟污染的去除,尤其适合在广大农村高氟地区使用。

系统采用以可编程控制器（PLC）技术为基础的控制系统,由数据通信网络、就地传感器等组成。该自动控制系统具有监控、编程等功能,其设计原则是使纳米除氟系统运行安全、方便,修改参数灵活、可靠。

6.3.2　农村高氟水处理设备运行管理操作规程

1. 膜技术除氟设备使用操作规程

目前,用于高氟水处理的膜技术主要是反渗透法和纳滤法。

（1）准备与检查。

设备开机前先检查各阀门是否处于打开状态,检查原水箱液位,需处于高液位状态,在现场各控制柜已通电。

（2）设备开启。

打开电源开关和系统开关,设备自动进入开机冲洗状态,30~40 s 后设备进入正常运行状态,产水箱满或原水箱空时设备自动停机,停机时首先进入自动冲洗状态,30~40 s 后设备停止运行。软化及反渗透（纳滤）主机为全自动运行,除软化用盐需人工添加外,其余全过程无需人工操作。

（3）反冲洗操作。

预处理运行 3~5 d 反冲洗 1 次,冲洗时把预处理控制阀的手柄打到反冲洗位置,然后打开预处理反冲洗开关,5~10 min 后关闭预处理反冲洗开关,再把控制阀上的手柄打到正冲洗位置,然后打开预处理反冲洗开关,5~10 min 后关闭预处理反冲洗开关;把控制阀手柄打到运行位置,完成整个反冲洗过程进入正常过滤状态;预处理阀每 3~5 d 需重复以上过程,以确保预处理起到响应的过滤作用。

2. 膜技术除氟设备使用注意事项

①需要确保盐箱有盐,盐面不低于盐箱 1/3 位置,一旦盐箱缺盐会造成软化设备出水不合格,若长时间缺盐树脂即失效。

②浓水调节阀在任何情况下不能完全关闭。

③在任何情况下,反渗透(纳滤)装置周围环境温度不能低于 5 ℃和高于 40 ℃,水温控制在 20~25 ℃为宜。

④设备长时间不用时需充保护液,对膜进行保护。

3. 混凝沉淀与吸附法组合除氟设备使用操作规程

(1)准备与检查。

确认 DF1 和 DF3 均为开启,DF2 处于关闭,两个加药桶已经配好药液。

(2)设备开启。

检查控制柜面板,将系统调到手动状态,按照加药对照表给两个加药桶配药并开启两个加药桶的搅拌机,将系统调到自动状态,调节两个流量计使得两个絮凝除氟罐流量相同。

(3)更换过滤袋。

控制屏显示更换滤袋提示时,待清水池水位满将系统调到手动,停止运行,更换滤袋,将系统调到自动状态,开启自动运行。

(4)维护保养。

每周检测 1 次滤珠(絮凝除氟罐内上部),中心液位 1 或中心液位 2 过高时需清洗滤珠,每 6 个月检查 1 次斜管沉淀器(絮凝除氟罐内),若发现部分堵塞时须按操作手册规范清洗,每周检查 1 次原位除氟罐,适时增加羟基磷灰石除氟球料,每周检查 1 次计量泵,清理泵头淤积的药渣。

(5)紧急情况处理程序。

出现紧急情况时按下控制柜上的红色急停按钮,按照显示器显示的内容操作,不能确定问题和没有解决办法时及时与厂家联系。

4. 混凝沉淀与吸附法组合除氟设备使用注意事项

①冬季若停止使用设备需排净罐内和管道内的水,以免冻裂管道和冻坏设备。

②操作人员需经过厂家培训,合格后才能上岗操作。

6.3.3　农村高氟水处理设备运行监测与评价

1. 运行检测目的

为及时掌握高氟水处理技术示范工程及除氟设备运行状况、除氟效果和运行成本,全面评价不同除氟设备的技术经济性能、适用条件及运行管理方便程度,研究并提出适宜农村高氟水处理技术模式,需要全面开展高氟水处理技术示范工程运行监测与评价。

2. 监测内容和方法

(1)监测内容。

①设备基本情况。包括设备生产厂家、组成(包括反渗透级数)、价格、安装运行时间、性能指标(处理能力、水质、原水回收率、电耗等)、平均日产水量、运行及维修保养情况。

②运行成本。包括用电成本(耗电量×电费)、原水费用(如水资源费)、人工费用、日

常耗材费用等。

③处理效果。包括原水及出水水质（氟化物、pH、浊度、溶解性固体总量（TDS））、原水回收率等。

④设备运行与使用情况。包括设备运行的安全性、可靠性、可持续性及自动化与使用方便程度等。

⑤用户使用情况。包括工程受益人口（占总人口比例）、水费及收缴情况、用户满意度等。

（2）监测方法。

根据不同监测内容，合理设定监测频率，保证监测数据的完整和有效。

①除氟设备运行状况和运行成本应每日监测并记录。

②除氟效果监测。根据水源水和出厂水需要及工程规模，检测频率分为周检、双周检和月检。示范工程水质检测项目及频次见表 6.2。

表 6.2 示范工程水质检测项目及频次

水样		检测项目	规模化除氟示范工程 检测频率	单村除氟示范工程 检测频率	单户除氟示范工程 检测频率
水源水	地下水	氟化物 pH 浊度 TDS	每季 1 次 （含送检 1 次）	每季 1 次 （含送检 1 次）	每季 1 次 （含送检 1 次）
出厂水	地下水	氟化物 pH 浊度 TDS	每周 2 次 （含送检 2 次）	每月 2 次 （含送检 2 次）	每月 1 次 （含送检 1 次）

此外，对每处工程的水源水和出厂水均应送检 2 次以上，检测指标 9 项以上，其中可采信原有检测报告 1 次。

3. 检测仪器和方法

（1）检测仪器。

评价除氟效果的水质检测仪器设备和材料包括：水样处理、仪器设备及配制需要的药剂、试剂和标样等。便携式水质检测仪器设备见表 6.3。

表 6.3 便携式水质检测仪器设备

序号	检测项目	主要仪器设备配备
1	氟化物	便携式多参数光度计
2	pH	便携式 TDS/pH/电导率多参数测定仪
3	浊度	便携式浊度测定仪
4	TDS	便携式 TDS/pH/电导率多参数测定仪

（2）检测方法。

水样的采集、保存、运输和检测方法参照《生活饮用水标准检验方法》（GB/T 5750—2023）。

水质检测可采用国家质量监督部门、卫生部门认可的便携设备和检测方法。

示范工程运行情况及除氟效果分析：共收集到 14 处高氟水技术示范工程的 210 份检测水样，连续 150 d 运行，观测并记录。其中混凝沉淀与吸附组合处理技术模式示范工程 2 处，单村膜处理+常规供水技术模式示范工程 8 处，规模化膜处理+常规供水技术模式示范工程 2 处，低超标高氟水处理勾兑直供技术模式示范工程 1 处，单户除氟净水机 1 处（9 户）。截至目前，该项目技术示范工程已运行观测 150 d，不同工程收集到的水样数量如下：

①2 处混凝沉淀与吸附组合处理技术模式示范工程，收集检测水样 30 份。

②8 处单村膜处理+常规供水技术模式示范工程，收集检测水样 120 份。

③2 处规模化膜处理+常规供水技术模式示范工程，收集检测水样 30 份。

④1 处低超标高氟水处理勾兑直供技术模式示范工程，收集检测水样 15 份。

⑤1 处（9 户）单户除氟净水机，收集检测水样 15 份。

该项目在 3 个示范县建设不同设备类型及技术模式的示范工程 14 处，经过 150 d 连续运行观测与定期水质检测，所有工程运行良好，出厂水的氟化物含量均在 1.0 mg/L 以下，达到《生活饮用水卫生标准》（GB 5749—2022）规定。各种设备及技术模式能否持续有效运行，尚需长时间运行观测验证。

6.4 典型案例

6.4.1 三氧化二铝+紫外线消毒技术模式

（1）区域自然与社会概况。

梅里斯达斡尔族区是黑龙江省齐齐哈尔市的一个市辖区，地处松嫩平原西部，嫩江中游右岸，东与齐齐哈尔市北三区隔江相望，西与富拉尔基区相邻。辖 1 个街道、5 个镇、1 个乡，人口 17.1 万人，其中达斡尔族人口 1.2 万人。该区总面积为 2 078 km²，生产总值为 23.22 亿元。梅里斯镇是梅里斯达斡尔族区的一个镇，辖区内有 10 个村。

（2）工程概况。

梅里斯镇前平村供水工程建成时间为 2018 年，供水人口 284 人，实际供水量 24 m³/d，按实际供水能力分属于千人以下工程，24 h 供水。地下水水源的氟化物含量为 1.8 mg/L，采用活性三氧化二氯滤料过滤降氟，以及进行紫外线消毒。降氟设备如图 6.14 所示，紫外线消毒设备如图 6.15 所示。

（3）工程运行情况。

对该工程进行了为期 2 年的跟踪调查，调查结果指出，出厂水铁、锰指标达到了《生活饮用水卫生标准》（GB 5749—2022）的要求，水源、水质、水量及环境状况良好。降氟是世界性难题，未来需根据农村经济条件、氟化物超标程度，继续筛选和推广因地制宜的高氟水处理技术及设备。

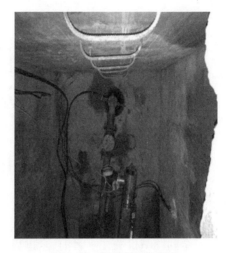

图6.14　降氟设备　　　　　　　　图6.15　紫外线消毒设备

本 章 习 题

一、填空题

1. 现有的除氟方法主要包括 _____、_____、_____、_____、_____ 和_____等。

2. 适宜农村高氟水处理技术模式分别为 _____、_____、_____ 和_____。

3. 分质供水模式包括_____ 和_____。

4. 吸附法使用的吸附剂主要有_____、_____、_____、_____ 和_____。

5. 评价除氟效果的水质检测仪器设备和材料包括_____、_____、_____ 和_____。

二、简答题

1. 目前,高氟水问题的解决办法主要包括哪两种方式?

2. 过量的氟对人体的危害还有哪些?

3. 高氟水的高碱度是怎么回事?

4. 简述混凝沉淀法的原理。

5. 简述吸附法处理技术模式的技术特点、使用条件及运行成本。

6. 怎样应用接触吸附?

三、思考题

1. 试阐述接触沉淀除氟工艺中氟的转化路径。

第7章 农村供水消毒技术及设备选择与应用

7.1 农村供水消毒的意义和作用

7.1.1 饮用水消毒的意义

饮水安全问题举世关注。目前,全世界约有 12 亿人缺少安全饮用水,每年患水源性疾病人数达 10 亿人以上。联合国环境和发展机构指出,人类约有 80% 的疾病与微生物感染有关,其中 60% 以上是通过饮用水传播的。世界卫生组织《饮用水水质准则》指出:在与饮用水有关的安全问题中,微生物问题列于首位。在发展中国家,80% 的人群疾病和50% 的儿童死亡率与饮用水水质有关,平均每年约有 2.5 亿人因饮用不洁净的水而发生疾病。

天然水体中能感染人类的病原微生物主要包括细菌、病毒和原生动物等,多数病原微生物来源于人及动物粪便。农村供水水源多是地表水和浅层地下水,极易受病原微生物污染。病原微生物在水体中一般能存活数日甚至数月,有的还能繁殖生长。受病原微生物污染的水体,如不经消毒处理极易导致介水传染病(water-borne communicable diseases)的发生和流行。

在我国农村,由于水体污染加剧和水源保护不到位,饮用水源污染问题突出,其中微生物污染是饮用水源污染的主要类型。在农村饮水解困阶段,卫生部门在 1983—1985 年对农村饮用水源的卫生状况调查结果表明,大肠菌群超标率达 86%,全国有 7 亿人饮用这种超标水;1993 年在全国 26 个省的 180 个县开展的饮用水卫生监测网检测结果显示,微生物指标超标严重:饮用水中总大肠菌群数超过 3 个/L 的人口占调查总人口的51.8%,饮用水中细菌总数超过 1×10^5 个/L(100 个/mL)的人口占调查总人口的 39.1%,在一定程度上反映了我国农村饮用水微生物污染状况。由于农村饮用水微生物指标超标严重,不可避免地造成了当时肠道传染病的流行,我国几次大的水致传染病的暴发充分反映了问题的严重性。

介水传染病是通过饮用或接触病原体污染的水而传播的疾病,又称水性传染病。导致该病的主要原因是水源受病原体污染后,未经处理和消毒即供居民饮用,或处理后的水在输配和贮存过程中重新被病原体污染。据报道,有 40 多种传染病可通过水而传播,如霍乱、痢疾、伤寒、副伤寒等肠道传染病,肝炎、脊髓灰质炎、眼结膜炎等病毒性疾病,以及血吸虫病、钩端螺旋体病、阿米巴痢疾等寄生虫病。

介水传染病的流行特点:

①水源一次严重污染后,可呈暴发流行,短期内突然出现大量病人,且多数患者发病

日期集中在同一潜伏期内,若水源经常受污染,则发病者可终年不断。

②病例分布与供水范围一致,大多数患者都有饮用或接触同一水源的历史。

③通过对污染源采取有效净化消毒措施,疾病的流行能迅速得到控制。

介水传染病一般以肠道传染病多见,最典型的例子是1955年11月—1956年1月期间,印度新德里由于集中式给水水源受生活污水污染而暴发的传染性肝炎,在170万人口中出现的黄疸病例有2.93万人。2000年,加拿大的Walkerton小镇,由于饮用水受污染和消毒系统失效,导致全镇5 300多人中2 300多人住院,7人死亡,引起发达国家重视。2004年,阿根廷罗哈斯市的2.3万居民中有近3 000人感染了志贺氏杆菌,原因是水厂中3/4的投药设备发生故障,没有加氯消毒,同时管网系统缺乏维修保养,蓄水设施没有清洗,造成志贺氏杆菌通过自来水管道传播蔓延。隐孢子虫(Cryptosporidium)感染人体导致的腹泻是世界上腹泻病常见的原因。患隐孢子虫病的人或动物的粪便如果污染了饮用水或饮用水源,可导致介水传染病流行。1987年,美国佐治亚州某地发生隐孢子虫病流行,在6.49万当地居民中有1.30万多人染病,出现腹泻,从病人粪便及出厂水中检出隐孢子虫卵囊。1993年,美国威斯康辛州(Wisconsin)密尔沃基(Milwaukee)也发生过一次涉及40.3万人的经自来水传播的隐孢子虫病大暴发,5万多人住院,112人死亡,引起了全世界关注。2009年,我国内蒙古赤峰市因自来水受病原微生物污染导致4 322人住院。

为防止介水传染病的发生和流行,生活饮用水必须消毒。世界卫生组织在《饮用水水质准则》中将微生物问题和消毒的重要性排列前二位;美国国家环境保护局(EPA)在《国家饮用水水质标准》中明确规定:饮用水必须经过消毒。我国的国家标准《生活饮用水卫生标准》(GB 5749—2022)对饮用水消毒作出了强制性规定。在4.1.1条中规定"生活饮用水中不得含有病原微生物";在4.1.5条中规定"生活饮用水应经消毒处理";在"表1 水质常规指标及限值"中规定,日供水在1 000 m³以上(或供水人口在1万人以上)的集中式供水中,菌落总数指标限值是100 CFU/mL,总大肠菌群、耐热大肠菌群或大肠埃希氏菌不得检出,贾第鞭毛虫(Giardia lamblia)和隐孢子虫指标限值是每10 L水1个);在"表4 农村小型集中式供水和分散式供水部分水质指标及限值"中规定,日供水在1 000 m³以下(或供水人口在1万人以下)的农村小型集中或分散式供水中,菌落总数指标放宽到500 CFU/mL,其余3项微生物指标仍为不得检出。

自2005年以来,国务院先后批准实施了《2005—2006年农村饮水安全应急工程规划》《全国农村饮水安全工程"十一五"规划》和《全国农村饮水安全工程"十二五"规划》,全国开展了大规模的农村饮水安全工程建设。到2015年底,全国新建农村集中式供水工程50万处,解决了5.2亿农村居民饮水安全问题;全国农村集中供水口比例由2004年的38%提高到80%左右,极大地改善了农村饮水卫生状况。

近年来,由于水环境污染加剧和饮用水水质标准提高,保障供水水质安全的任务十分艰巨。由于农村供水工程量大面广,水处理、消毒与水质检测环节薄弱,以及工程运行管理水平低等原因,水质合格率还比较低,其中微生物指标不合格是主要原因之一。根据有关部门监测结果,如能正确选择和使用适宜农村供水的消毒技术及设备,实现消毒效果达标,供水水质合格率可提高20%~30%,更加突显饮用水安全消毒对提升农村供水水质、保障饮水安全的重要意义。

7.1.2 饮用水消毒的作用

消毒是供水工程水处理工艺中不可或缺的最后一环,主要作用是杀灭水中的病原微生物。根据《生活饮用水卫生标准》(GB 5749—2022)指示,水中微生物检验指标有4项:菌落总数、总大肠菌群、耐热大肠菌群、大肠埃希氏菌。菌落总数为评价水质清洁程度和净化效果的指标,总大肠菌群可反映水体中存在肠道致病菌的可能性。总大肠菌群主要包括4个菌属:埃希氏菌属、柠檬酸菌属、克雷伯菌属和肠杆菌属。这些菌属可在人、牲畜粪便中检出,也可在营养丰富的水体中检出,即在非粪便污染的情况下,也有检出这些细菌的可能性。耐热大肠菌群组成与大肠菌群组成相同,主要是埃希氏菌属,其中与人类生活密切相关的仅有大肠埃希氏菌一种。柠檬酸菌属、克雷伯菌属和肠杆菌属所占数量较少。作为粪便污染的指示菌,大肠埃希氏菌检出的意义最大,其次是粪大肠菌群。菌落总数、总大肠菌群、耐热大肠菌群(粪大肠菌群)、大肠埃希氏菌的定义、测定方法、意义和标准限值见表7.1~7.4。

表7.1 菌落总数的定义、测定方法、意义和标准限值

定义	指在一定条件(如需氧情况、营养条件、pH、培养温度和时间等)下每克(每毫升)检测水样所生长出来的菌落总数
测定方式	在营养琼脂培养基上,有氧条件下37 ℃培养48 h后,所得1 mL水样所含的菌落总数
意义	作为评价水质清洁程度和净化效果的指标
标准限值	规模以上集中供水限值为100 CFU/mL;小型集中供水和分散式供水限值为500 CFU/mL

表7.2 总大肠菌群的定义、测定方法、意义和标准限值

定义	泛指一切杆状、无芽孢、需氧或兼性厌氧的,能在37 ℃培养条件下分解乳糖、产酸、产气的革兰氏阴性菌
分类	该菌群一般包括大肠埃希氏菌、柠檬酸杆菌、产气克雷伯菌和阴沟肠杆菌等
来源	主要来自人和温血动物粪便,也可能来自植物和土壤
测定方式	多管发酵法、滤膜法、酶底物法
意义	是评价饮用水受到粪便等污染的重要指标
标准限值	任意100 mL水样中不得检出

表7.3 耐热大肠菌群(粪大肠菌群)的定义、测定方法、意义和标准限值

定义	采用提高培养温度的方法将自然环境中的大肠菌群与粪便中的大肠菌群区分开,在44.5 ℃仍能生长的大肠菌群
来源	人和温血动物粪便是水质粪便污染的一般指示菌。检出耐热大肠菌群表明饮用水已受到粪便污染,有可能存在肠道致病菌和寄生虫等病原体的危险
测定方式	多管发酵法、滤膜法
意义	在卫生学评价上具有较强的指导意义
标准限值	每100 mL水样中不得检出

表 7.4　大肠埃希氏菌的定义、测定方法、意义和标准限值

定义	指经多管发酵法检测总大肠菌群呈阳性,在含有荧光底物的培养基上 44.5 ℃培养 24 h 产生 β-葡萄糖醛酸酶,分解荧光底物释放出荧光产物,使培养基在紫外光下产生特征荧光的细菌
来源	人和温血动物粪便是水质粪便污染的重要指示菌,检出大肠埃希氏菌表明饮用水已受到粪便污染
测定方式	多管发酵法、滤膜法、酶底物法
意义	在卫生学评价上具有极强的指导意义
标准限值	每 100 mL 水样中不得检出

从历史发展的角度看,饮用水消毒工艺的引入在饮用水处理技术发展与革新中具有举足轻重的地位。在对饮用水进行消毒之前,美国、欧洲等国家和地区有数百万人死于伤寒、霍乱、痢疾等水体传播疾病。随着消毒工艺的引入与推广,在发达国家中由水体传播的病原微生物引发的人体疾病、死亡案例几乎完全根除,消毒已成为饮用水处理过程中最重要的单元。

由于目前农村供水水源保护不到位,水源受到来自生活垃圾及污水、禽畜养殖、厕所、粪坑的微生物污染和有机物污染的可能性很大。同时考虑到供水系统各个环节都存在致病菌污染的可能性,如地表水经过常规处理后仍存在致病菌,深层地下水也会在输配水过程中产生二次污染,没有消毒措施难以保障管网末梢水的微生物安全。虽然煮沸是行之有效的消毒方法,但人们,特别是农村人口、学校师生往往不能保证随时随地喝到开水。而且使用未经消毒的水漱口及清洗生吃的蔬菜、水果等也会造成致病菌传染。为防止由病原微生物造成的介水疾病的发生和流行,农村生活饮用水必须消毒,以灭活水中的病原微生物。消毒是农村供水工艺中不可或缺的组成部分,是保障农村饮用水微生物安全的重要措施。

在农村供水消毒的作用主要表现在以下两个方面:

(1)有效杀灭水源水中的微生物,保证出厂水的微生物安全。

在日本、美国一定水源和工艺条件下的试验研究及工程实践表明,出厂水浊度不大于 0.1 NTU 是保证供水微生物学安全的重要条件之一,绝大部分有机物和微生物可以去除,隐孢子虫的去除可达到 3 lg 左右。目前,我国规模以上供水工程出厂水浊度限值不大于 1 NTU,规模以下供水工程出厂水浊度限值不大于 3 NTU。由于我国绝大多数农村供水工程水处理设施及运行效果差,很难达到出厂水浊度不大于 0.1 NTU 的要求,只有靠消毒杀灭水源水中微生物,保证出厂水的微生物安全。

(2)在输配水过程保留部分消毒剂余量,防止微生物污染,保证末梢水安全。

由于农村供水常规处理去除水源水中有机物的效果有限,进入管网系统中的水的生物稳定性差,易滋生微生物。目前,国际上普遍以生物可同化有机碳(assimilable organic carbon, AOC)作为饮用水生物稳定性的评价指标。一般认为,在不保证消毒剂余量条件下,AOC 含量(质量浓度,下同)在 10~20 μg/L 之间的饮用水生物稳定。调查研究表明,目前常规水处理对 AOC 的去除效果十分有限,大部分城乡水厂出水远不能达到生物稳定的标准。需要通过消毒,使出厂水在输配水管网、储水容器中保留必要的消毒剂余量,才能起到防止微生物污染的作用。

7.1.3　农村供水消毒现状与对策

自 2005 年以来,全国新建了大批农村饮水安全工程,大幅改善了农村供水状况。但由于水处理和消毒环节薄弱、工程管理不规范等原因,供水水质合格率还比较低。其中首要问题是饮用水微生物指标超标。作者等通过承担水利部科技推广计划重点项目"农村饮水安全消毒集成技术的推广应用",对陕西省、湖北省、四川省、河北省、辽宁省、江西省的 6 个示范县、80 处农村集中供水工程消毒现状进行了调研,并结合农村饮水安全工程现场检查情况等,深入了解和掌握了农村供水消毒现状、问题及原因,并提出了对策和建议。

1. 农村供水消毒现状和问题

6 个示范县 80 处农村集中供水工程基本情况:从水源类型看,地下水源工程 53 处,占比为 66.3%;地表水源工程 27 处,占比为 33.7%。从供水规模看,供水规模为 1 000 m³/d 以上的工程 17 处,占比为 21.2%;供水规模为 200～1 000 m³/d 的工程 43 处,占比为 53.8%;供水规模为 200 m³/d 以下的工程 20 处,占比为 25.0%。从水处理设施配置情况看,有水处理设施的工程 39 处,占比为 48.8%,其中 12 处采用一体化净水设备,11 处采用除铁、锰设备,10 处采用混凝—沉淀—过滤常规处理工艺,6 处采用慢滤或过滤处理措施;没有水处理设施的工程 41 处,占比为 51.2%。

通过现场调查和监测,80 处集中供水工程消毒设备配备、运行情况和消毒效果如下:

(1)原有消毒设备情况。

在 80 处农村集中供水工程中,没有消毒设备的 27 处,占 1/3;有消毒设备的 53 处,占 2/3。从消毒设备类型看,在 53 处农村集中供水工程中,采用二氧化氯消毒设备的 45 处,占比为 84.9%,占大多数;采用液氯消毒的 5 处,占比为 9.4%;采用其他方式消毒的 3 处(漂白粉消毒 2 处,次氯酸钠消毒 1 处),占比为 5.7%。从消毒设备性能看,在 45 处二氧化氯消毒设备中,采用高纯型二氧化氯发生器的 1 处,占比为 2.2%,性能合格;采用复合型二氧化氯发生器的 44 处,占比为 97.8%。其中不带加热装置,属劣质品的 24 处;带加热装置但加热温度不达标的 14 处,属不合格品;两者合计 38 处,占比为 86.4%。也就是说,现有农村供水消毒主要采用复合型二氧化氯发生器,但大部分不合格。

(2)多数消毒设备运行不正常。

在有消毒设备的 53 处农村集中供水工程中,能够连续运行的 29 处,占比为 54.72%,其中消毒剂投加点和投加量不正确的 6 处;仅夏季运行或间歇运行的 6 处,占比为 11.32%;根本不运行的 18 处(消毒设备合格的 4 处,不合格的 14 处),占比为 33.96%。也就说,在配有消毒设备的农村集中供水工程中,有半数以上不运行或不能正常运行,不能保证消毒效果。原有消毒设备运行状况如图 7.1 所示。

(3)消毒设备运行环境条件不完善。

主要包括清水池和消毒间的有无及达标情况。集中供水工程一般设置清水池,用于

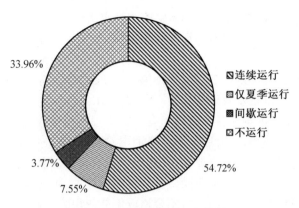

图 7.1 原有消毒设备运行状况

调节制水和供水的时间差,实现均衡供水,同时为消毒剂与水充分混合创造有利条件。根据《村镇供水工程设计规范》(SL 687—2014),清水池有效容积一般为供水规模的 20% ~ 40%。清水池容积过小,不能保证消毒剂与水混合的时间;清水池容积过大,将使消毒剂在清水池中停留时间过长,消耗过大,不利于出厂水消毒剂余量达标。从 80 处农村集中供水工程看,没有清水池的 27 处,占 1/3;有清水池的 53 处,占 2/3。其中清水池容积超过供水规模 40% 的 34 处,占有清水池工程数的 64.2%。根据《村镇供水工程设计规范》(SL 687—2014),供水工程应单独设置消毒间,并配有通风和保温设施,以保证消毒设备正常、安全运行。但许多工程缺少单独消毒间或保温设施,不利于消毒设备正常运行。

(4)大部分供水工程消毒效果不合格。

在有消毒设备的 53 处农村集中供水工程中,出厂水消毒剂余量检测不合格的 43 处,占比为 81.13%;消毒剂余量检测合格或基本合格的 10 处,仅占 18.87%,均为供水规模大于 1 000 m³/d 的工程。由此说明,大多数供水工程消毒效果不达标,但规模化供水工程消毒效果较好。农村集中供水工程消毒效果如图 7.2 所示。

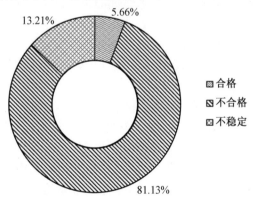

图 7.2 农村集中供水工程消毒效果

2. 农村供水消毒问题形成的主要原因

综合分析上述农村供水消毒问题形成的原因主要有五个方面:

一是部分地方主管部门和工程管理单位对农村供水消毒的重要性认识不足。致使有

1/3 的工程没有配备消毒设备,在有消毒设备的供水工程中有半数以上不运行或不能正常运行。此外,少数农村用水户对消毒气味不习惯,也是导致水厂消毒剂投加量低、消毒效果不达标的原因之一。

二是工程建设投资标准低、工程设计不够合理。致使一些工程没有配备消毒设备和建设独立的消毒间,消毒技术及设备选型不合理,清水池容量设计偏大等。

三是采购和使用的消毒设备不合格。有一些工程建设单位对消毒重要性认识不足,应付工程检查和验收,故意采购低价、不合格消毒设备,还有一些工程建设单位不了解合格消毒设备信息、技术性能和标准要求,没有对消毒设备供应企业进行调查评价,盲目采购。另外,一些消毒设备生产企业产品质量和性能不过关,通过低价或不正当手段推销劣质产品,也是大部分农村供水消毒设备不合格或不能使用的重要原因。

四是消毒设备运行管理不规范。由于一些供水工程运行管理人员素质低,不能正确操作和使用,或由于缺少消毒效果检测手段,不能及时发现问题;一些供水工程管理单位怕麻烦,或为降低运行成本,不想使用;也有消毒剂原料采购渠道不畅等问题,致使消毒设备不能正常运行。

五是行业监管和人员培训不到位。由于近年来农村饮水安全工程建设任务重、时间紧,普遍存在"重建设,轻管理"问题。特别是县级主管部门人员不足,监管手段落后,缺乏对农村供水工程运行管理情况的监督检查和人员培训,大多数工程没有建立供水安全责任制、供水许可、持证上岗等制度。

3. 对策与建议

针对上述农村供水消毒存在的主要问题和原因,需要采取以下 4 项措施。

(1)提高认识,加强领导和宣传。

农村供水行业主管部门和工程建设管理单位要深刻认识供水消毒对提高水质合格率、保障饮水安全的重要性,深刻认识农村供水消毒问题的严重性和解决问题的复杂性;组织有关专家深入调研分析影响消毒效果达标的主要问题和原因,提出系统解决方案。在此基础上,全面排查农村供水工程消毒设备配备与使用情况,对没有消毒设备或消毒设备不合格的工程进行调整和更新;对不能正常使用或消毒效果不达标的工程,及时查找原因,督促整改。与此同时,进一步加强饮水安全宣传教育,使广大用水户充分认识农村供水消毒的必要性和重要性。

(2)建立消毒设备市场准入制度,防止和避免采购不合格产品。

鉴于目前市售消毒设备良莠不齐,许多企业产品质量或性能不合格,市、县级招标采购部门难辨真假的实际,建议水利行业或省级主管部门实行消毒产品认证与市场准入相结合制度,或通过省级主管部门组织专家评审、产品抽检与工程应用验证相结合的方法,筛选一批适合本地区农村供水特点、质量合格、性能可靠的消毒设备,面向全国或全省推荐。同时建立年度备案、监督抽查及不合格产品退出机制。对没有通过产品认证或省级专家评审的产品,工程设计和建设施工单位不得采用,以从源头上防止假冒伪劣消毒设备进入农村供水建设市场。

(3)严把工程设计审查与验收关。

省、市、县级农村供水主管部门应严格把控供水工程设计审查和工程验收,消毒工艺设计与设备选型审查,清水池容积复核。对设计不规范、缺乏消毒设施、消毒设备不合格的工程不予审批和验收。

(4)切实加强工程运行管理、技术培训和行业监管。

县级政府应进一步明确农村供水工程管理单位对保障供水安全的主体责任和要求,加快建立供水许可、持证上岗等制度。市、县级水行政主管部门应切实加强对农村供水工程消毒设备运行情况、人员持证上岗情况、供水水量、水压等监督检查与水质检测,发现问题,限期整改,并采取相应奖惩措施。同时积极组织开展人员培训、技术指导和技术服务,协调解决工程设计不合理、设施设备不完善、水质检测手段不足、消毒剂原料采购渠道不畅等问题。

这里需要指出的是,上述 6 个示范县 80 处农村集中供水工程存在的消毒问题是农村供水快速发展中的问题。通过实施水利部科技推广计划重点项目"农村饮水安全消毒集成技术的推广应用",在 6 个示范县建成了 60 多处农村集中供水和 60 多处分散供水消毒技术示范工程,形成了适宜不同水源水质、不同供水规模的农村供水消毒技术模式,筛选了一批产品质量和设备性能信得过的消毒设备生产企业,通过组织召开全国和省级农村供水消毒技术培训与推广会等方式为解决问题提供了成套技术、经验与对策。

7.2　饮用水消毒技术概述

7.2.1　消毒技术发展历程

在 18 世纪 80 年代之前,人们认为臭味是疾病传播的媒介,在饮用水处理中没有消毒工艺,主要通过过滤(主要指慢滤)控制介水传染病的暴发,但实践表明慢滤并不能对其进行有效控制。1881 年,Koch 证实细菌才是导致介水传染病的主要因素,并逐步建立了细菌致病理论。同时,水厂中的慢滤池逐渐被快滤池取代,如何去除水中的微生物成为饮用水处理中面临的主要问题。

从 19 世纪初开始,人们开始利用化学药剂杀菌消毒,主要使用氯系化合物。如 1820 年漂白粉发明后,人们将其用到饮用水消毒和感染创伤治疗上,效果良好。这是化学杀菌消毒法的第一个里程碑。之后人们开发了第二代消毒剂二氯异氰尿酸和第三代消毒剂三氯异氰尿酸,但仅用于小规模供水消毒。19 世纪下半叶英国、美国出现了许多报道和专利,多采用电压、磁场、电流、氯、高锰酸钾和次氯酸处理水。之后人们又开发了第四代消毒剂二氧化氯(ClO_2)。

1. 不同类型消毒技术的产生

(1)氯消毒。

①产生和发展。一开始氯是作为水的除臭剂而不是消毒剂使用的。大约 1835 年,有人在沼泽水中加氯使之适口。1850 年,漂白液(次氯酸钠溶液)用于对井水消毒。1881 年,Koch 发现了氯对灭活水中病原细菌的有效性。1902 年,比利时 Middelkerke 在世界上首次将氯消毒引入饮用水处理中,将其作为连续使用的工艺,这被认为是氯消毒作为饮用水常规处理工艺的开始。1904—1905 年,英国的 H. Alexandr 和 McGowan 等用次氯酸钠

防治伤寒,伦敦水厂首次在公共供水系统中采用连续加氯消毒。1908 年,J. L. Leal 和 G. A. Johnson 首次在芝加哥水厂使用次氯酸钠进行消毒。1909 年,Jewell 在美国用氯气、氯化石灰处理过滤出水,同时在水源投加漂白粉,遏止了一次伤寒的流行。到 1941 年,美国 85% 以上的饮用水厂采用氯消毒。也正是在 20 世纪 40 年代,氯化消毒成为饮用水处理的标准工艺之一。为避免氯气储存和使用的危险,一些国家开始采用次氯酸钠代替液氯消毒,如美国纽约、芝加哥、普罗维登司等地城市水厂,俄罗斯圣彼得堡水厂等,采用现场发生制造次氯酸钠消毒。

②遇到的问题。到 20 世纪 60 年代末 70 年代初,由于氯消毒产生嗅味等问题,臭氧作为预消毒剂在欧洲大陆许多城市逐渐推广运用。20 世纪 70 年代中期,人们发现氯化消毒过程会产生大量对人体有害的三卤甲烷(THMs)、卤乙酸(HAAs)等卤代消毒副产物,从而影响饮用水水质化学安全性。对美国 80 个主要城市的自来水进行全面调查,结果表明,以地表水为水源、经氯化消毒的水厂处理水中普遍存在着较高浓度的三氯甲烷($CHCl_3$)、一溴二氯甲烷($CHBrCl_2$)、二溴一氯甲烷($CHBr_2Cl$)及三溴甲烷($CHBr_3$)等消毒副产物。20 世纪 80 年代,世界上多次暴发由饮用水中贾第鞭毛虫、隐孢子虫等强抗氯性微生物引起的疾病。这些问题引起人们对氯消毒工艺有效性与安全性的质疑。与此同时,许多新型消毒剂及其组合工艺逐渐产生并在工程中得到应用。

(2)二氧化氯消毒。

①产生和发展。如前所述,随着 20 世纪 70 年代氯代消毒副产物的检出,1998 年美国环保总署(USEPA)颁布了第一部《消毒剂与消毒副产物规程》,规定了各类有机氯代消毒副产物的限制。二氧化氯以其几乎不产生有机副产物等优势被采用并逐渐推广。1900 年,有试验尝试用二氧化氯消毒。1944 年,二氧化氯在尼亚加拉瀑布水厂得到大规模应用,以控制酚味和臭味。20 世纪 50 年代开始,二氧化氯逐渐在饮用水消毒领域得到应用。1970 年二氧化氯作为饮用水消毒剂被广泛认可。欧美有数百家水厂相继开始采用二氧化氯消毒剂,特别是法国、瑞士、德国等国家二氧化氯使用非常普遍。我国许多水厂从 20 世纪 90 年代开始试用二氧化氯或二氧化氯-液氯组合消毒,取得显著效果。

②遇到的问题。到 20 世纪 80 年代末期,欧美等发达国家广泛关注二氧化氯产生的亚氯酸盐(ClO_2^-)与氯酸盐(ClO_3^-)等无机副产物。1998 年,在 USEPA 颁布的第一部《消毒剂与消毒副产物规程》中,要求饮用水中 ClO_2^- 的最小污染水平标准(MCL)应在 0.8 mg/L(质量浓度,下同)以下。

(3)紫外线消毒。

①产生和发展。1909—1910 年,Henri、Helbronner 和 Recklinghuasen 设计的紫外线消毒设备在法国马赛水厂试验性应用成功。1910 年,Cernovedeow 和 Henvi 首次在美国应用紫外线进行饮用水消毒杀菌试验。1940 年前后形成紫外线消毒准则,1965 年客船饮用水紫外线消毒得到认可。由于人们发现紫外线在控制病原虫方面具有显著效果,从 20 世纪 70 年代早期开始,紫外线消毒工艺逐渐在饮用水处理中运用。1993 年,世界卫生组织批准在饮用水中可以采用紫外线消毒技术。紫外线消毒技术在欧洲的法国、荷兰、德国等许多国家和北欧四国作为重点采用的消毒工艺,北美的许多国家也将其列为用水终端、用户进水端及小型给水系统中的首选消毒方法。到 2003 年,美国、加拿大等国家的很多水厂

开始采用紫外线消毒技术,并通过与其他消毒剂的组合使用,强化消毒灭活微生物效能,减少消毒副产物生成。到 2006 年,欧洲采用紫外线消毒的水厂超过 2 000 个。

在众多饮用水消毒技术中,由于紫外线消毒无须添加任何化学物质,消毒效果达到饮用水标准及不产生消毒副产物等优点而引起人们的重视。自 20 世纪 50 年代以来紫外线消毒技术得到空前发展。从 20 世纪 70 年代末期开始,紫外线消毒在西方发达国家广泛应用于饮用水和市政污水消毒,有 10% 以上的大型污水处理厂应用紫外线消毒。

②遇到的问题。由于紫外线消毒没有持续消毒效果,不能保证管网末梢的微生物安全,难以在大型市政水厂中推广应用,也限制了其独立应用。

(4)臭氧消毒。

①产生和发展。最早的饮用水臭氧消毒开始于 19 世纪末的德国、荷兰和法国。1891 年,在德国 Martinikenfeld 安装的半生产性装置中,臭氧能有效地杀灭伤寒杆菌和霍乱弧菌;1893 年,T. Henry 在荷兰研制了 3 m³/h 的水处理装置。1898—1904 年,法国 Nicé 市 Bon Voyage 水厂首次采用臭氧进行常规饮用水处理,被普遍认为是水厂采用臭氧处理的开始。1911—1919 年,俄国在圣彼得堡建立了一个 50 000 m³/d 的臭氧消毒水厂。从 20 世纪 80 年代,臭氧消毒开始引起人们的关注。1987 年,美国有 5 个水厂采用臭氧氧化工艺,之后臭氧消毒工程应用逐步扩大,1993 年一度成为热门。我国曾使用过一台德国制造的臭氧发生器进行饮用水处理,1964 年开始研究臭氧发生器,1969 年开始在工程中应用。20 世纪 80—90 年代,北京、上海、广州、抚顺等地建成了一些采用臭氧氧化工艺的水厂。目前,臭氧消毒最为普遍的使用领域是瓶装水生产企业,开发了不少专用设备和系统。

②遇到的问题。从 20 世纪 80—90 年代开始,通过实验室和水厂工艺试验研究发现:臭氧消毒也产生一些氧化副产物,并有可能增大诱导有机体突变的活性;在臭氧消毒后的水体中相继检出了溴酸盐、醛、酮类等副产物,受到了越来越广泛的关注。另外,由于臭氧氧化将大幅提高水中生物可同化有机碳含量,对于输配水过程的微生物再生长控制不利。

(5)其他消毒技术。

由于消毒技术伴随着物理学、无机化学、材料学等基础科学的进步而不断发展。近年来,国内外相继研究提出了一些新型饮用水消毒技术,如过滤消毒、电场消毒、辐射消毒、缓释消毒、光催化消毒、电化学消毒、超声消毒、协同消毒等。尽管这些新型消毒技术仍存在许多问题需要解决,推广与规模化应用不足,但对提高水处理工艺水平,保障水质安全极为重要。

2. 国内外消毒技术及设备应用状况

目前,国内外应用较为广泛的饮用水消毒技术有氯、二氧化氯、紫外线和臭氧消毒技术。由于各种消毒技术有其优缺点,且不同类型微生物对消毒剂的忍耐性不同,在工程实践中应对不同消毒技术进行对比评价,以选择适宜消毒技术。

饮用水消毒技术的选择需要综合考虑水质微生物安全性与化学安全性两个方面,即灭活微生物效能和控制消毒副产物效能。氯消毒历史最悠久,使用范围最广,但随着消毒副产物问题的产生和关注,一些替代消毒剂和组合消毒技术逐渐得到重视,并在工程实际中逐渐得到了推广应用。

(1)氯消毒。

从世界范围看,氯消毒在饮用水处理中的应用已有近百年历史,由于其消毒效果好、价格低廉等优势,到目前为止使用最广泛、技术最成熟,仍是美国等发达国家的主流消毒技术。目前,我国城市水厂最主要的消毒方式也是液氯(或氯胺)消毒。主要采用钢瓶装氯气与加氯机组合使用。由于氯气有毒,在存储和运输过程中存在泄漏、爆炸等安全隐患,水厂需要配备专用漏氯吸收装置。由于我国大多数农村水厂供水规模小、管理水平低,不推荐使用。

近年来,随着城市公共安全的提高,一些国家开始采用次氯酸钠消毒,有的城市逐渐取代液氯消毒。从消毒机理而言,次氯酸钠消毒与氯气消毒具有一致性。次氯酸钠消毒应用形式有两种:一是采用次氯酸钠发生器电解食盐水,现场生产次氯酸钠溶液,并配置投加装置;二是购置商品次氯酸钠溶液,配置投加装置。在美国纽约、芝加哥、普罗维登司等一些大城市水厂及俄国圣彼得堡水厂等,均采用次氯酸钠发生器现场生产和投加消毒。近年来,我国城镇和农村水厂逐渐开始应用次氯酸钠发生器或次氯酸钠溶液消毒。生产性试验研究结果表明,采用次氯酸钠消毒,出厂水中氯代消毒副产物含量有所降低,发展趋势良好。

此外,一些固态次氯酸钙及其投加装置开始在小型供水工程中应用。采用自动溶药装置将固态制剂溶解后通过投加装置投入水体。

(2)二氧化氯消毒。

由于氯及氯的化合物消毒不能有效控制隐孢子虫和贾第鞭毛虫,且当原水中有机物含量较高时可能出现氯代消毒副产物超标问题,从20世纪50年代开始,二氧化氯开始在饮用水消毒领域应用。到1977年,美国有84个水厂、欧洲有500多个水厂采用二氧化氯消毒。二氧化氯一般通过二氧化氯发生器现场制得。欧美等国家采用化学法、高纯型二氧化氯发生器技术进行消毒,原料为亚氯酸钠和盐酸或氯气,产物为二氧化氯。我国应用二氧化氯消毒的城市水厂比较少,但农村水厂应用较多。受当时亚氯酸钠原料价格高、不易采购等制约,我国农村水厂主要采用化学法、复合型二氧化氯发生器技术进行消毒,原料为氯酸钠和盐酸,产物中既有二氧化氯也有氯。由于复合型二氧化氯发生器反应釜结构较复杂,且受需要加热装置及生产企业开发能力不足等因素影响,许多复合型二氧化氯发生器性能不合格,影响推广应用。近年来,随着亚氯酸钠原料价格的降低,农村供水中化学法、高纯型二氧化氯发生器技术的应用范围不断扩大,其原料为亚氯酸钠和盐酸,产物为二氧化氯。

另外,农村供水中也有少量应用固态二氧化氯制剂消毒的,但消毒成本较高,仅适用于小型单村供水或应急供水。

(3)紫外线消毒。

随着紫外消毒技术的发展,从20世纪70年代早期紫外线消毒开始在水处理中应用。从2003年起,美国、加拿大等国家开始采用紫外线消毒技术,并通过与其他消毒剂的组合应用,强化消毒灭活微生物效能,减少消毒副产物生成。目前,全球有3 000家水厂采用紫外线消毒。但整体而言,当前有关紫外线消毒的研究主要集中在污水和中水消毒,并获得了相当丰富的数据资料,在给水处理中,国外和我国城市都还缺乏系统的应用经验。在我国,对于中小型特别是单村农村供水工程,紫外线消毒是目前最为成熟的物理消毒方法,也有不少应用实例。中小型供水工程中应用最多的是过流压力式紫外线杀菌设备,在单户工程中还有间歇式紫外线杀菌设备的应用。

紫外线对水中细菌、病毒类微生物有良好的消毒效果,在较短的接触反应时间内即可实现有效灭活;但对贾第鞭毛虫、隐孢子虫等囊性微生物,则通常需要数倍以上的接触时间。紫外线消毒受 pH、温度、碱度、离子强度等水质参数的影响很小,而受浊度、大分子有机物、亚硝酸盐、酚等的影响较大。此外,从反应器运行角度而言,铁、硫化物、硬度等会导致在紫外灯套管表面形成覆盖层,从而降低紫外光强度。

紫外线消毒的优点在于:紫外线消毒本身几乎不产生消毒副产物及引起感官不快的嗅、味等物质;紫外线消毒能减少后续氯、氯胺、臭氧等消毒剂投加量,从而降低副产物生成量;紫外线能催化臭氧、过氧化氢等消毒剂产生羟基自由基($\cdot OH$),并通过协同作用显著提高消毒效果,这对灭活控制抗氯性较强的微生物(如贾第鞭毛虫、隐孢子虫等)具有重要意义。但是,紫外线消毒也存在不少缺点:不能保证消毒剂余量,进而不能提供持续消毒的效果;紫外线消毒反应器较为复杂,受反应器参数的限制处理规模相对较小,较难在大中型市政水厂中大规模推广应用。

(4)臭氧消毒。

臭氧对所有类型的微生物都具有很强的灭活能力,其中包括氯、二氧化氯等一般消毒剂难以灭活的具有很强抗氯性的贾第鞭毛虫、隐孢子虫等微生物。饮用水在进行氯化消毒前如先采用臭氧消毒,能够减少需氯量,降低后续过程中氯的投加量,延缓氯的投加,从而有效降低氯代消毒副产物的生成量。同时,臭氧在某些条件下能氧化破坏水中消毒副产物的前驱物,从而减少后续氯化过程消毒副产物的产生。

由于臭氧消毒具备上述优势,它在供水工程中的应用有逐步扩大的趋势。截至 2005年左右,美国有 40 多个水厂用臭氧进行消毒,世界上有 2 000 多个饮用水处理厂采用臭氧消毒。但总体看来,在绝大多数发达国家和我国的城市水厂中,臭氧主要用作水处理环节的预氧化剂或取水头部的预加消毒剂,一般不用作主消毒剂。

在我国,北京、河北、江苏等地区有不少农村学校或单村供水工程采用臭氧消毒。臭氧一般通过臭氧发生器现场制备,臭氧发生器主要包括以空气或纯氧为原料通过电晕放电产生臭氧的电晕放电法臭氧发生器和以纯水为原料通过电解产生臭氧的电解纯水法臭氧发生器。现场制备臭氧方法的主要优势为:原料易购置(电解法)或不需购置(电晕法),操作和管理简单,灭菌能力强。主要劣势为:臭氧发生单元不能连续变量制备臭氧(部分较好的设备,只能做到通过组件控制,跳挡式变量制备),造成臭氧生产量大于需要量;虽然可以做到变量投加,但溶解罐内的臭氧浓度不稳定,特别是小流量时易造成过量投加,对溴化物浓度较高的原水易造成溴酸盐副产物超标;另外,臭氧在管网中的衰竭较快。

总体来看,国内外常用消毒技术包括氯、二氧化氯、紫外线、臭氧等四种消毒技术。氯消毒技术(包括液氯、氯胺、次氯酸钠消毒等)是发达国家水厂应用最为普遍的;二氧化氯消毒技术及设备(特别是氯+亚氯酸钠法的二元法高纯型发生器)已在欧洲、日本部分水厂应用;紫外线消毒在美国、欧洲应用范围不断扩大;臭氧消毒技术在欧洲部分水厂应用。

中国水利水电科学研究院通过承担"十一五"和"十二五"国家科技支撑课题,与相关科研院所、高校及企业合作,形成了适合农村供水特点的次氯酸钠、二氧化氯、紫外线、臭氧消毒技术模式,在农村供水消毒中应用最为普遍。针对农村供水工程现有消毒设备存在的技术问题,中国水利水电科学研究院、中国疾病预防控制中心、清华大学等相关科研单位、高等院校及相关企业开展了许多研发改进工作,包括:研发改进了新型无隔膜法电解次氯酸钠发生器,电解槽阴极采用钛材料并增加除垢装置,解决了电解槽因腐蚀出黑水难题,提高了使用寿命;研发改进了新型二氧化氯发生器及自动投加装置,采用多级反应器提高了有效氯收率和原料转化率,研发了气液分离装置控制了氯酸盐的超标风险;研发了具有自动清洗功能的紫外线消毒装置,解决了石英套管结垢难题。

3. 消毒技术发展趋势

在过去数十年间,由贾第鞭毛虫、隐饱子虫、军团菌等引起的水源性疾病的暴发,使人们从研究和工程应用角度对消毒技术进行了更为深入细致的探索。综合来看,各类消毒技术的发展趋势如下:

①氯消毒是最成熟的消毒技术,积累了丰富的实践经验,但氯消毒不能实现对贾第鞭毛虫、隐饱子虫的良好控制,此外还应注意氯消毒副产物生成的控制。

②由于氯气使用及运输安全性欠佳的问题,使用液氯消毒的水厂在不断减少。人们对现场制备次氯酸钠解决供水与污水消毒问题的兴趣日益浓厚。在我国,次氯酸钠发生器的研制、生产和应用也有较大发展,虽然目前饮用水领域应用较少,但未来发展趋势看好,应用范围将不断扩大。

③二氧化氯发生工艺成熟性比次氯酸钠略差,但由于二氧化氯的强氧化性,使其较适合用于污染水源的消毒或净化处理,各种类型的二氧化氯发生器适用于不同水源水质和管理条件的水厂,特别是其中的高纯型二氧化氯产物中二氧化氯纯度高,未来发展趋势较好。

④臭氧的持续消毒效果、生产工艺成熟性及技术经济性不如氯,且关于消毒副产物的控制方法研究还有待进一步深入,其主要发展应在水处理领域而并非消毒领域。

⑤对于无须持续消毒的小规模供水工程,紫外线消毒是目前最为成熟的物理消毒方法;并且,随着饮用水深度处理和管网安全输送技术的发展,紫外线消毒的应用范围也将逐渐扩展。

⑥新的消毒技术不断出现,包括各种物理消毒法(电场、磁场、超声波、辐射等处理)和新研制的化学消毒剂,但其微生物控制能力、消毒副产物生成情况、技术经济性方面还有大量工作要做。

⑦协同消毒技术(臭氧-紫外线、过氧化氢-紫外线、臭氧-过氧化氢、过氧化氢-碘化钾、超声波-化学消毒等)开始被应用。

本节在回顾各种消毒技术的产生及发展历史,总结其应用状况的基础上,综合国内外文献资料报道,阐述了国际上饮用水消毒技术的发展趋势。总体来看,未来在供水领域,氯消毒技术中的液氯消毒应用范围会局限在管理条件较好的大中型供水工程中,而氯消毒技术中的现场制备次氯酸钠消毒应用范围会不断扩大;二氧化氯及紫外线消毒是非常有发展前途的消毒技术,特别是二氧化氯消毒,技术上已经比较成熟;臭氧消毒应用范围可能会逐渐扩大,但在短期内可能主要局限在中小型供水工程中;其他消毒技术中缓释消毒、协同消毒技术成熟度相对较好,工程应用实例相对较多,应用范围会不断扩展。结合我国农村供水的建设和运行管理现状,作者认为在现阶段适宜农村供水的消毒技术及设备主要包括四种:次氯酸钠(钙)消毒技术及设备、二氧化氯消毒技术及设备、紫外线消毒技术及设备、臭氧消毒技术及设备。

7.3　常用消毒技术

饮用水消毒技术,归纳起来主要有化学方法和物理方法两大类。化学方法是利用无机或有机化学药剂灭活微生物特殊的酶,或通过剧烈的氧化反应使细菌的细胞质发生破坏性的降解而达到杀菌作用。物理方法则是采用加热、紫外线照射、超声波高频辐射等方法使细菌内蛋白质在物理能的作用下发生凝聚或使遗传因子发生突变而改变细菌的遗传特征,从而达到消毒的目的。根据对消毒技术发展历程的回顾和总结,本节主要对国内外常见的四种主流消毒技术进行介绍,这四种消毒技术中氯、二氧化氯、臭氧消毒均为化学方法,紫外线消毒为物理方法;其他消毒技术仅进行简要介绍。

7.3.1　氯消毒技术

氯消毒是最常用的一种消毒方法,其用于饮用水消毒已有近百年历史,液氯、次氯酸钠、次氯酸钙片(饼)剂、漂白粉、漂粉精消毒等都属于氯消毒的范畴。其中液氯最大的问题是其运输和使用中的安全性问题,因为氯气是剧毒危险品,存储氯气的钢瓶属高压容器,有潜在威胁,安全要求高,需要到有关部门进行审批备案;漂白粉一般仅在经济欠发达地区的小型供水工程中应用或作为工程试运行阶段的管网消毒剂,而漂粉精由于成本较高,多数情况下也仅在应急情况下使用;而近年来,次氯酸钠(钙)消毒,特别是现场制取次氯酸钠溶液消毒的应用范围不断扩展。

氯消毒技术的有效消毒成分均为次氯酸,次氯酸是很小的中性分子,它能扩散到带负电的细菌表面,并通过细菌的细胞壁穿透到细菌内部。当次氯酸分子到达细菌内部时,能起氧化作用破坏细菌的酶系统而使细菌死亡。次氯酸根虽具有杀菌能力,但是带有负电,难以接近带负电的细菌表面,杀菌能力比次氯酸差得多。生产实践证明,pH 越低则消毒作用越强,证明次氯酸中性分子是起消毒作用的主要成分。

(1)次氯酸钠(钙)消毒的优点。

①广谱性。对水体中常见的致病菌都有灭活作用。

②易检性。消毒剂余量很容易被检测和控制。

③经济性。价格低廉、工艺成熟、效果稳定可靠。

(2)次氯酸钠(钙)消毒的缺点。

①消毒副产物是次氯酸钠消毒面临的首要问题,氯进入水体后能与水中的很多天然有机物和无机物发生反应产生消毒副产物,近年来消毒副产物三卤甲烷和卤乙酸的健康风险问题受到了广泛关注。

②一般要求不少于 30 min 的接触作用时间以保证消毒效果,需要清水池的容积较

大,因此供水工程需要清水池或特殊的反应容器。

③次氯酸钠投加浓度如果控制不当,投加量过大时会引起用水户口感和味觉上的不适。

7.3.2 二氧化氯消毒技术

随着各种有机卤代消毒副产物的检出及其生物毒理学方面的研究不断深入,发达国家在水质标准中开始规定其限值,我国 2022 颁布实施的《生活饮用水卫生标准》(GB 5749—2022)也开始对其有限定。二氧化氯以其几乎不产生有机卤代消毒副产物的优势而被逐渐推广应用,尤其在欧洲的法国、瑞士、德国等国家,二氧化氯的使用更为普遍。二氧化氯是氧化还原电位仅次于羟基自由基、臭氧的一种强氧化剂,作为一种广谱的消毒剂,二氧化氯对细菌、病毒、藻类等微生物均具有良好的灭活效能。

(1)二氧化氯消毒的优点。

①杀菌能力强、消毒快而持久。投加 0.5~1.0 mg/L(质量浓度,下同)的二氧化氯在 1 min 内能将水中 99% 的细菌杀灭。二氧化氯在配水系统中存留时间长,应用 0.1~0.2 mg/L 二氧化氯就能维持长时间的杀菌作用。

②消毒副产物少。二氧化氯与有机物的反应是有选择的,因此消毒副产物少,所产生的溴化氰(CNBr)、三卤甲烷(THMs)和卤乙腈(HANs)要比用氯消毒时产生的少得多,不生成四氯化碳、卤乙酸、氯酚等致癌物。

③有效的杀灭和水质控制效果。二氧化氯可以有效地去除色度和嗅味,能高效率地消灭原生动物、芽孢、霉菌、藻类和生物膜。

④应用 pH 范围广。在 pH 为 3~10 范围内,二氧化氯的杀菌性能基本保持不变。这是因为在二氧化氯的消毒过程中氢离子的参与作用不大。

⑤适用的水质范围广。二氧化氯不与氨发生反应,故采用二氧化氯消毒氨氮含量高的水时不影响其杀菌能力。消毒效率也不受水的硬度和盐分多少的影响。

(2)二氧化氯消毒的缺点。

①消毒成本较高。二氧化氯消毒设备的投资比臭氧稍低,但比液氯高,运行成本也比液氯高。

②制取设备复杂,操作管理要求高。

③测定方法仍需改进和成熟。目前的测定方法都很难同时测定水中的各种形式氯(二氧化氯、次氯酸、亚氯酸和氯酸等)的浓度。

④二氧化氯本身及其消毒副产物也有毒性,对水中投加的二氧化氯及其分解产物亚氯酸和氯酸的浓度应予控制。

7.3.3 紫外线消毒技术

紫外线消毒在饮用水处理中的应用始于 20 世纪 70 年代早期,主要通过物理过程进行消毒而不依赖于化学药剂的投加,因此基本没有消毒副产物生成。其发挥消毒作用的波长范围通常为 200~300 nm。紫外线对水中细菌、病毒类微生物有良好的消毒效果,在较短的接触反应时间内即可实现其有效灭活;但对贾第鞭毛虫、隐孢子虫等囊性微生物,则需要数倍以上的接触时间。pH、温度、碱度、离子强度等水质参数对消毒效果的影响很小;而浊度、大分子有机物等会因"包覆"微生物阻止紫外线对微生物的直接照射等作用而降低消毒效果;此外,当水中存在亚硝酸盐、酚等污染物时,也会吸收紫外线从而影响消毒效果。

（1）紫外线消毒的优点。

①在水处理过程中一般不会产生副产物,不会在水中引进杂质,水的物化性质基本不变。

②水的化学组成（如氨含量）、酸碱度和温度变化一般不会影响消毒效果。

③杀菌范围广而且处理时间短。在一定的辐射强度下一般仅需十几秒即可杀灭病原微生物,能杀灭一些氯消毒无法灭活的病菌,还能在一定程度上控制一些较高等的水生生物如藻类和红虫等。

④设备构造简单,容易安装,小巧轻便,水头损失小,占地面积小。

⑤容易实现自动化,设计良好的系统设备运行维护工作量很少。

⑥运行管理比较安全,没有使用、运输和储存其他化学品可能带来的剧毒、易燃、爆炸和腐蚀性的安全隐患。

（2）紫外线消毒的缺点。

①孢子、孢囊和病毒比自养型细菌耐受性高,难以灭活,但其他消毒也存在这个问题。

②紫外线会被水中的许多物质吸收而影响消毒效果,如酚类和芳香化合物等有机物、某些生物、无机物、浊度。

③处理水量较小,没有持续消毒能力,并且可能存在微生物的光复活问题,最好用在处理水能立即使用的场合、管路没有二次污染和原水生物稳定性较好的情况（一般要求有机物含量（质量浓度,下同）低于 10 g/L）。

④难以做到整个处理空间内辐射均匀,有照射的阴影区。

⑤处理效果不易迅速测定,难以监测处理强度。

7.3.4　臭氧消毒技术

臭氧在饮用水处理中应用的历史可以追溯到 19 世纪末。作为一种强氧化剂,臭氧对水中细菌、病毒、藻类、原生动物等均具有良好的灭活效能。臭氧消毒灭活细菌主要通过其强氧化性破坏某些基团得以实现。例如臭氧氧化破坏细胞膜上磷脂和脂蛋白,进攻细胞酶蛋白的巯基等官能团而导致酶失去活性,氧化细胞内核酸中的嘌呤、嘧啶等基团。臭氧对不同类型微生物的灭活机制可能存在较大差别。

（1）臭氧消毒的优点。

①氧化能力强,能在消毒时解决许多其他的水质问题。臭氧的氧化能力比氯大50%,在消毒的同时可有效去除或降低味、臭、色和金属离子问题。

②杀菌效果显著,作用迅速。据称,臭氧杀菌比氯快 300～3 000 倍,消毒效率高于常用的液氯和次氯酸钠约 15 倍,消毒接触时间通常只需 0.5～1 min。

③臭氧消毒效果受水质影响较小。温度的综合影响并不明显;臭氧对 pH 的适应范围比氯和二氧化氯都广;当浊度低于 5 NTU 时,浊度对消毒效果的影响也不大。

④广谱、高效。臭氧能迅速杀灭变形虫、真菌、原生动物,以及一些耐氯、耐紫外线和耐抗生素的致病生物。

⑤消毒处理对健康的影响较小。臭氧能在消毒的同时氧化一部分有机杂质,去除氯消毒副产物的前体物质,有研究认为臭氧处理不会增加被处理水的致突变活性。

(2)臭氧消毒的缺点。

①不够稳定,容易自行分解,半衰期短(室温下仅15 min左右),衰减呈一级反应动力学规律。因此,在水中臭氧持续杀菌能力较差。

②设备系统比较复杂。臭氧的生产系统构成设备较多,工艺复杂,运行控制和维护要求高,对操作管理人员的技术水平要求较高。

③能耗、投资、成本较大。与传统加氯系统相比较,臭氧的设备投资较高,电耗和运行费用较大。

④消毒系统应变能力差。与加氯比较,水量、水质变化时较难调节臭氧的投加量,只适合于水量、水质稳定的小规模系统。

⑤空气环境污染的可能性。臭氧发生器排出气体中的臭氧含量(质量分数,下同)仍可达0.055%~0.3%,尾气必须经处理后才能安全排放,如处理不当,可能会形成空气污染。

7.3.5 其他消毒方法

(1)加热消毒。

加热是最古老、最常用的消毒方法,属于物理消毒法。加热杀菌的机理通常认为是细胞内的蛋白质和有机物(包括酶)的凝聚变性。总体看来,将水煮沸可以消灭绝大部分细菌繁殖体,我国居民普遍有用开水泡茶、喝开水的饮水习惯,将其作为饮用水的最后一道安全措施。

加热消毒的主要缺点是能量消耗大,这是因为水的比热很大。此外还有观点认为,在某些条件下煮沸过程能够使水的致突变活性增加。由于没有持续消毒作用,加热消毒通常仅限于临时、应急、简易和小规模的供水装置。

需要注意的是,虽然将饮用水煮沸是一种行之有效的消毒方法,但人们往往不能保证随时随地做到喝烧开的水。而且使用未经消毒的水漱口和生吃清洗后的蔬菜、水果也是一个重要的传染途径,因此并不能因为居民家庭通常采用加热消毒而忽视农村供水工程中的消毒设备配备和消毒剂的投加。

(2)过滤消毒。

在水处理历史中,曾有水厂采用慢滤池供水限制了霍乱和伤寒蔓延流行的事例,通常认为当出水浊度低于0.1 NTU时,病原菌的去除率可达99.99%,过滤除菌的方式有常规深层过滤、生物慢滤和膜过滤等形式。过滤除菌的优点是不需消耗化学药剂,能耗和费用低,无二次污染等;缺点是无持续消毒效果,膜介质容易受化学物质侵害和微生物污染,购置和维护费用高。膜过滤的消毒作用:一是直接去除水中的微生物;二是去除水中的有机物、悬浮物和无机物等,以切断微生物生存、繁衍的途径,从而达到辅助消毒的作用。膜分离技术有超滤、反渗透、纳滤、微滤四类,它们对微生物的去除效果均有报道。

（3）微电解消毒法。

微电解消毒法即电化学消毒,其消毒实质是电化学过程中产生的具有杀菌能力的物质与直接电场综合作用的结果。20 世纪 90 年代初,国内外的学者开始了饮用水电化学消毒技术研究,但人们对微电解消毒的机理、影响因素、设备的研究还有待进一步的深入和探索。近年来,电化学消毒在海水净化及一些小型饮用水处理中得到重视。电化学消毒主要是依靠电场作用,通过电化学反应装置对水中细菌等进行杀灭去除。根据其作用原理,电化学消毒大体上可以分为直接电氧化消毒、间接电化学消毒与电磁消毒等三类。电化学消毒对细菌的杀灭速度小于紫外线,比氯和二氧化氯快,与臭氧相近。由于处理后水中存在一定余氯量,故具有持续消毒能力。由于微电解易降解水中的有机物,所生成的三氯甲烷的量比加氯消毒生成量低。即使含三卤甲烷前体物质较多的水,经过微电解处理后的水中,三卤甲烷的含量一般也会低于《生活饮用水卫生标准》（GB 5749—2022）规定数值。微电解消毒运行管理简单、安全、可靠,但达到灭活效果时能耗较高。

（4）过氧化单硫酸钾消毒。

起源于 20 世纪 80 年代末欧美国家,以过氧化单硫酸钾为主要活性成分,添加了安定剂、稳定剂和活化剂,最初的成熟产品是由美国杜邦公司制造的。国内自 2000 年以后开始过氧化单硫酸钾合成研究,先后在上海、浙江、陕西等地区投产。2003 年以后,开始了以过氧化单硫酸钾三聚盐为主要活性成分的应用产品的开发。中国卫生部于 2006 年审查并批准发放了以过氧化单硫酸钾为主要活性成分的涉及饮用水卫生安全的国产产品卫生许可批件。与传统消毒法比较其主要优势是运输、保管和使用方便,不产生卤代消毒副产物,没有余氯的刺激性味道,但其消毒成本还是比较高。

（5）缓释消毒。

缓释消毒常用于农村小型或分散供水工程,是一种简单、方便可行的消毒措施。缓释消毒通过将消毒剂有效成分和载体（通常为高分子材料）结合在一起,然后置于水体中,载体中的有效成分通过扩散或其他方式释放,而使水体中有效成分的浓度保持在预期范围内。除军事部门外,目前对饮用水的缓释消毒技术研究尚不多见,但由于缓释消毒技术操作简单,运输储存方便安全,效果尚可,可用于边防海岛、野营、国防工程等饮用水及战备水源的消毒,也可用于水箱、水池、浅井、水窖等农村分散式供水工程的消毒,还可用于突发供水事件下的供水消毒,具有广泛的应用前景。

（6）联用消毒技术。

除以上消毒方法外,目前应用研究较多的还有协同消毒,即通过两种或两种以上消毒剂的联用以补充每种消毒剂消毒的不足,从而最大限度地达到去除水中病原微生物的目的。其方式有物理方法与化学方法的结合、不同物理方法的结合、化学消毒剂之间的结合等。

联用消毒技术能有效避免单一消毒工艺的缺点,并充分发挥不同消毒剂的优势。两种（或多种）消毒剂组合使用时常常表现出协同作用,从而大大增强其灭活微生物的效能,这一方面对于杀灭具有较强生存能力的贾第鞭毛虫等原生动物具有重要意义。另一方面消毒能力的增强往往可能降低消毒剂投加量,从而可能降低消毒副产物生成量,并在一定程度上节约成本。此外,将某些消毒剂（如过氧化氢与臭氧）进行组合,能显著增强其氧化破坏水中难降解污染物的能力,这对于受到人工合成品污染的水源处理有实用价值。

总之,饮用水消毒不仅是水净化技术,更关系到人类的健康与安全,随着社会的不断发展和技术的不断进步,人们对饮用水的要求不断提高,并为此做了大量的工作,对新的消毒方法进行了不断的探索。近年来,医学、微生物学及其他学科的进步,新的病原生物不断被发现,新的消毒技术也不断涌现,如辐射消毒、磁场消毒、超声波消毒、超高压消毒、高铁酸盐消毒、氯化亚铁消毒等,它们都为进一步发展饮用水消毒技术,提高饮用水的品质作出了贡献。但目前这些消毒方法仍处于试验研究阶段,尚未进行工程应用。国内外研究者至今还没有发现一种非常理想的消毒剂,只能按照消毒对象和消毒目的选择合适的消毒剂,为此尚需要研究者不断努力。氯和二氧化氯消毒技术已在国内外饮用水消毒中广泛应用,技术已经成熟;紫外线和臭氧消毒技术开始应用,但技术工艺的成熟性、经济性有待进一步研究和完善;其他消毒技术尚未发展成熟,也未开展大规模工程应用。

7.4　适宜农村供水消毒的技术及设备

在之前饮用水消毒技术概述的基础上,本节总结了适宜农村供水的消毒技术,主要包括:氯消毒技术、二氧化氯消毒技术、紫外线消毒技术、臭氧消毒技术。氯消毒包括液氯消毒,也包括次氯酸钠消毒,此外还包括漂白粉及漂粉精消毒等,它们溶解进入水体后的有效消毒成分及消毒机理相同。适宜农村供水消毒的氯消毒技术主要包括:次氯酸钠消毒、次氯酸钙消毒等。虽然液氯消毒在城市水厂中广泛应用,但由于其众多局限性使其并不适合农村供水工程,建议农村供水工程如果选择氯消毒技术,重点考虑次氯酸钠(钙)消毒,但在工程规模较大、管理条件许可时考虑液氯消毒。

7.4.1　次氯酸钠(钙)消毒技术及设备

1. 次氯酸钠(钙)消毒机理

次氯酸钠(钙)消毒的作用机理,一般认为主要通过其水解后生成的次氯酸起作用。次氯酸的极强氧化性使菌体和病毒的蛋白质变性,从而使病原微生物致死。因此,从消毒作用机理的本质上讲,次氯酸钠(钙)消毒与投加氯气消毒的机理相同。

根据测定,次氯酸钠(钙)的水解受 pH 的影响,当 pH 超过 9.5 时不利于次氯酸的生成。但是,绝大多数水质的 pH 都在 6.0~8.5 之间,一般情况下,含量(质量浓度,下同)小于 10 μg/L 的次氯酸钠在水中几乎可以完全水解成次氯酸。其过程可用化学方程式简单表示如下:

$$NaOCl+H_2O \longrightarrow HOCl+NaOH$$
$$Ca(ClO)_2+2H_2O \longrightarrow 2HOCl+Ca(OH)_2$$

次氯酸在杀菌、杀病毒过程中,不仅可作用于细胞壁、病毒外壳,而且可因次氯酸分子小、不带电荷而渗透入细菌(病毒)体内与菌(病毒)体蛋白、核酸和酶等发生氧化反应,从而杀死病原微生物。

$$R-NH-R+HOCl \longrightarrow R_2NCl+H_2O$$

同时,氯离子还能显著改变细菌和病毒体的渗透压使其丧失活性而死亡。

2. 次氯酸钠(钙)消毒技术特点

制备次氯酸钠溶液的发生器所用盐通常有较高的纯度要求。另外,如果水的硬度较大,次氯酸钠水解后产生的碱能沉淀水中的钙离子和镁离子,因此需对调配次氯酸钠溶液的水进行软化处理,防止在加药管线和设备内产生结垢现象。另外,采用次氯酸钠消毒时,会不可避免地使水中存在一定的盐分。与氯消毒相同的是,当原水中有机物含量较高时,次氯酸钠消毒同样存在副产物(主要是卤乙酸类物质)超标的风险。就运行成本而言,采用次氯酸钠消毒的运行成本较低,仅比采用液氯稍高一些。统计数据表明,次氯酸钠同液氯消毒的运行成本之比约为1.05∶1。因此在农村供水工程中,如果受成本限制时,可考虑选用次氯酸钠消毒,特别是次氯酸钠溶液消毒(当购置方便时)。

次氯酸钙可溶于水,溶解于硬水时可能会生成沉淀,粉末状次氯酸钙储存过程中还可能会吸潮结块。在正常储存条件下,商品次氯酸钙片剂在一年中会失去3%~5%(质量分数,下同)有效氯,与空气或水接触会加快分解速度,有机物也会加快其分解速度。次氯酸钙本身不可燃,但受热或与酸、有机物、氧化剂、可燃物接触仍能引起火灾。次氯酸钙的使用成本要高于液氯消毒,但低于二氧化氯消毒。因次氯酸钙溶液浓度通常较低,在用量较多时配置的设备容器大,一般认为只适合于小型水厂。

3. 次氯酸钠(钙)消毒技术适用范围

次氯酸钠(钙)消毒技术对原水水质及水厂的条件有一定的要求,具体如下:

①原水 pH 宜小于 8.0。

②原水水质较好、没有受到污染、化学需氧量(CODMn)的含量(质量浓度,下同)宜小于 3.0 mg/L,净化后水的浊度宜小于 1 NTU,一般采用在过滤后投加次氯酸钠(钙)消毒剂;水质较差需要进行特殊处理时,可在混凝前预投加。

③宜有调节构筑物,以保证氯消毒剂与水有 30 min 的接触时间。

这里需要说明的是,次氯酸钠(钙)消毒技术有多种不同的应用形式,其中采用次氯酸钠发生器现场制备次氯酸钠时一般适用于供水规模在 200 m³/d 以上的农村集中供水工程,而小型集中及分散供水工程适合采用成品次氯酸钠(钙)及其投加装置的应用形式。

4. 次氯酸钠(钙)消毒设备结构原理

(1)次氯酸钠消毒设备。

次氯酸钠的分子式是 NaOCl,属于强碱弱酸盐,是一种能完全溶解于水的液体。采用次氯酸钠进行消毒有两种方式:一是现场制备次氯酸钠溶液并配合使用投加装置进行消毒;二是直接投加商品次氯酸钠溶液消毒。

考虑到次氯酸钠溶液的不稳定性,其有效氯不易久存,次氯酸钠多以电解低浓度食盐水现场制备,这种设备称为次氯酸钠发生器。次氯酸钠生成过程的化学方程式如下:

$$NaCl + H_2O \longrightarrow NaOCl + H_2 \uparrow$$

电极反应:$2Cl^- - 2e \longrightarrow Cl_2$(阳极);$2H^+ + 2e \longrightarrow H_2$(阴极)。

溶液反应:$2NaOH + Cl_2 \longrightarrow NaCl + NaOCl + H_2O$。

由上述反应可以看出,次氯酸钠发生器的原料是食盐,通过电解一定浓度的食盐水生成次氯酸钠溶液,然后投加进入水体进行消毒。

次氯酸钠发生器应该包括发生系统和投加系统。发生系统是由盐水配水装置、发生(电解)装置、清洗装置组成,投加系统是由存贮及投加装置组成。其中电解装置是整个次氯酸钠发生器的核心部件,决定了发生器性能的好坏和效率的高低。下面介绍各装置的主要功能及其相互关系。

①盐水配水装置。自来水进水经软水器软化后,水中的钙离子、镁离子被去除生成软化水。一部分软化水进入软化水箱存贮,为次氯酸钠发生器提供稀释水;另一部分进入溶盐箱溶解食盐,成为饱和食盐水。饱和食盐水经计量泵与稀释水精确配比混合,进入次氯酸钠发生装置。

②发生(电解)装置。在次氯酸钠发生器中,3.0% ~ 3.5%(质量分数,下同)的食盐水通过电解反应生成次氯酸钠溶液。总的化学反应方程式如下:

$$NaCl + H_2O \xrightarrow{\text{电}} NaClO + H_2 \uparrow$$

③清洗装置。耐腐蚀泵从酸箱中吸取酸溶液,定期对次氯酸钠发生装置的电极进行清洗,保持设备正常运行。

④存贮及投加装置。发生器产生的次氯酸钠溶液输送至次氯酸钠储罐存储,鼓风机连续将储罐内氢气稀释,达到安全浓度后排放。次氯酸钠溶液按需由耐腐蚀泵投加至消毒剂投加点。

次氯酸钠发生器工艺原理图如图7.3所示。

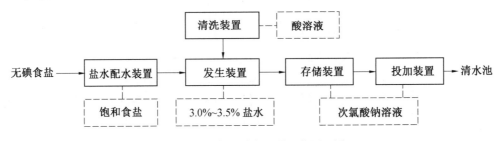

图7.3 次氯酸钠发生器工艺原理图

次氯酸钠发生器包括无隔膜法次氯酸钠发生器和隔膜法次氯酸钠发生器两种。电解槽中的隔膜允许钠离子通过同时阻止阳极产生的氢气进入阴极。国内外关于无隔膜法次氯酸钠发生器的研究比较深入,涉及面广;而关于隔膜法次氯酸钠发生器的研究涉及面较窄,隔膜主要有石棉隔膜、尼龙膜、陶瓷膜等。随着电极技术与隔膜技术的进步,无隔膜法次氯酸钠发生器和隔膜法次氯酸钠发生器的应用历经了交替更迭。相对于无隔膜法次氯酸钠发生器,隔膜法次氯酸钠发生器的有效氯浓度高,减少了发生器中副反应的发生,提高了反应效率,但存在隔膜耐腐蚀性差、寿命短、容易堵塞等问题。目前,改进电极材料后的无隔膜电解次氯酸钠发生器技术已经比较成熟,在国内外城市水厂和我国部分农村水厂中的应用效果较好。"十一五"末及"十二五"期间,黑龙江大学初步开展了离子膜法电解次氯酸钠发生器研发,实验室测试结果表明其有效氯浓度比传统无隔膜法次氯酸钠发生器高3倍,运行成本约降低35%,离子膜使用寿命可达到2年以上。目前,无隔膜法电解次氯酸钠发生器技术较为成熟,常用电极可分为管状电极和板状电极两种,比较而言,板状电极的电流效率和有效氯浓度更高,电耗和盐耗更低,因此更推荐选用。

另外,如果当地购买次氯酸钠溶液方便,可通过定期购置商品次氯酸钠溶液,配合计量泵设备投加使用,无须购置次氯酸钠发生器。但需要注意的是:使用商品次氯酸钠溶液运行成本要高于采用次氯酸钠发生器,且购置的次氯酸钠溶液应符合《次氯酸钠溶液》(GB 19106—2013)的要求,考虑到次氯酸钠不稳定、易分解,使有效氯浓度降低,购置量不宜过大,一般固定储备量和周转储备量均可按 7 ~ 15 d 考虑;另外,储存次氯酸钠溶液的罐体应密封,并有液位指示装置、补气阀和排气阀。

(2)次氯酸钙消毒设备。

次氯酸钙是一种成品消毒剂,其在饮用水消毒中应用时,应配合加药装置使用。目前,市场上常见产品包括国产简易次氯酸钙加药装置及进口自动次氯酸钙加药装置。国产简易装置由供水系统、吸收系统、控制系统和安全释放系统构成,其工作原理为:设备配备有两个或多个带孔的溶药罐,当动力水经过溶药罐时,水从小孔进入溶药罐,与其中的次氯酸钙片剂接触使其溶解,形成一定浓度的次氯酸钙溶液,而后依靠管道压力或重力投加进入水体。进口自动装置主要由带水波喷头和溶解网格储药篮的溶解装置、储液箱和计量泵组成,其工作原理为:将颗粒状次氯酸钙消毒饼剂置于装置顶部的储药篮内,进水水流通过水波喷头喷水溶解储药箱网格上部的次氯酸钙复配饼剂,溶解后的含氯溶液通过储药箱网格侧面出口进入储液箱,再由计量泵投加进入水体。

综合来看,次氯酸钠发生器适合于买不到成品消毒剂的农村供水工程,而如果供水工程能够买到成品次氯酸钠溶液或固体次氯酸钙消毒剂,且能够接受其运行成本,则可优先选用后者。

7.4.2　二氧化氯消毒技术及设备

1. 二氧化氯消毒机理

二氧化氯是一种黄绿色气体,易溶于水,具有氧化性强、杀菌能力强,以及对细菌、病毒等具有广谱杀灭能力,消毒时不产生三氯甲烷等致癌物质等优点。二氧化氯理论氧化能力是氯气的 2.63 倍,其杀菌效果明显高于液氯。二氧化氯消毒的作用机理迄今为止仍未形成定论。一般认为,二氧化氯可通过吸附并传入微生物细胞壁渗入细胞内,将核酸(RNA 或 DNA)氧化,或氧化破坏细胞内的基酶,从而阻止细胞合成代谢,使细菌死亡。二氧化氯对细胞壁有较好的吸附性和透过性,在其强氧化作用下,可抑制细胞合成蛋白质的过程,改变细胞膜的通透性,导致细胞内某些关键物质漏出,与蛋白质中某些氨基酸相互作用导致氨基酸链断裂,从而使水中的微生物死亡。需要指出的是,对于不同类型微生物,二氧化氯消毒的作用机理可能并不一致。

2. 二氧化氯消毒技术特点

二氧化氯是一种强氧化剂,其在水处理中具有杀菌、脱色、除臭、除味、控制藻类生长的作用,且很少产生有机消毒副产物。二氧化氯是广谱高效消毒剂,对水中病原微生物有很高的杀灭效果。与氯气相比,其对 pH 有较宽的适应范围,受有机物影响小。二氧化氯在水中的扩散速度比氯气快,在低浓度时比氯气更有效;其对细菌和真菌孢子及病毒的杀灭能力比氯气强,并且对水中寄生虫及虫卵亦具有杀灭作用。二氧化氯在控制三卤甲烷形成和减少总有机卤代物方面具有独特的优越性,几乎不产生三卤甲烷及其他卤化物。此外,二氧化氯不与氨及大多数有机胺反应,其杀菌效果不受胺的影响;消毒持续效果较好;能有效去除水中 Fe^{2+}、Mn^{2+}、S^{2-}、CN^- 等无机物和酚类、腐殖质等有机污染物;能与水中一些致癌物质反应生成无致癌作用的物质;对水体的霉烂味或腥臭味具有较大的去除效果。目前,在欧洲几乎已普遍使用二氧化氯作为水消毒剂,国内也有许多水厂开始采用。

但由于二氧化氯很不稳定,当空气混合的体积比大于 10% 时,受到强光或强烈振动就可能发生爆炸,通常需要现用现制,给使用带来许多不便;高浓度的二氧化氯及其消毒后在水中形成的产物对动物具有一定的潜在毒性;目前二氧化氯的分析检测方法不能满足快速、准确和可靠的要求。另外,二氧化氯的成本比氯气要高。

3. 二氧化氯消毒适用范围

针对不同水源水质,二氧化氯消毒特别适宜于以下 4 种情况:

①受有机物污染的地表水源。可以大大消除三氯甲烷等副产物的产生量。

②藻类和真菌造成的含色、嗅、味的水源。除藻、除色、嗅味效果好于氯制剂。

③pH 和氨氮含量较高的水源。消毒效果受 pH 影响较小。不会与氨氮反应生成低效率的氯胺,在高氨氮含量的条件下仍保持较高的杀菌效率。

④较高铁、锰含量的地下水源。二氧化氯对水中铁、锰的去除效果要好于氯气。

选用二氧化氯发生器时,应根据供水规模、管网长度、水质、管理条件和运行成本等确定。采用二氧化氯消毒时,水厂最好有清水池,以保证消毒剂与水有 30 min 的接触时间;选用不同类型的二氧化氯发生器主要考虑以下要点:

①高纯型,适用于原水 CODMn 含量小于 5.0 mg/L 的各种水质;复合型,适用于原水 CODMn 含量小于 3.0 mg/L 的水质。

②规模较大水厂和地表水源水厂,宜采用复合型二氧化氯发生器;规模较小的地下水源水厂,宜采用高纯型二氧化氯发生器。

③对于无调节构筑物的单村水厂,不能保证接触时间时,最好采用高纯型二氧化氯发生器。

4. 二氧化氯消毒设备结构原理

农村供水工程中应用二氧化氯消毒以现场制备方式为主,需要配置二氧化氯发生器及投加系统。根据反应原理的不同可将二氧化氯发生器分为电解法、化学法两大类。化学法二氧化氯发生器又根据反应产物的不同分为高纯型及复合型两种,其中高纯型二氧化氯发生器产物中只有二氧化氯一种消毒剂,而复合型二氧化氯发生器产物中既有二氧化氯也有氯气。电解法二氧化氯发生器是以氯酸或(亚)氯酸盐为原料进行电解产生二氧化氯的装置,技术尚不成熟,目前国内市场上被称作"电解法二氧化氯发生器"的产品,并不是国际上公认的电解法二氧化氯发生器,而是"电解法二氧化氯协同消毒剂发生器",其产物中主要消毒成分并非二氧化氯,而是以次氯酸钠为主要有效消毒成分,混合臭氧、过氧化氢等强氧化剂的混合消毒液,与化学法二氧化氯发生器相比,其二氧化氯产率及纯度低,且电耗及盐耗较高,维护管理难,不建议农村供水工程采用。复合型二氧化氯发生器有氯酸钠+盐酸法,而高纯型二氧化氯发生器则包括亚氯酸钠+盐酸法、亚氯酸钠+氯气法、亚氯酸钠+次氯酸钠+盐酸法、氯酸钠+硫酸+双氧水法、氯酸钠+硫酸+蔗糖法及氯酸钠+硫酸+尿素法等多种不同反应原理的方法。由于氯酸钠价格较低,国内特别是农村供水工程中目前普遍采用的是"氯酸钠+盐酸法"的复合型二氧化氯发生器,也有部分工程采用"亚氯酸钠+盐酸法"的高纯型二氧化氯发生器,"氯酸钠+硫酸+还原剂(双氧水、蔗糖或尿素)"的三元法高纯型二氧化氯发生器因原料复杂,应用工程较少。目前,国外普遍采用的是"亚氯酸钠+氯气法"的高纯型二氧化氯发生器,这种设备产物中二氧化氯纯度极高,但由于原料及工艺原理复杂,国内基本未见使用。

我国农村供水工程中常用的二氧化氯发生器包括二元法高纯型和复合型两种,都包含以下系统:原料供给系统、反应系统、吸收系统、测量控制系统和安全系统。原料供给系统包括储药罐和原料投加泵;反应系统是发生器的核心结构,通常是釜式反应系统,让原料得到充分反应;吸收系统是将气态产物吸收溶解于水中制成消毒溶液;测量控制系统是指用二氧化氯浓度检测及投加频率等关键技术参数设定控制系统;安全系统是指二氧化氯泄漏报警、原料进料不同步紧急预警等功能。

(1)复合型二氧化氯发生器工艺原理。

复合型二氧化氯发生器的工艺原理图如图7.4所示。复合型二氧化氯发生器的原料包括两种:氯酸钠和盐酸,分别通过各自的原料供给系统进入发生器的反应系统,经过化学反应生成二氧化氯和氯气的混合物,再通过吸收装置形成二氧化氯和氯气的混合水溶液,最后通过投加装置进入清水池。发生器中各关键系统和装置由控制系统控制,发生器的化学反应、气体排放、废液排放由安全系统监测并在异常情况下报警。

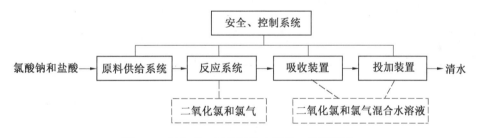

图7.4　复合型二氧化氯发生器的工艺原理图

(2)高纯型二氧化氯发生器工艺原理。

二元法高纯型二氧化氯发生器的工艺原理图如图7.5所示。二元法高纯型二氧化氯发生器的原料包括两种:亚氯酸钠和盐酸。其结构组成与复合型二氧化氯发生器基本相

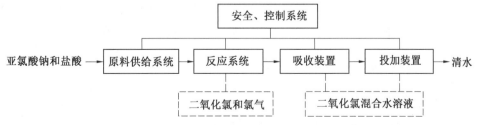

图7.5　二元法高纯型二氧化氯发生器的工艺原理图

同,不同之处在于其反应系统更加复杂,对反应温度等条件有一定要求。

二氧化氯发生器技术对比分析见表7.5。

表7.5 二氧化氯发生器技术对比分析

发生器类型	复合型	高纯型(二元法)
方法原理	$2NaClO_3 + 4HCl \longrightarrow 2ClO_2 + Cl_2 + 2NaCl + 2H_2O$	$5NaClO_2 + 4HCl \longrightarrow 4ClO_2 + 5NaCl + 2H_2O$
原始原料	氯酸钠:A 级产品,固体,99.5%(质量分数,下同),50 kg/袋,单价为 4 000 元/t。盐酸:31%(质量分数,下同),单价为 900 元/t。原料供货、运输、贮存方便、安全	亚氯酸钠:固体,78%(质量分数,下同),50 kg/桶,单价为 13 000 元/t。盐酸:31%,单价为 900 元/t。原料供货、运输、贮存不方便,安全性要求高
反应原料	通常为 33% 氯酸钠溶液、31% 盐酸	8% 亚氯酸钠溶液、9% 盐酸。1 kg 以上设备为 25% 亚氯酸钠溶液、31% 盐酸和工艺水
产物及组成	二氧化氯和氯气的混合气体,按有效氯计二氧化氯含量为 70%(质量分数,下同)	较纯净的二氧化氯气体,二氧化氯含量在 95% 以上
转化率	当反应温度较高时,可获得较高的原料转化率和较纯的产品,原料转化率≥80%	原料转化率大于 90%
温度控制	需加热	不需加热
原料消耗量	生成 1 g 有效氯需要氯酸钠 0.6 g,盐酸 1.67 g	生成 1 g 二氧化氯需要亚氯酸钠 2.26 g,盐酸 6.5 g
显著缺点	原料转化率低	成本略高
显著优点	成本低	操作简单

综合来看,复合型二氧化氯发生器适用于对消毒成本要求较为严格的农村供水工程,另外如果原水水质有轻度还原型污染物污染,可优先考虑复合型二氧化氯发生器,有效利用其产物中既有二氧化氯又有氯的特点,利用其二氧化氯氧化污染物,利用氯消毒;高纯型二氧化氯发生器适合于购置亚氯酸钠方便、对消毒设备运行成本不太敏感、对运行难易程度要求较为严格的农村供水工程。另外,也有少部分应用液态稳定性二氧化氯、二氧化氯固体制剂的工程实例。但根据有关资料及调研,这种应用形式的消毒成本要数倍甚至数十倍于现场发生器制备二氧化氯,因此作者不推荐农村供水工程将其作为常规消毒使用,一般来讲这种消毒方式仅适于小型集中供水工程或应急情况下的消毒使用。

7.4.3 紫外线消毒技术及设备

1. 紫外线消毒机理

紫外线光谱是介于可视光和 X 射线之间的光波,波长范围在 100 ~ 400 nm 之间。根据生物学作用的差异(波长的不同),紫外线被人们定义为紫外线 A、B、C 和真空紫外线四类,其中紫外线 A 的波长为 320～400 nm,紫外线 B 的波长为 275～320 nm,紫外线 C 的波长为 200～275 nm,真空紫外线的波长为 100～200 nm。通过大量的试验证实, 260 nm 附近是杀菌效率最高的紫外线波长,也就是说紫外线 C 的杀菌效果最好。目前生产的紫外线灯最大功率输出在波长 253.7 nm 处,具有极好的杀菌能力。该波长输出在目前世界顶级紫外线灯中占到紫外线能量的 90%,总能量的 30% 以上。由于高强度、高效率紫外线 C 的存在,紫外线技术对克服 20 世纪 80 年代前存在的杀菌效率低、消毒水量少、成本高的缺点提供了技术前提,已成为水消毒领域一个具有相当竞争力的技术。紫外线消毒设备的杀菌原理是利用紫外线光子的能量破坏水体中的各种病毒、细菌及其他致病体的 DNA 和 RNA 结构,丧失分裂繁殖功能,导致微生物的死亡。

2. 紫外线消毒技术特点

紫外线对水中细菌、病毒具有较强的灭活能力,与化学法相比具有不产生有毒有害的副产物、不影响水体的口感、消毒效果好、消毒速度快、设备操作简单、便于运行管理、消毒成本低等优点。紫外线消毒系统可杀死多数囊性、细菌性和病毒性微生物,效果较好。由于紫外线消毒不在水中增加任何化学物质,也不产生任何新的化学合成物,更不会去除有益的矿物质。

影响紫外线杀菌效果的主要因素是紫外线灯管的功率、照射时间及水层厚度等。紫外线灯管的功率随着使用时间的延长而降低,其杀菌效果也随之下降;有资料表明,灯管使用时间到达 2 000 h 时,辐射强度下降 25% 左右。水体经辐射的时间越长越有利于杀菌,但势必增大设备规模或增加过水水流的厚度,而水流厚度增加不利于杀菌。一般 30 W 紫外线灯对 1 cm 的水层灭菌效率为 90%,对 4 cm 水层灭菌效率只有 40% 左右。

目前紫外线消毒中普遍存在的问题:紫外光源的强度小、寿命短,灯管表面结垢影响消毒效果,石英套管外壁不易清洗,无持续杀菌能力等,缺少深入研究。

3. 紫外线消毒技术适用范围

①紫外线消毒适用于以地下水为水源、水质较好、管网较短的小型单村集中供水工程。进水水质:色度不大于 15°,浊度不大于 5 NTU,铁的含量不大于 0.5 mg/L,锰的含量不大于 0.3 mg/L,硬度不大于 120 mg/L,总大肠菌群不大于 1 000 MPN(每毫升样品中最多大肠杆菌数量的单位)/100 mL,菌落总数不大于 2 000 CFU/mL。对天然地表水,宜先过滤去除水中的杂质和胶质。

②供水规模。主管网不宜太长,新主管网不宜超过 2 km,旧管网不宜超过 1.5 km。适用于单村供水、学校供水和分散供水。

③工作最高流速(m^3/h)不应超过设备的最大工作流速。

④低温环境。要采用特殊的保温措施或特殊的紫外线杀菌设备,环境温度要达到 5 ℃以上。当水温为 20～25 ℃时,紫外线 C(253.7 nm)的辐射强度杀菌效果最好。

4. 紫外线消毒设备

(1)紫外线消毒设备组成。

紫外线消毒装置主要由内外抛光不锈钢外壳、紫外线灯及其石英套管、电子整流器、电源开关、灯管点亮指示灯、灯管点亮时间继电器、进出水管、法兰盘、排泄水管、取水样管组成。外配套包括除垢装置和光强检测仪等。紫外线消毒设备的核心部件是紫外线灯管,常采用低压高强度紫外线杀菌灯管,一般寿命在 8 000 h 以上;另外配套的是透光率高的石英套管,保护紫外线灯管的同时还能保证紫外线的透光率;以及保护紫外线灯管正常启动工作的整流器和灯套管的外部不锈钢组件。

(2)紫外线消毒设备工作原理。

紫外线消毒设备的杀菌原理是利用紫外线光子的能量破坏水体中的各种病毒、细菌及其他致病体的 DNA 和 RNA 结构,使其丧失分裂繁殖功能,导致其死亡。紫外线 C 在饮用水消毒技术上采用的紫外线强度为 3 万 $\mu W/cm^2$ 时,杀灭病毒和细菌的接触时间为 $0.1 \sim 1$ s,霉菌孢子为 $1 \sim 8$ s,藻类为 $5 \sim 40$ s。紫外线 C 的杀菌谱广,能杀灭水中对人体有害的各种细菌、病毒。现在紫外线 C 水消毒设备可以很容易达到几十万甚至几百万微瓦每平方厘米($\mu W/cm^2$)的强度,甚至更高。因此,通过不同的设计对细菌、病毒、霉菌、藻类、孢子甚至原生动物都可以有效杀灭,并且对各种化学消毒难以杀灭的病原体都能在秒计的时间内杀灭。

紫外线消毒设备应用形式。

①过流压力式紫外线杀菌设备。我国已有上百家过流压力式紫外线杀菌器生产厂家,在农村饮水安全中多用于分散或小型集中供水。

②明渠式紫外线杀菌设备。多采用敞开渠道式紫外线杀菌过流方式。

③间歇式紫外线杀菌设备。目前只在家用净水器中使用间歇式紫外线杀菌技术。

7.4.4 臭氧消毒技术及设备

1. 臭氧消毒机理

臭氧(O_3)是一种具有特殊臭味、不稳定的淡蓝色气体,具有极强的氧化能力,在水中的氧化还原电位为 2.07 V,仅次于氟(F)电极电位(2.87 V),居第二位,它的氧化能力高于氯(0.6 V)和二氧化氯(1.50 V)。

臭氧很不稳定,在常温下极易分解还原为氧气,臭氧在水中分解过程的方程式如下:

$$O_3 \longrightarrow O_2 + (O)$$

$$(O) + H = O \longrightarrow 2 \cdot OH$$

臭氧在分解过程中生成的新生态氧(O)和羟基自由基(·OH)具有很强的活性和氧化能力,能迅速作用于细胞膜并穿透细胞壁,与细胞质反应,破坏脂蛋白和脂多糖,改变和分解 RNA、DNA 和线粒体结构;能破坏细胞上的脱氢酶而干扰细胞的呼吸功能,直接氧化各种酶和蛋白质,阻碍代谢过程和破坏有机体链状结构而导致细胞溶解、死亡。臭氧灭活病毒的方式主要是氧化破坏其外壳和核酸,臭氧还能氧化分解死亡菌体内的基因、热原质和支原体等。

2. 臭氧消毒技术特点

臭氧通常为气态且不稳定,必须在线发生、在线投加。臭氧对所有类型的微生物都具有很强的灭活能力,其中包括氯胺、自由氯、二氧化氯等一般消毒剂难以灭活的具有很强抗氯性的贾第鞭毛虫、隐孢子虫("两虫")等微生物。采用双氧水(H_2O_2)、紫外线等方式催化产生羟基自由基,能进一步强化灭活"两虫"等微生物的能力。另一方面,鉴于臭氧衰减速率很快,因此采用臭氧或催化臭氧过程进行消毒,之后投加自由氯、氯胺或二氧化氯保持管网余氯或二氧化氯水平,这是灭活"两虫"等微生物、保障水质微生物安全性的可行途径。

臭氧氧化能减少需氯量,降低后续过程中氯的投加量,延缓氯的投加,从而有效降低氯代消毒副产物的生成量。另一方面,臭氧在某些条件上能氧化破坏水中消毒副产物的前驱物,从而减少后续氯化过程消毒副产物的产生。但有研究表明,臭氧消毒也将产生一些氧化副产物,并有可能增大诱导有机体突变的活性。随着溴酸盐、醛、酮类等副产物的相继检出,臭氧氧化副产物的生成过程与控制技术得到了越来越广泛的关注,这将在本章后续部分中进行详细探讨。

臭氧氧化不仅能氧化去除水中铁、锰、硫化物等还原性无机物,而且还能有效氧化破坏与去除水中持久性有机物、微量致嗅有机物等难降解污染物。此外,臭氧能将水中大分子有机物氧化成易于生物降解的小分子有机物,提高生物活性炭工艺对水中污染物的去除率。但是,臭氧氧化将大幅提高水中可同化有机物的浓度,这对于输配水过程的微生物再生长控制是不利的。

3. 臭氧消毒适用范围

单一臭氧消毒,通常仅适合于供水规模较小、配水管网较短的中小型集中供水工程(建议 2 km 以内),同时对原水中溴化物含量有一定要求,建议在 0.02 mg/L(质量浓度,下同)以内。

在应用臭氧进行消毒时,应特别注意以下臭氧消毒不适用的情况:

①水中溴化物、有机物等含量过高,易生成溴酸盐、甲醛等副产物而不适用。建议采用臭氧消毒时,对原水中的溴化物进行检测。当溴化物含量超过 0.02 mg/L 时,存在溴酸盐消毒副产物超标的风险,这时应进行臭氧投加量与溴酸盐消毒副产物相关性试验,再确定能否选用臭氧消毒。

②不适用于 pH 过低水的消毒,此时羟基自由基产生量较小。

③不适用于温度过高或过低水的消毒。水温过高会降低臭氧在水中的溶解度,加快臭氧的分解速度;水温过低会降低羟基自由基反应的速率。

④不适用于浊度过高水的消毒,因为浊度会掩蔽微生物。

4. 臭氧消毒设备

因臭氧极不稳定,常温 20 ℃情况下,其在自来水中的半衰期约为 15 min,故应用时需采用现场制备的方法,需配备臭氧发生装置及投加系统。目前臭氧制备的方法有:电晕放电法、电解纯水法、紫外线照射法等。根据调查,臭氧消毒主要在北京、河北等地应用,其中电晕放电法和电解纯水法最为常见。

（1）电解纯水法臭氧发生器。

电解纯水法产出臭氧的原理是采用低压直流导通固态膜电极的正负两极电解纯水，纯水在特殊的阳极溶液界面上以质子交换的形式被分离为氢、氧分子，氢气从阴极溶液界面上直接被排放，氧分子在阳极界面上因高密度电流产生的电子激发而获得能量，并聚合成臭氧分子。

电解纯水法臭氧发生器的工作流程如图7.6所示。电解纯水法臭氧发生器包含以下系统：电解系统、吸收系统、控制系统、尾气排放系统等。电解系统是发生器的核心结构，在低电压高密度电流状态下，纯水在特殊的阳极溶液界面上以质子交换的形式被分离为氢、氧分子，氧分子在催化阳极界面聚合成臭氧分子。吸收系统是将臭氧气体通过水射器吸收溶解于水，投加进清水池或管网。控制系统主要对电解系统进行控制；尾气排放系统是将电解系统中的废气排放到户外，防止消毒间工作环境的污染。

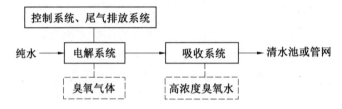

图7.6 电解纯水法臭氧发生器的工作流程

①原理。以纯水为原料，在低电压高密度电流状态下，固体聚合物电解质膜复合电极催化，使水分子在阳极失去电子生成臭氧和氧，在阴极发生放电反应。

电极反应：$3H_2O \longrightarrow O_3+6H^++6e$，$2H_2O \longrightarrow O_2+4H^++4e$（阳极）；$O_2+4H^++4e \longrightarrow 2H_2O$（阴极）。

②特点。产出的臭氧含量高，一般在16%以上，伴随物为氧气；由于采用低压电，与电晕放电法相比，不产生电磁波污染。

电解纯水法臭氧发生系统示意图如图7.7所示。

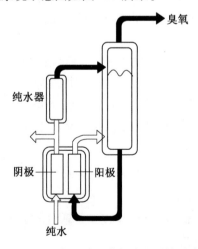

图7.7 电解纯水法臭氧发生系统示意图

（2）电晕放电法臭氧发生器。

电晕放电法臭氧发生器的工作原理图如图 7.8 所示。电晕放电法臭氧发生器包含以下系统：制氧系统、放电系统、气水混合系统、投加系统、控制系统、尾气排放系统。制氧系统的作用是分离空气中的氧气和氮气，制备质量分数在 90% 以上的氧气；放电系统是电晕放电法臭氧发生器的核心，通过在极板间通入高压交流电形成放电间隙，氧气分子通过放电间隙时被击穿为氧原子，氧原子通过三体碰撞重新聚合成臭氧分子；气水混合系统通过气水混合泵使臭氧气体与水混合并形成高浓度臭氧水；投加系统通过投加泵将高浓度臭氧水投加进入清水池或管网。控制系统主要对制氧系统、放电系统、气水混合系统、投加系统的电气装置进行可编程控制；尾气排放系统是将前述系统中生成的废气排放到户外，防止消毒间工作环境的污染。

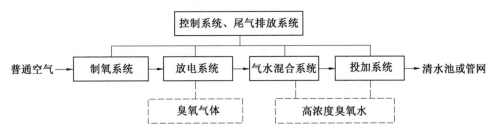

图 7.8　电晕放电法臭氧发生器的工作原理图

电晕放电法产出臭氧的原理是在两个平行的高压电极之间平行放置一个介电体（通常采用硬质玻璃或陶瓷作为介电体），并保持一定的放电间隙，当在两极间通入高压交流电时，在放电间隙形成均匀的蓝紫色电晕放电，空气或氧气通过放电间隙，氧分子受到电子的激发获得能量，并相互发生弹性碰撞，聚合成臭氧分子。

①原理。以含氧气体为原料，通过高压放电将氧气分子击穿，高能态氧原子通过三体碰撞重新组合成分子时会构成一部分臭氧，具体如下：

$$e+O_2 \longrightarrow 2O \cdot +e$$
$$\cdot O+O_2+M \longrightarrow O_3+ \cdot M$$
$$\cdot O+O_3 \longrightarrow 2O_2$$
$$e+O_3 \longrightarrow O+O_2+e$$

②特点。按气源分，包括空气源、氧气源两类，饮水消毒一般采用氧气源，以避免空气中的氮气被氧化。小型臭氧发生器一般采用分子筛制氧机，通过物理吸附分离空气中的氧气和氮气，制备含量在 90%（质量分数，下同）以上的氧气。

按放电频率分，包括高频（大于 1 000 Hz）和中频（400 ~ 1 000 Hz）两类，小型臭氧发生器一般采用高频放电，效率高，但存在高频污染。

按放电形式分，包括沿面放电和气隙放电两类。沿面放电器件产生臭氧浓度低，一般不用于饮用水消毒；气隙放电设备主要分板式和管式两种。

农村供水中采用的电晕放电法臭氧发生单元组成和主要特点：分子筛制氧，能耗一般为 15 ~ 20 （kW·h）/kg，不需购置原料；气隙放电，冷却效率高，能耗一般为 10 ~ 16（kW·h）/kg；臭氧含量一般在 5% 左右，能耗较小，一般为 25 ~ 35（kW·h）/kg。与电解纯水法相比,臭氧含量虽低,但能耗较小。

电晕放电法臭氧发生器设备系统组成示意图如图 7.9 所示。

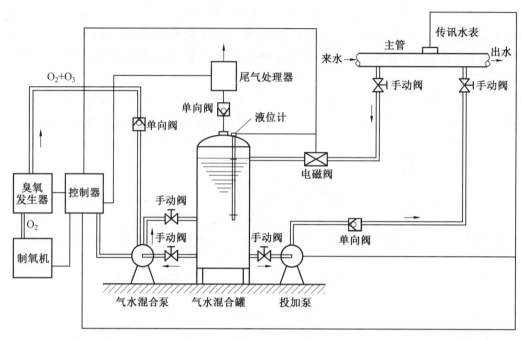

图 7.9 电晕放电法臭氧发生器设备系统组成示意图

(3)臭氧投加装置。

由于臭氧气体浓度低,在单村供水、无调节池情况下采用臭氧消毒时,一般不直接在管网中投加臭氧气体,以避免出现气阻。

通常先用气水混合泵使臭氧气体与水高速混合,进而在溶解罐中使臭氧与水接触溶解,形成高浓度臭氧水,然后用加压泵在管网中投加高浓度臭氧水进行消毒。

臭氧的投加单元一般包括气水混合泵、溶解罐、液位控制、投加泵、尾气处理器等。在臭氧的溶解过程中,臭氧衰竭40% ~50%,投加能耗一般为 40 ~60(kW·h)/kg。

总体来看,电晕放电法发生器比电解纯水法发生器管理简单、能耗小,相对于电解纯水法臭氧发生器,更适合于小型农村供水工程。

7.4.5 不同类型消毒技术及设备对比分析

基于对国内外饮用水消毒技术及设备的研究分析,结合对我国农村供水工程消毒技术及设备应用情况的调研评价与示范应用,推荐 4 种适宜农村供水工程的消毒技术,即次氯酸钠(钙)、二氧化氯、紫外线和臭氧消毒技术。适宜农村供水工程的消毒技术及设备比较见表 7.6。

表 7.6　适宜农村供水工程的消毒技术及设备比较

消毒技术	适用条件和要求	消毒设备	制取工艺	消毒效果及持续性	成本分析*	投加量可控性及可检测性	安全性	显著优势	主要缺点
次氯酸钠	对原水水质有一定要求，pH 不高于 8.0，水质较好，未受污染；水厂需有调节构筑物	次氯酸钠发生器	现场电解，反应条件较复杂	较好，有持续性	运行成本与液氯相当	低浓度液态投加，易控制，消毒剂余量易检测	原料为食盐，液态投药，安全性好	原料易得，运行成本低	设备相对复杂
		次氯酸钠溶液及其投加装置	成品消毒液投加，简单		运行成本比液氯略高	高浓度液态投加，不易控制，投加孔易结垢，消毒剂余量检测	液态投药，安全性较好	设备简单，运行成本低	次氯酸钠溶液储存不易采购，储存时易降解，运输麻烦
次氯酸钙	对原水水质有一定要求，pH 不高于 8.0，水质较好，未受污染；水厂需有调节构筑物	次氯酸钙固体制剂及其投加装置	成品固体消毒剂，配合溶解投加装置使用，简单		因固体次氯酸钙原料价格高，运行成本高于液氯，与二氧化氯接近	易控制，消毒剂余量易检测	原料为固体，运输及储存安全性较好	设备简单，药剂运输方便	原料价格较高，购置渠道有限

续表7.6

消毒技术	适用条件和要求	消毒设备	制取工艺	消毒效果及持续性	成本分析*	投加量可控性及可检测性	安全性	显著优势	主要缺点
二氧化氯	适用于中小型供水工程,原水pH及其他水质的适应性较强,水质较差时可选用;水厂需有调节构筑物	高纯型二氧化氯发生器(二元法)	现场发生,反应条件较复杂	好,有持续性	因亚氯酸钠原料价格高,运行成本高于液氯	气态投加,不易控制,消毒剂余量检测比次氯酸钠大	原料亚氯酸钠储存不当有爆炸危险,原料盐酸腐蚀性强,不安全	二氧化氯纯度高,设备管理相对简单	亚氯酸钠购置较难,安全管理要求高,盐酸购置麻烦
		复合型二氧化氯发生器	现场发生,反应条件复杂	好,有持续性	运行成本高于次氯酸钠,但低于高纯型二氧化氯;由于产物中二氧化氯纯度低,总体性价比较低	气态投加,不易控制,产物为二氧化氯和氯气的混合物,消毒剂余量检测难度比次氯酸钠大	发生器反应条件控制不当易发生爆炸,原料盐酸腐蚀性强,不安全	原料氯酸钠较易购买,运行成本较低	设备复杂,技术要求高,盐酸购置麻烦,产物为氯气及二氧化氯的混合物,检测难度大
紫外线	无清水池、管网较短的小型集中供水中供水或分散供水工程	紫外线消毒设备	由荧光灯内汞等离子区放电时释放	好,无持续性	运行成本显著高于液氯	可调制紫外线灯的强度,消毒效果不易检测	安全性较好	不需购置原料	对原水水质要求高,无持续消毒效果,需定期清洗石英套管
臭氧	管网较短的小型集中供水或分散供水工程;水厂最好有调节构筑物	臭氧发生器	对空气(氧气)高压放电或电解纯水产生	好,基本无持续性	耗电量高,运行成本显著高于液氯	气态投加,不易控制投加量,消毒剂余量不易准确检测	当环境空气中臭氧质量浓度超过 1 $\mu g/m^3$ 时会对人体健康造成危害	不需要购置原料	耗电量高,无持续消毒效果,臭氧容易泄漏,臭氧检测相对复杂

注:*表示消毒设备运行成本都较低,均在0.1元/m³以下。

7.5　农村供水消毒技术及设备选择

7.5.1　消毒技术及设备类型、规格选择

1. 消毒技术及设备选择需要考虑的主要因素

农村供水工程在选择消毒技术及设备时应重点考虑的因素包括以下五方面:制备工艺是否简单方便,原料购置是否方便;是否具备好的消毒效果,能否适应一定的水质变化,且有一定持续消毒能力;消毒设备及运行成本是否可接受;消毒剂投加量是否易控制,消毒剂余量是否易检测以评判消毒效果;原料及产物的运输、储存是否安全。

事实上,目前尚无任何一种消毒技术在以上五方面同时具备优势。这就需要结合供水工程特点(水源类型、原水水质特点、供水规模、管网条件、管理水平等)和各种消毒技术的适用条件和优缺点(原料购买方便程度、运行成本等)进行综合比较,客观评价并筛选适宜的消毒技术及设备。

2. 消毒技术及设备类型选择方法

供水规模在 200 m^3/d 以上的农村集中供水工程优先选择次氯酸钠或二氧化氯消毒技术及设备,以保证管网末梢消毒效果达标。

原水水质较好、pH 不超过 8.0 时,可选择次氯酸钠消毒技术,优先选用现场发生制备次氯酸钠溶液的次氯酸钠发生器,其原料是食盐,价格低、采购方便,且运行成本低。

原水 pH 超过 8.0,或水质较差、需要氧化处理时,可选择二氧化氯消毒技术。设备类型选择的建议:中小型农村供水工程,优先选用二元法高纯型二氧化氯发生器,主要具有设备内部结构简单、反应无须加热、产物纯度高的优点;对于规模较大的农村供水工程,可选用产品性能好、运行成本相对较低的复合型二氧化氯发生器或三元法高纯型二氧化氯发生器。建议购置消毒设备时由供应厂家向供水工程提供原料或有稳定可靠的原料采购渠道。

供水管网较短的农村小型集中供水及分散供水工程可选择紫外线、臭氧消毒,或成品消毒剂(次氯酸钠、次氯酸钙等)投加方式消毒:

①当供水规模在 200 m^3/d 以下时,如当地能采购到符合《次氯酸钠溶液》(GB 19106—2013)标准的商品次氯酸钠溶液,可优先采用次氯酸钠溶液投加装置,简便实用。

②边远山区、管理条件差的水厂,可优先选用次氯酸钙及其投加装置。

③供水管网最远端末梢距离水厂不超过 1.2 km 时,可优先选用紫外线消毒设备,例如农村学校等。但由于紫外线消毒对于原水水质要求高,且无持续消毒效果,建议选用前对原水的透光率和可生物同化有机碳进行测试,建议在原水透光率较高(90% 以上)、生物可同化有机物较低(含量在 180 μg/L 以下)时选用。

④原水溴离子浓度较低、pH 较低、管网较短、采用塑料管材、能接受较高运行成本的单村供水工程可选用臭氧消毒设备。选用前对原水的溴离子和耗氧量指标进行检测:当溴离子含量大于 20 μg/L(质量浓度,下同)时,建议先进行臭氧投加试验检测副产物溴酸

盐生成情况;当耗氧量大于 3 mg/L(质量浓度,下同),应注意检测卤代有机消毒副产物。

(1)次氯酸钠消毒设备选择。

用于饮水消毒的次氯酸钠消毒设备包括现场发生型和溶液型。

①次氯酸钠发生器。食盐水电解常用于小型装置现场生产供消毒使用。

食盐水的含量一般为 3% ~ 5%。在食盐水电解过程中,阴极生成氢氧化钠和氢气,阳极生成氯气。氯气和氢氧化钠发生反应可能生成含有 0.8%(质量分数)有效氯的次氯酸钠溶液。食盐水浓度高可降低电解电压,减少耗电量和延长电极的寿命,但食盐的利用率会降低,电极一般采用钛材料制造。阳极的防腐要求更高,最好用镀铂电极,电解槽要设有排除氢气的装置,电解槽体可用聚氯乙烯材料制造。为了提高电解效率,可采用隔膜电解法。

次氯酸钠发生系统是一套全面、完备、高效的次氯酸钠现场制备及投加系统。发生系统需包括食盐水配水装置、发生装置、存贮及投加装置、清洗装置,部分发生器可采用全自动控制装置。电解装置是次氯酸钠发生器的核心设备。

食盐水配水装置:自来水进水经软水器软化后,水中的钙、镁离子被去除,生成软化水。一部分软化水进入软化水箱存贮,为次氯酸钠发生器提供稀释水;另一部分软化水进入溶盐箱溶解食盐,成为饱和食盐水。饱和食盐水经计量泵与稀释水精确配水混合,进入次氯酸钠发生器。

发生装置:在次氯酸钠发生器中,质量分数为 3% 的食盐水或海水通过电解反应生成次氯酸钠溶液。

存贮及投加装置:发生器产生的次氯酸钠溶液输送至次氯酸钠储罐存储,鼓风机连续将储罐内氢气吹脱稀释,达到安全浓度后排放。次氯酸钠溶液按所需量由耐腐蚀计量泵输送至加药点。

清洗装置:耐腐蚀泵从酸箱中吸取酸溶液,定期对次氯酸钠发生器电极进行清洗,保持设备正常运行。

全自动控制装置:系统所有装置由控制柜集中准确控制,是系统安全、高效运行的指挥中心和控制中心。

次氯酸钠消毒设备选型需根据所需处理的水质状况,选择恰当的投加量。根据水体流量的大小,经计算后即可得出所需设备产率,从而确定相应的设备型号。计算公式为

$$L = 10^{-3}kQ \tag{7.1}$$

式中　　L——设备产率,kg/h;

　　　　Q——处理水流量,m³/h;

　　　　k——投加量,mg/L,自来水消毒杀菌时投加量一般为 1 ~ 3 mg/L。

根据计算结果与消毒设备的铭牌数据比对情况进行选择。

②次氯酸钠溶液。次氯酸钠溶液为无色或淡黄色的水溶液,含有效氯 10% ~ 15%(质量分数,下同),密度为 1.075 ~ 1.205 kg/L。次氯酸钠溶液应避光保存。当气温低于 25 ℃ 时每天损失有效氯 0.1 ~ 0.15 mg/L(质量浓度,下同),而气温超过 30 ℃ 时每天要损失有效氯 0.3 ~ 0.7 mg/L。一般储存温度不应超过 29.4 ℃。

次氯酸钠溶液消毒法采用的设备是由存储器和计量泵组成的简易的消毒设备,其中

储存器是盛放次氯酸钠溶液的装置,使用时应注意避光、控温;计量泵是控制消毒剂投加量的计量装置,将次氯酸钠溶液泵入供水系统。

(2)二氧化氯消毒设备选择。

化学法二氧化氯发生器一般由以下格式组成,XXX-YXL-EYHL,其中 XXX 指发生器型号,YXL 指额定的有效氯产量,EYHL 指额定的二氧化氯产量。根据原水水质,设计用二氧化氯消毒后确定有效氯的投加量(g/m³,质量浓度,下同),然后计算所需发生器每小时最大的有效氯需耗量(Cl),计算公式为

$$Cl = \frac{Q}{24}A\varepsilon \tag{7.2}$$

式中　Q——日供水量,m³/d;

　　　A——投加量,g/m³;

　　　ε——供水时变化系数。

设备选型时还需考虑部分预留余量,在此基础上选择适宜发生量的发生器。消毒设备厂家应在设备明显位置标明产品性能、使用步骤、使用注意事项及维护要点等信息。

采购二氧化氯消毒设备时,应注意查看设备是否标明高纯型或复合型,此外还应符合国家现行的有关标准。对于复合型二氧化氯发生器,应符合《化学法复合二氧化氯发生器》(GB/T 20621—2006)和《化学法二氧化氯消毒剂发生器》(HJ/T 272—2006);同时,应具有加热反应和残液分离等功能;出口溶液中二氧化氯与氯气的质量比应不小于 0.9,二氧化氯收率应不小于 55%。对于化学法高纯型二氧化氯发生器,出口溶液中二氧化氯含量不小于 95%,二氧化氯收率应不小于 70%。

原料应符合《工业氯酸钠》(GB/T 1618—2018)、《工业合成盐酸》(GB 320—2006)、《工业亚氯酸钠》(HG/T 3250—2023)、《工业硫酸》(GB/T 534—2014)、《柠檬酸》(GB/T 8269—2006)等相关标准的规定。严禁使用废酸,尤其是含有有机物、油脂及氢氟酸的工业副产酸。

(3)紫外线消毒设备选型。

①选型时应先了解原水水质的透光度和所需最大处理水量,并计算出达到杀菌指标所需的最小剂量,然后根据选型表选择适当型号。

②根据实际供水人数,按照人均用水标准计算出最大供水量,在最大供水量基础上增加 20% 的供水额度。

③在用水周期有规律的供水系统中,可选择使用带有定时器的紫外线消毒设备,以节约能耗和延长灯管的使用寿命。为保证杀菌效果,当紫外线灯累计工作时间接近额定工作时间 8 000 h 时,应及时更换灯管。

④紫外线 C 的杀菌效果取决紫外线的剂量(dose)。紫外线剂量取决于紫外线强度和光照射时间,即

$$D = I_{avg}S \tag{7.3}$$

式中　D——剂量,μWs/cm²;

　　　I_{avg}——紫外线强度,μW/cm²;

　　　S——光照射时间,s。

$$S = V_d V_i \tag{7.4}$$

式中 S——光照射时间,h;

V_d——杀菌壳体有效容积,m^3;

V_i——最大设计过水流量,kg/s。

紫外线强度计算要是只考虑单根灯管的直射线,就比较容易些;如果考虑多根灯管的多重反射,其紫外线强度计算非常复杂。目前还没有找到权威的光强度计算方法(美国环保署有一个非常长的计算公式)。

《城市给排水紫外线消毒设备》(GB/T 19837—2019)中规定,饮用给水需要的紫外线剂量不应低于 40 mJ/cm^2。

⑤紫外线灯。目前,小型紫外线消毒装置常用的紫外线灯包括低压低强汞灯、低压高强汞灯等。紫外线消毒常用低压汞灯的主要参数见表7.7。

表7.7 紫外线消毒常用低压汞灯的主要参数

参数	低压低强灯	低压高强灯
辐射波长/nm	253.7	253.7
灯功率消耗/W	15 ~ 70	120 ~ 260
灭菌段功率占总功率比例/%	30 ~ 40	30 ~ 40
工作温度/℃	30 ~ 40	100
灯管寿命/h	8 000 ~ 12 000	8 000 ~ 12 000

紫外线灯管和套管都应选择以天然水晶为原料的石英玻璃,其价格虽然比普通的高硼砂玻璃贵数倍,但其紫外线 C(波长 253.7 nm)穿透率大于85%,而高硼砂玻璃穿透率小于50%。

农村饮用水中常用的紫外线消毒设备参数见表7.8。

表7.8 农村饮用水中常用的紫外线消毒设备参数

参数	单位	10 W	40 W	80 W	2×80 W	4×80 W
最大产水速度	t/h		2.5	5	10	20
电源	二相交流电		220 V,50 Hz			
最大承压	MPa	0.6	≥1			
外形尺寸 (长×宽×高)	cm	35×14×8	95×9×80	95×12×80	95×16×80	95×22×80
净重	kg	3	≈10	≈12	≈15	≈20
适用		家用	学校、单村及联村,小集镇			

在紫外线消毒设备选型时还应注意以下事项:

①过流压力式紫外线杀菌设备中的紫外线灯管产生的灯光,对于未经保护的眼睛和皮肤都会造成严重的灼伤,因此切勿直接注视点亮的紫外线灯或让皮肤暴露在这种灯光

下。

②在对紫外线消毒设备进行检修和清洁时,应先将设备电源切断。

③过流压力式紫外线消毒设备初次使用时,应带水运作 5 ~ 8 min,以便清除筒体内的空气及杂质,并使紫外线灯管达到正常的工作状态。

④为保证杀菌效果,当紫外线灯累计工作时间接近额定工作时间 8 000 h 时,应及时更换灯管。

⑤在山区安装使紫外线消毒设备时,应注意做好防雷电措施。

(4)臭氧消毒设备选择。

①对于臭氧发生器,可选用电晕放电法或电解纯水法的发生器;选择电晕放电法臭氧发生器时,应有制氧装置。

②设备型号及规格:首先要符合《环境保护产品技术要求　臭氧发生器》(HJ/T 264—2006)的要求;其次,根据供水量及供水水质对臭氧的消耗试验或参照类似水厂的经验确定,无条件时也可按 0.3 ~ 0.6 mg/L 的投加量(质量浓度,下同)确定。

③所有与臭氧气体或溶解有臭氧的水体接触的材料必须耐腐蚀。

④臭氧接触罐内应设导流墙,水流应采用竖向流。臭氧接触罐设在室内时,应全密闭;罐顶应设自动排气阀及臭氧尾气管,臭氧尾气管应通向室外偏僻无人的安全部位或通向专设的臭氧尾气吸收装置。

⑤臭氧接触罐内应设自动水位计,根据池(罐)水位臭氧发生器及臭氧投加系统应与来水水泵机组联动。

⑥在供水泵的出水管上投加臭氧水时,投加泵的扬程要高于供水泵扬程。

3. 消毒设备规格确定

农村供水工程选用消毒设备时,可根据日供水量、日供水时间、供水时变化系数、消毒剂投加量计算所需设备的产量,选择合适规格的消毒设备。所需设备产量(L)的通用计算公式为

$$L = \frac{Q}{T} A\varepsilon \tag{7.5}$$

式中　Q——日供水量,m^3/d;

　　　T——日供水时间,h;

　　　A——消毒剂投加量,g/m^3;

　　　ε——供水时变化系数。

关于消毒剂投加量,理论上应取供水工程水处理后、消毒前的进入清水池的水进行消毒剂消耗试验,根据试验结果确定。选择发生器额定消毒剂产量大于等于计算出的所需产量的发生器型号即可,不宜过大。

(1)次氯酸钠消毒设备规格确定。

采用通用计算公式计算所需次氯酸钠消毒设备的产量,由于在供水工程设计阶段,开展消毒剂消耗试验可能比较困难,消毒剂投加量可按 1 ~ 2 mg/L 考虑。选择发生器额定有效氯产量大于等于计算出的所需产量。

(2)二氧化氯消毒设备规格确定。

采用通用计算公式计算所需二氧化氯消毒设备的产量,由于在供水工程设计阶段,开展消毒剂消耗试验可能比较困难,消毒剂投加量可按 1 mg/L 考虑。选择发生器额定二氧化氯产量大于等于计算出的所需产量。如果发生器未标注额定二氧化氯产量,仅标注额定有效氯产量,可将发生器有效氯产量的 1/3 折算为二氧化氯产量后,选择合适规格的二氧化氯发生器。

(3)紫外线消毒设备规格确定。

农村供水工程选用紫外线消毒设备规格时,应先确定水泵(或管道)的最大流量,然后可按表 7.9 选择紫外线灯功率,以确保过流水中紫外线有效剂量不低于 40 mJ/cm^2。

表 7.9　水泵(或管道)最大流量与紫外线灯功率选择的关系

水泵(或管道)最大流量/($m^3 \cdot h^{-1}$)	2.5	5	10	20
紫外线灯功率/W	40	80	2×80	4×80

(4)臭氧消毒设备规格确定。

采用通用计算公式计算所需臭氧消毒设备的产量,由于在供水工程设计阶段,开展消毒剂消耗试验可能比较困难,消毒剂投加量可按 0.3 ~ 0.6 mg/L 考虑。选择发生器额定二氧化氯产量大于等于计算出的所需产量。

7.5.2　消毒设备采购

确定设备的类型及规格后,需要选择合格的产品,注意事项包括:消毒设备采购应遵循招投标程序,选择技术实力强、产品性能佳、售后服务好的设备生产厂家;现场发生的消毒设备应取得涉水产品卫生许可批件,优先选用行业主管部门推荐或经过水利行业产品认证的产品;有质量监督部门的质量检测报告,产品或其关键部件符合相关技术标准要求;设备类型及规格、性能标识清楚,产品说明书、操作规程及维护要点等配套齐全。

1. 各类消毒设备评价标准

供水工程建设单位在采购消毒设备时,需要注意各种类型的消毒设备应符合的技术标准和要求,具体如下:

(1)次氯酸钠发生器。

应符合《环境保护产品技术要求　电解法次氯酸钠发生器》(HJ/T 258—2006)、《次氯酸钠发生器卫生要求》(GB 28233—2020)的要求。

发生器阳极不得采用石墨电极和二氧化铅涂层,阳极寿命强化试验失效时间不小于 15 h。每生产 1 kg 有效氯,交流电耗不大于 7 kW·h,盐耗不大于 4 kg/kg(质量比)。次氯酸钠溶液储液箱的有效容积应大于设备满负荷运行 4 h 所产生的次氯酸钠溶液体积。储药箱中的次氯酸钠溶液有效氯含量应达到 0.7% ~ 0.8%;重金属的含量(质量浓度,下同)铅(Pb)不大于 0.05 mg/L、铜(Cu)不大于 1.0 mg/L、镉(Cd)不大于 0.01 mg/L。

（2）二氧化氯发生器。

应符合《二氧化氯消毒剂发生器 安全与卫生标准》（GB 28931—2012），复合型二氧化氯发生器还应遵循《化学法复合二氧化氯发生器》（GB/T 20621—2006）、《环境保护产品技术要求 化学法二氧化氯消毒剂发生器》（HJ/T 272—2006）的要求。

复合型二氧化氯发生器反应釜应采用聚四氟乙烯或钛材，不能采用聚氯乙烯（PVC）、硬聚氯乙烯（UPVC）等材料，反应釜加热温度应能达到 70 ℃，设备具有残液分离功能，出口溶液中二氧化氯与氯气的质量比应不小于 0.9，二氧化氯收率应不小于 55%。对于高纯型二氧化氯发生器，出口溶液中二氧化氯含量应不小于 95%，二氧化氯收率应不小于 70%。

（3）紫外线消毒设备。

应符合《生活饮用水紫外线消毒器》（CJ/T 204—2000）、《城市给排水紫外线消毒设备》（GB/T 19857—2005）的要求；此外，紫外线灯及整流器应分别符合《紫外线杀菌灯》（GB 19258—2003）、《管型荧光灯用交流电子整流器 一般要求和安全要求》（GB 15143—1994）。

紫外线灯管和套管都应是以天然水晶为原料的石英玻璃，不能是普通高硼砂玻璃，紫外线灯管平均寿命不小于 5 000 h，紫外线 C（波长 253.7 nm）穿透率应不小于 85%。设备的控制应与供水水泵机组联动，最好能对石英套管进行清洗、记录累计开机时间。

（4）臭氧消毒设备。

应符合《水处理用臭氧发生器》（CJ/T 322—2010）、《环境保护产品技术要求 臭氧发生器》（HJ/T 264—2006）、《臭氧发生器安全与卫生标准》（GB 28232—2011）的要求。

发生器的出气含量不小于 8 mg/L，放电方式最好是间隙放电式而非开放式，冷却剂最好是水而非空气，每生产 1 kg 臭氧的冷却水消耗量不大于 1.5×10^3 kg。发生器寿命不小于 20 000 h；无故障工作时间累计不小于 8 000 h。发生器尾气不得直接排放，处理后排放的臭氧含量不大于 0.16 mg/m³（质量浓度，下同）。

2. 消毒设备到货后的验货

验货人员首先应检查设备铭牌、标识及产品说明信息是否规范和齐全：次氯酸钠发生器应标明有效氯产量；二氧化氯发生器应标明类型（复合型还是高纯型）、产量、原料要求等；紫外线消毒设备应标明处理水量、紫外线灯管使用寿命等。臭氧消毒设备应标明类型（电晕放电法还是电解纯水法）和产量等。所有产品都应配有产品说明书、操作规程（包括日常维护及安全使用注意事项）、售后服务承诺等。

供水规模较大和管理条件较好的供水工程具备条件时，可对消毒设备性能进行验证。如采用次氯酸钠发生器，观察次氯酸钠溶液储药箱中的次氯酸钠溶液是否清澈透明，检测有效氯含量能否达到 0.7% ~ 0.8%。如采用复合型二氧化氯发生器，检测发生器出口溶液中二氧化氯与氯气的质量比能否达到 0.9 以上。

（1）次氯酸钠发生器。

发生器不得采用石墨电极和二氧化铅涂层阳极。次氯酸钠溶液储液箱的有效容积应大于设备满负荷运行 4 h 所产生的次氯酸钠溶液体积。

产量不大于 50 g/h 的次氯酸钠发生器性能要求见表 7.10。

表 7.10　产量不大于 50 g/h 的次氯酸钠发生器性能要求

性能指标	单位	合格标准	试验方法
电流效率	%	≥60	
直流电耗	(kW·h)/kg	≤6.5	
交流电耗	(kW·h)/kg	≤10	按照《次氯酸钠发生器》（GB 12176—1990）
盐耗	kg/kg	≤6.0	
阳极寿命强化试验失效时间	h	≥15	

产量大于 50 g/h 的次氯酸钠发生器性能要求见表 7.11。

表 7.11　产量大于 50 g/h 的次氯酸钠发生器性能要求

性能指标	单位	合格标准	试验方法
电流效率	%	≥60	
直流电耗	(kW·h)/kg	≤6.5	
交流电耗	(kW·h)/kg	≤10	按照《次氯酸钠发生器》（GB 12176—1990）
盐耗	kg/kg	≤6.0	
阳极寿命强化试验失效时间	h	≥15	

（2）二氧化氯发生器。

发生器的设计、材料、制造均应符合国家标准；发生器的故障报警、安全保护措施、外观要求符合《化学法复合二氧化氯发生器》（GB/T 20621—2006）；计量装置连续工作不低于 8 000 h，环境温度为 5 ~ 40 ℃。二氧化氯发生器性能要求见表 7.12。

表 7.12　二氧化氯发生器性能要求

项目	指标
产量波动范围	额定值±15%
二氧化氯纯度	高纯型二氧化氯消毒剂发生器不小于85%
二氧化氯与氯气的质量比	复合型二氧化氯消毒剂发生器不小于0.9
无分离装置时二氧化氯收率	高纯型二氧化氯消毒剂发生器不小于75%
	复合型二氧化氯消毒剂发生器不小于60%
饮水消毒加分离器时二氧化氯收率	高纯型二氧化氯消毒剂发生器不小于70%
	复合型二氧化氯消毒剂发生器不小于55%

（3）紫外线消毒器。

紫外线消毒灯的技术、安全、外形尺寸均应符合国家标准；发生器的启动参数、杀菌灯功率、辐射通量、辐射照度要求符合《紫外线消毒器卫生要求》（GB 28235—2020）；平均寿命不低于 5 000 h，2 000 h 或 70% 额定寿命时辐射通量不低于 85% 和 70%。

（4）臭氧发生器。

臭氧发生器中各电气绝缘零部件应符合高压绝缘性能和结构的要求；处于辉光放电、臭氧氧化环境中的绝缘零部件还应符合《医用电气设备第 1 部分：基本安全和基本性能的通用要求》（GB 9706.1—2020）。

臭氧发生器各部件在正常使用条件下不得出现漏气、漏水现象。

以水为冷却剂的发生器，生产每千克臭氧的冷却水消耗量不应超过 1.5×10^3 kg。

发生器寿命应不小于 20 000 h；无故障工作时间累计应不小于 8 000 h。

发生器尾气不得直接排放，可通过尾气处理排放或循环回收利用技术解决，处理后排放臭氧含量规定不大于 0.16 mg/m³。

7.5.3　消毒设备选择与示范应用

本节以水利科技推广项目"农村饮水安全消毒集成技术的推广应用"中示范工程选取消毒技术和设备的过程为例，首先简述了消毒设备生产企业的筛选过程，而后介绍示范工程在消毒技术及设备选取等环节的具体做法，并总结分析了示范工程最终选取的消毒技术及设备总体情况。

1. 消毒设备选择

（1）消毒设备生产企业选择条件和方法（步骤）。

在参加"十一五"国家科技支撑课题"农村安全供水消毒技术与装置开发"研究的消毒设备生产企业名单基础上，组织召开了消毒技术交流会，有近 20 家消毒设备生产企业参加，结合业内有关专家评价，初步选择了 11 家消毒设备生产企业作为推广项目示范工程选择购置消毒设备的备选企业。为深入掌握企业生产能力、技术实力和消毒设备性能，聘请有关专家对初选的 11 家企业进行了工厂考察和工程应用现场验证。在工厂考察环节：主要通过企业介绍和座谈了解企业的技术来源、主要产品类型和规格、产品性能与特色、企业和产品的资质情况；查看第三方检测机构提供的产品或主要部件的性能检验报告；查看企业主要购销合同，了解设备主要原材料供应商，了解企业既往销售业绩；通过厂区考察实地调查企业生产能力和生产线技术水平，掌握企业的生产管理和产品质量控制环节操作方法，了解企业研发能力和产品自检能力。在工程应用现场验证环节：实地调研 2~3 处应用企业产品的供水工程，通过与供水工程运行管理人员座谈了解消毒效果稳定性、设备电气性能稳定性、操作和管理方便程度、实际运行成本、厂家的售后服务情况；查看供水工程的水质检验报告（一般由当地疾病预防控制中心检验），重点关注出厂水及末梢水的微生物学指标和消毒副产物指标，以确定设备的消毒效果；用自行携带的便携式消毒剂余量检测设备对出厂水和末梢水消毒剂余量进行检测，复核确认消毒设备的运行效果。

（2）消毒设备生产企业选择结果。

经过上述步骤的筛选，最终选择了 6 家实力强、设备性能先进可靠、有良好合作意愿的合作企业，为示范工程建设提供设备保障，将这些企业按生产的消毒设备类型划分，可分为三类，包括次氯酸钠消毒设备生产企业、二氧化氯消毒设备生产企业、紫外线及缓释消毒设备生产企业，每种类型各 2 家。其中臭氧消毒因为成本较高，且多数农村供水工程无法检测臭氧浓度，经统筹考虑未推荐臭氧消毒设备，但如果示范工程当地结合农村饮水安全工程建设任务已经选择了臭氧消毒设备，则予以保留并考察其运行效果。以下简要介绍三类消毒设备生产企业及产品性能。

①次氯酸钠消毒设备生产企业。包括上海赛一水处理科技股份有限公司、重庆亚太水工业科技有限公司。上海赛一水处理科技股份有限公司主要在电解和水环境领域开展研发、制造、销售、设计、采购、安装、调试、服务,其面向农村供水工程供应的消毒设备主要是 NT-C、NT-PC、NT-PD 系列电解食盐水次氯酸钠发生器,分别为全自动连续式运行、手动间歇式运行和全自动间歇式运行模式,采用的是无隔膜电解次氯酸钠发生工艺,因原料是普通精制食盐和水,产物为 0.8%(质量分数,下同)的次氯酸钠溶液,因而安全性较高。设备可全自动运行,无需人工值守,食盐每 1~3 d 添加 1 次,设备产生的有效氯含量为 6.0~9.0 g/L,盐耗为 3.5 kg/kg,电耗为 5.0(kW·h)/kg。重庆亚太水工业科技有限公司的产品及服务涉及一体化净水器、次氯酸钠消毒设备、水质在线监测设备、水库水治理、地下水污染处理、污水再生回用、水处理药剂开发等领域,其向农村供水工程供应的消毒设备主要是 LMN 系列次氯酸钠发生器,包括自动型、手动型及便携式三种。

②二氧化氯消毒设备生产企业。包括北京天绿恒力科技有限公司、深圳欧泰华环保技术有限公司。北京天绿恒力科技有限公司主要生产二元法高纯型二氧化氯发生器和稳定型二氧化氯固体制剂投加装置,其高纯型二氧化氯发生器产物中二氧化氯含量可达到 95% 以上,二氧化氯收率可达 75% 以上,通过远程监控、定比投加、液位调整、计量泵故障自动诊断等可实现高纯度二氧化氯安全精准的投加。深圳欧泰华环保技术有限公司主要生产复合型二氧化氯发生器,也生产高纯型二氧化氯发生器,其面向农村供水工程供应的复合型二氧化氯发生器根据控制系统的不同可分为数字系列、单片机系列、PLC 系列,原料转化率不小于 75%,二氧化氯收率不小于 65%。

③紫外线及缓释消毒设备生产企业。包括广西绿康环保有限公司、天津云鹏环保科技开发有限责任公司。广西绿康环保有限公司主要从事净水设备与水处理消毒设备的设计、生产、制造、销售及服务,其面向农村供水工程供应的主要产品包括简易浸泡式次氯酸钙投加装置、紫外线消毒设备等。天津云鹏环保科技开发有限责任公司从事环境保护技术的研究与创新和生产水处理设备,并承接水处理工程,其面向农村供水工程供应的主要产品包括紫外线消毒设备等。

(3)消毒技术示范工程选点。

结合农村供水消毒现状调研的情况,在全国选择了陕西、四川、湖北、江西、河北、辽宁等省作为试点工程建设省,在每个省选择有条件开展消毒技术应用验证的市(县)作为试点,最终确定试点县为辽宁省黑山县、河北省灵寿县、陕西省洛川县、四川省邛崃市、湖北省潜江市和孝昌县、江西省新建县。在每个市(县)选择适宜进行试点建设的工程作为试点工程,选择的原则是原来未安装消毒设备,或消毒设备因陈旧和故障不能正常运行的,且工程具有专人管理,能保障试点设备正常运行维护的,兼顾集中与分散供水工程。

(4)示范工程消毒设备选择和建设。

在消毒设备生产企业和示范工程选点完成的基础上,开展示范工程消毒设备选择的具体工作。对现有消毒设备合格或基本合格的,使其正常运行并进行设备稳定性和可靠性检测,予以保留;对没有消毒设备或消毒设备不合格的示范工程分别进行增设和设备升级改造或更换。按照本章 7.4 节所述的选择方法,结合各个工程需要更换或新增消毒设备示范工程的供水规模、水源类型、原水水质特点、管理条件、水处理效果、有无清水池等情况,筛选出适宜的消毒技术类型和设备类型;同时统筹考虑各示范市(县)的地区特点和要求,并兼顾次氯酸钠、二氧化氯、紫外线、臭氧及缓释消毒等不同技术类型,使示范工程具有代表性和多样性。消毒设备规格的确定也按照本章 7.5 节相关内容确定,在听取吸收示范市(县)水务(利)局和省水利厅主管部门的意见后,确定各示范市(县)消毒设备选型方案。最后,按照本章 7.6 节内容完成消毒设备的采购、到货验收和安装调试,确保消毒设备正常运行和消毒效果达标。

2. 示范工程应用

最终建成的 94 处农村供水消毒技术试点工程包括 30 处规模化供水消毒技术试点工程和 64 处小型集中供水消毒技术试点工程,具体情况如下。

(1)规模化供水消毒技术试点工程。

30 处规模化供水消毒技术试点工程的地理分布情况为:湖北省潜江市有 8 处,占工程总数量的 26.67%;四川省邛崃市有 7 处,占工程总数量的 23.33%;陕西省洛川县有 6 处,占工程总数量的 20.00%;江西省新建县有 4 处,占工程总数量的 13.33%;河北省灵寿县有 3 处,占工程总数量的 10.00%;辽宁省黑山县有 2 处,占工程总数量的 6.67%。规模化供水消毒技术试点工程地域分布图如图 7.10 所示。

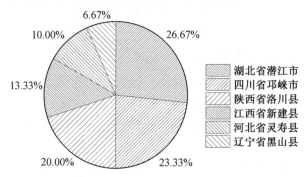

图 7.10　规模化供水消毒技术试点工程地域分布图

30 处规模化供水消毒技术试点工程的供水规模情况为:1 处 Ⅰ 型供水工程(供水规模不小于 10 000 m³/d),占工程总数量的 3.33%;3 处 Ⅱ 型供水工程(供水规模为 5 000 ~ 10 000 m³/d),占工程总数量的 10.00%;26 处 Ⅲ 型供水工程(供水规模为 1 000 ~ 5 000 m³/d),占工程总数量的 86.67%。规模化供水消毒技术试点工程供水规模图如图 7.11 所示。

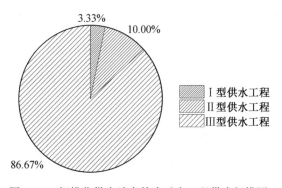

图 7.11　规模化供水消毒技术试点工程供水规模图

30 处规模化供水消毒技术试点工程的水源情况为:13 处供水工程以地下水为水源,占工程总数量的 43.3%;17 处供水工程以地表水为水源,占工程总数量的 56.7%。

30 处规模化供水消毒技术试点工程的水处理设备类型情况为:4 处供水工程无水处理设备,是以地下水为水源,占工程总数量的 13.33%;26 处供水工程有水处理设施,占工程总数量的 86.67%。在有水处理设施的 26 处供水工程中,采用混凝-沉淀-过滤常规水处理的供水工程有 8 处,占工程总数量的 26.67%;采用一体化处理设备的供水工程有 10处,占工程总数量的 33.33%;采用除铁、锰净化设备的供水工程有 6 处,占工程总数量的20.00%;采用慢滤的供水工程有 1 处,采用曝气-过滤工艺的供水工程有 1 处,均占工程总数量的 3.33%。规模化供水消毒技术试点工程水处理设备类型图如图 7.12 所示。

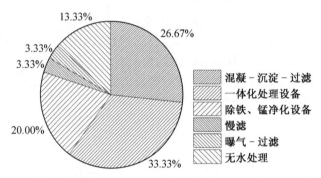

图 7.12　规模化供水消毒技术试点工程水处理设备类型图

30 处规模化供水消毒技术试点工程的清水池情况为:29 处供水工程有清水池,占工程总数量的 96.7%。清水池容积超过实际日供水规模 40% 的工程有 14 处,占有清水池工程的 48.3%。

30 处规模化供水消毒技术试点工程的消毒技术及设备选型方案为:采用次氯酸钠消毒设备的供水工程有 10 处,占工程总数量的 33.33%;采用化学法二氧化氯消毒设备的供水工程共有 20 处,其中采用高纯型二氧化氯的工程有 7 处,复合型二氧化氯的工程有13 处,分别占二氧化氯工程数量的 35% 和 65%。规模化供水消毒技术试点工程消毒设备类型图如图 7.13 所示。

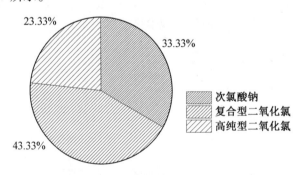

图 7.13　规模化供水消毒技术试点工程消毒设备类型图

规模化供水消毒技术试点工程情况统计结果见表 7.13。

表 7.13　规模化供水消毒技术试点工程情况统计结果

序号	省（市，县）	水厂名称	设计供水规模 /(m³·d⁻¹)	实际供水规模 /(m³·d⁻¹)	供水人口 /人	水源类型	水处理设备类型	清水池 /m³	消毒设备类型	消毒设备规格	设备厂家
1	陕西省洛川县	老庙水厂	1 480	902	25 756	地表水	一体化净水器	800	次氯酸钠	NT-C-200	上海赛—水处理科技股份有限公司
2	陕西省洛川县	杨舒水厂	1 300	504	14 385	地表水	一体化净水器	800		NT-C-200	
3	陕西省洛川县	吴家河水厂	1 480	954	27 250	地表水	一体化净水器	200		TLS-BD2-200	
4	陕西省洛川县	两水河水厂	1 200	344	9 820	地表水	一体化净水器	400	高纯型二氧化氯	TLS-BD2-200	北京天绿恒力科技有限公司
5	陕西省洛川县	土基水厂	1 170	647	18 469	地表水	一体化净水器	300		TLS-BD2-200	
6	陕西省洛川县	石头水厂	1 070	592	16 915	地表水	一体化净水器	1 000		TLS-BD2-200	
7	湖北省潜江市	丛家水厂	2 000	1 500	15 000	地表水	混凝-沉淀-过滤	600	次氯酸钠	NTC-100	上海赛—水处理科技股份有限公司
8	湖北省潜江市	火港水厂	1 000	800	12 000	地表水	混凝-沉淀-过滤	600		NT-C-100	

续表 7.13

序号	省(市、县)	水厂名称	设计供水规模 /(m³·d⁻¹)	实际供水规模 /(m³·d⁻¹)	供水人口 /人	水源类型	水处理设备类型	清水池 /m³	消毒设备类型	消毒设备规格	设备厂家
9	湖北省潜江市	前湖水厂	1 000	700	12 000	地下水	曝气-过滤	138	次氯酸钠	NT-C-200	上海赛一水处理科技股份有限公司
10	湖北省潜江市	龙湾水厂	5 000	4 000	45 000	地下水	混凝-沉淀-过滤	1 000		TLS-BD2-200	北京天绿佰力科技有限公司
11	湖北省潜江市	老新水厂	2 000	1 000	20 000	地表水	混凝-沉淀-过滤	400	高纯型二氧化氯	TLS-BD2-200	
12	湖北省潜江市	五里碑水厂	1 000	1 000	7 300	地下水	一体化净水器	200	二氧化氯	TLS-BD2-200	
13	湖北省潜江市	新台水厂	1 000	1 000	12 000	地表水	混凝-沉淀-过滤	400		TLS-BD2-200	
14	湖北省潜江市	高场水厂	1 000	800	6 500	地下水	一体化净水器	300	复合型二氧化氯	OTH2000-200	深圳欧泰华环保技术有限公司
15	四川省邛崃市	油榨水厂	1 100	380	3 200	地表山溪水	慢滤	300	次氯酸钠	SYZ-WL-100gⅣ	重庆亚太水工业科技有限公司
16	四川省邛崃市	通泉水厂	6 500	4 000	17 000	地下水	除铁、锰净水设备	800	复合型二氧化氯	HEF-300	成都新雄鑫净化工程有限公司

续表 7.13

序号	省（市、县）	水厂名称	设计供水规模 /(m³·d⁻¹)	实际供水规模 /(m³·d⁻¹)	供水人口 /人	水源类型	水处理设备类型	清水池 /m³	消毒设备类型	消毒设备规格	设备厂家
17	四川省邛崃市	兴贤水厂	2 200	1 000	6 000	地下水	除铁、锰净水设备	800	复合型二氧化氯	HEF-300	成都新雄鑫净化工程有限公司
18	四川省邛崃市	固驿水厂	2 000	1 700	12 000	地下水	除铁、锰净水设备	600		HEF-100	深圳欧泰华环保技术有限公司
19	四川省邛崃市	夹关水厂	1 600	1 300	11 000	地下水	除铁、锰净水设备	600	—	OTH2000-200	深圳欧泰华环保技术有限公司
20	四川省邛崃市	火井水厂	1 200	400	5 400	地表山溪水	一体化净水器	550	—	HEF-300	成都新雄鑫净化工程有限公司
21	四川省邛崃市	卧龙水厂	1 200	1 100	7 500	地下水	除铁、锰净水设备	300	—	HEF-300	
22	河北省灵寿县	南纪城联村水厂	1 200	500	15 000	地下水	无水处理	200	次氯酸钠	NT-C-200	上海赛一水处理科技股份有限公司
23	河北省灵寿县	北洼水厂	1 200	1 000	20 000	地下水	无水处理	300	高纯型二氧化氯	TLS-BD2-200	北京天绿恒力科技有限公司

续表 7.13

序号	省(市,县)	水厂名称	设计供水规模 /(m³·d⁻¹)	实际供水规模 /(m³·d⁻¹)	供水人口 /人	水源类型	水处理设备类型	清水池 /m³	消毒设备类型	消毒设备规格	设备厂家
24	河北省 灵寿县	南寨联村水厂	1 200	900	17 000	地下水	无水处理	300	高纯型 二氧化氯	TLS-BD2-200	北京天绿恒力 科技有限公司
25	辽宁省 黑山县	北五台水厂	2 328	306	8 401	地下水 (78 m)	无水处理	—	次氯酸钠	100 g/h	上海赛— 水处理科技 股份有限公司
26	辽宁省 黑山县	小东水厂	1 410	178	6 300	地表水	无水处理	200	高纯型 二氧化氯	TLS-BD2-200	北京天绿 恒力科技 有限公司
27	江西省 新建县	石岗水厂	5 000	1 100	10 000	地表水	混凝-沉淀- 过滤	1 000	次氯酸钠	150g/h	重庆亚太水工业 科技有限公司
28	江西省 新建县	联圩水厂	1 000	302	3 800	地表水	一体化净水器	200	次氯酸钠	NT-C-100	上海赛— 水处理科技 股份有限公司
29	江西省 新建县	生米水厂	20 000	1 000	6 000	地表水	混凝-沉淀- 过滤	3 000	高纯型 二氧化氯	TLS-BD2-1000	北京天绿 恒力科技 有限公司
30	江西省 新建县	乐化水厂	2 000	1 260	10 000	地表水	混凝-沉淀- 过滤	200	高纯型 二氧化氯	TLS-BD2-100	北京天绿 恒力科技 有限公司

（2）小型集中供水消毒技术试点工程。

64 处小型集中供水消毒技术试点工程的地理分布情况为：辽宁省黑山县有 20 处，占工程总数量的 31.25%；河北省灵寿县有 19 处，占工程总数量的 29.69%；四川省邛崃市有 12 处，占工程总数量的 18.75%；湖北省孝昌县和江西省新建县各有 5 处，均占工程总数量的 7.81%；陕西省洛川县有 3 处，占工程总数量的 4.69%。小型集中供水消毒技术试点工程地域分布图如图 7.14 所示。

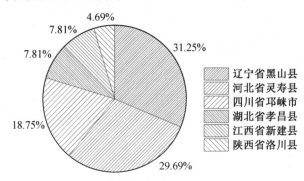

图 7.14　小型集中供水消毒技术试点工程地域分布图

64 处小型集中供水消毒技术试点工程的供水规模情况为：20 处Ⅳ型供水工程（供水规模为 200 ~ 1 000 m^3/d），占工程总数量的 31.25%；44 处 Ⅴ 型供水工程（供水规模小于 200 m^3/d），占工程总数量的 68.75%。小型集中供水消毒技术试点工程供水规模图如图 7.15 所示。

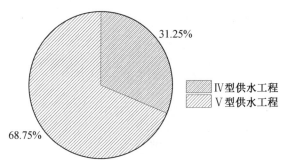

图 7.15　小型集中供水消毒技术试点工程供水规模图

64 处小型集中供水消毒技术试点工程的水源情况为：54 处供水工程以地下水为水源，占工程总数量的 84.4%；10 处工程以地表水为水源，占工程总数量的 15.6%。

64 处小型集中供水消毒技术试点工程的水处理设备类型情况为：42 处工程无水处理设备，占工程总数量的 65.7%；22 处供水工程有水处理设施，占工程总数量的 34.3%。在有水处理设施的 22 处工程中，采用除铁、锰净化设备的供水工程有 9 处，占工程总数量的 14.06%；采用慢滤的供水工程有 4 处，占工程总数量的 6.25%；采用活性炭过滤的供水工程有 3 处，占工程总数量的 4.69%；采用一体化处理设备和过滤工艺的供水工程各有 2 处，均占工程总数量的 3.13%；采用深度处理工艺、斜管-慢滤工艺的供水工程各有 1 处，均占工程总数量的 1.565%。小型集中供水消毒技术试点工程水处理设备类型图如

图 7.16 所示。

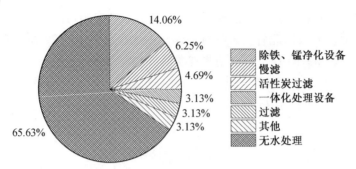

图 7.16 小型集中供水消毒技术试点工程水处理设备类型图

64 处小型集中供水消毒技术试点工程的清水池情况为:27 处供水工程有清水池,占工程总数量的42.2%。清水池容积超过实际日供水量 40% 的工程有 21 处,占有清水池供水工程的77.8%。

64 处小型集中供水消毒技术试点工程的消毒技术及设备选型方案为:采用紫外线消毒设备的供水工程有 31 处,占工程总数量的 48.44%;采用次氯酸钠消毒设备的供水工程有 13 处,占工程总数量的 20.31%;采用臭氧消毒设备的供水工程有 9 处,占工程总数量的 14.06%;采用化学法二氧化氯消毒设备的供水工程共有 11 处,其中采用高纯型二氧化氯的工程有 8 处,复合型二氧化氯的工程有 3 处,分别占二氧化氯工程数量的72.7%和27.3%。小型集中供水消毒技术试点工程消毒设备类型图如图 7.17 所示。

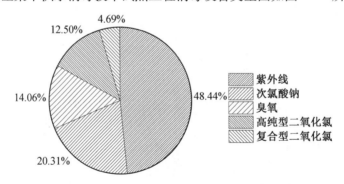

图 7.17 小型集中供水消毒技术试点工程消毒设备类型图

小型集中供水消毒技术试点工程情况统计结果见表 7.14。

表 7.14 小型集中供水消毒技术试点工程情况统计结果

序号	省（市、县）	水厂名称	设计供水规模 /(m³·d⁻¹)	实际供水规模 /(m³·d⁻¹)	供水人口 /人	水源类型	水处理设备类型	清水池 /m³	消毒设备类型	消毒设备规格	设备厂家
1	陕西省洛川县	吴家庄水厂	800	800	8 000	地表水	一体化处理设备	100	次氯酸钠	NT-P-50	上海赛一水处理科技股份有限公司
2	陕西省洛川县	菩堤水厂	257	257	4 525	地表水	一体化处理设备	200	高纯型二氧化氯	TLS-BD2-50	北京天绿佰力科技有限公司
3	陕西省洛川县	阿吾水厂	120	50	1 200	地下水	无水处理	—	紫外线	CLN/BF-UV160	北京太阳河有限公司
4	湖北省孝昌县	熊畈村供水工程	60	60	612	地表水	无水处理	—		LKC-8	
5	湖北省孝昌县	界岭村供水工程	50	50	563	地表水	无水处理	—		LKC-4	
6	湖北省孝昌县	刘河村供水工程	30	30	288	地表水	无水处理	—	紫外线	LKC-2	广西绿康环保有限公司
7	湖北省孝昌县	金盆村供水工程	30	30	388	地表水	过滤	—		LKC-4	
8	湖北省孝昌县	柳林村供水工程	30	30	348	地表水	无水处理	—		LKC-4	

续表7.14

序号	省(市、县)	水厂名称	设计供水规模/(m³·d⁻¹)	实际供水规模/(m³·d⁻¹)	供水人口/人	水源类型	水处理设备类型	清水池/m³	消毒设备类型	消毒设备规格	设备厂家
9	四川省邛崃市	南宝水厂	84	26	970	地表水	斜管-慢滤	200	次氯酸钠	SYZ-WL-50gⅣ	重庆亚太水工业科技有限公司
10	四川省邛崃市	回澜水厂	500	700	5 000	地下水	除铁、锰净水设备	200	高纯型二氧化氯	OTH2000CY-100	深圳欧泰华环保技术有限公司
11	四川省邛崃市	道佐水厂	450	200	3 390	地下水	除铁、锰净水设备	400	复合型二氧化氯	OTH2000-100	
12	四川省邛崃市	临济水厂	400	150	3 105	地下水	除铁、锰净水设备	200	复合型二氧化氯	OTH2000-100	
13	四川省邛崃市	临邛镇柏树村供水站	32	32	500	地下水	慢滤	60		CLN/BF-UV80W	北京大阳河有限公司
14	四川省邛崃市	固驿镇木井供水站	17	17	265	地下水	无水处理	50	紫外线	CLN/BF-UV40W	
15	四川省邛崃市	大同乡青杠坪村供水点	13	13	160	地表水	无水处理	50		CLN/BF-UV40W	
16	四川省邛崃市	夹关镇熊营村供水站	9	9	115	地下水	慢滤	30		CLN/BF-UV40W	

续表 7.14

序号	省（市、县）水厂名称	设计供水规模 /(m³·d⁻¹)	实际供水规模 /(m³·d⁻¹)	供水人口 /人	水源类型	水处理设备类型	清水池 /m³	消毒设备类型	消毒设备规格	设备厂家
17	四川省邛崃市 油榨乡直台村供水站	18	18	265	地表水	无水处理	100		AB 剂	成都新雄鑫净化工程有限公司
18	四川省邛崃市 临邛镇盘陀村供水站	15	15	180	地下水	无水处理	30	高纯型二氧化氯	AB 剂	
19	四川省邛崃市 平乐镇范店村供水点	9	9	110	地下水	慢滤	40		AB 剂	
20	四川省邛崃市 宝林镇三一村供水站	7	7	300	地下水	深度处理	200	臭氧	—	四川标源环保有限公司
21	河北省灵寿县 义合庄增压站	400	200	4 000	地下水	无水处理	150	高纯型二氧化氯	LKD-C-200	石家庄科大绿源科技发展有限公司
22	河北省灵寿县 南倾井村供水工程	185	90	1 200	地下水	无水处理	40	紫外线	TJUV-20	天津云鹏环保科技开发有限责任公司
23	河北省灵寿县 西坡南村供水工程	115	30	1 400	地下水	无水处理	40		TJUV-10	
24	河北省灵寿县 倾井庄村饮水工程	80	20	800	地下水	无水处理	40		TJUV-10	

续表 7.14

序号	省(市,县)	水厂名称	设计供水规模/(m³·d⁻¹)	实际供水规模/(m³·d⁻¹)	供水人口/人	水源类型	水处理设备类型	清水池/m³	消毒设备类型	消毒设备规格	设备厂家
25	河北省灵寿县	新村单村供水工程	65	40	800	地下水	无水处理	水塔 10		TJUV-10	天津云鹏环保科技开发有限责任公司
26	河北省灵寿县	牛城庄供水工程	50	65	600	地下水	无水处理	50		TJUV-10	
27	河北省灵寿县	北庄小学供水工程	45	10	400	地下水	无水处理	压力罐 1	紫外线	TJUV-5.0	
28	河北省灵寿县	陈庄高中供水工程	35	20	400	地下水	无水处理	—		CLN/BF-160W	
29	河北省灵寿县	高阳庄单村供水工程	30	15	350	地下水	无水处理	25		TJUV-5.0	
30	河北省灵寿县	孙家庄村饮水工程	105	60	1 300	地下水	无水处理	—	—	CLN/BF-320W	北京太阳河有限公司
31	河北省灵寿县	甄朱乐村供水工程	80	35	1 000	地下水	无水处理	—	—	CLN/BF-160W	
32	河北省灵寿县	三圣院乡中供水工程	100	100	800	地下水	无水处理	50	臭氧	SD-03-80	石家庄新岛水处理技术有限公司

续表 7.14

序号	省（市、县）	水厂名称	设计供水规模 /(m³·d⁻¹)	实际供水规模 /(m³·d⁻¹)	供水人口 /人	水源类型	水处理设备类型	清水池 /m³	消毒设备类型	消毒设备规格	设备厂家
33	河北省灵寿县	青同农中饮水工程	80	60	1 300	地下水	无水处理	50		SD-03-80	
34	河北省灵寿县	苗朱乐小学供水工程	40	25	450	地下水	无水处理	—		SD-03-80	石家庄新岛水处理技术有限公司
35	河北省灵寿县	马阜安小学供水工程	30	15	350	地下水	无水处理	5（高位水池）	臭氧	SD-03-80	
36	河北省灵寿县	团泊口小学供水工程	25	15	300	地下水	无水处理	5（高位水箱）		SD-03-80	
37	河北省灵寿县	新开完小供水工程	20	10	200	地下水	无水处理	15（高位水池）		SD-03-80	
38	河北省灵寿县	卢家洼村饮水工程	100	60	1 200	地下水	无水处理	—	—	JY-S-100	石家庄巨业消毒设备制造有限公司
39	河北省灵寿县	南堤下村饮水工程	50	30	600	地下水	无水处理	—	—	JY-S-100	
40	辽宁省黑山县	龙湾水厂	847	250	3 878	库旁地下取水（25 m）	活性炭过滤	—	次氯酸钠	NT-C-100	上海赛—水处理科技股份有限公司

续表 7.14

序号	省(市、县)	水厂名称	设计供水规模 /(m³·d⁻¹)	实际供水规模 /(m³·d⁻¹)	供水人口 /人	水源类型	水处理设备类型	清水池 /m³	消毒设备类型	消毒设备规格	设备厂家
41	辽宁省黑山县	十七户水厂	466	172.8	4 358	地下水	活性炭过滤	—		NT-P-100	
42	辽宁省黑山县	崔岗子水厂	436	94.9	2 400	地下水	除铁、锰净水设备	—		NT-P-100	
43	辽宁省黑山县	六间水厂	397	20.4	3 300	地下水	除铁、锰净水设备	—	次氯酸钠	NT-P-100	上海赛—水处理科技股份有限公司
44	辽宁省黑山县	励家水厂	394	110.9	2 200	地下水	除铁、锰净水设备	—		NT-P-100	
45	辽宁省黑山县	双山子水厂	379	19.4	1 477	地下水	活性炭过滤	—		NT-P-50	
46	辽宁省黑山县	兴隆台水厂	238	48	1 498	地下水	无水处理	—		NT-C-100	
47	辽宁省黑山县	窝堡水厂	299.74	89.8	728	地下水	无水处理	—	—	100 g/h	天津云鹏环保科技开发有限责任公司
48	辽宁省黑山县	大夏水厂	445.45	110	1 954	地下水	无水处理	—	高纯型二氧化氯	TLS-BD2-200	北京天绿恒力科技有限公司

续表 7.14

序号	省(市、县)	水厂名称	设计供水规模/(m³·d⁻¹)	实际供水规模/(m³·d⁻¹)	供水人口/人	水源类型	水处理设备类型	清水池/m³	消毒设备类型	消毒设备规格	设备厂家
49	辽宁省黑山县	兰泥水厂	256.75	96.8	2 393	地下水	无水处理	—	高纯型二氧化氯	TLS-BD2-200	北京天绿恒力科技有限公司
50	辽宁省黑山县	晏家水厂	344	170	820	地下水	无水处理	—	复合型二氧化氯	—	南京水夫环保科技有限公司
51	辽宁省黑山县	无梁殿水厂	267.79	44.8	1 365	地下水	除铁、锰罐	—	紫外线	TJUV-20	天津云鹏环保科技开发有限责任公司
52	辽宁省黑山县	荒地水厂	243.35	41.1	1 830	地下水	无水处理	—		TJUV-20	
53	辽宁省黑山县	水泉水厂	198.75	46.2	350	地下水	无水处理	—		TJUV-20	
54	辽宁省黑山县	东岔水厂	198.58	17.9	690	地下水	除铁、锰罐	—		TJUV-20	
55	辽宁省黑山县	幺台子水厂	179.48	48.8	1 498	地下水	无水处理	—		TJUV-20	
56	辽宁省黑山县	白台子山水厂	178.97	188.3	1 210	地下水	无水处理	—		TJUV-20	

续表 7.14

序号	省（市、县）	水厂名称	设计供水规模 /(m³·d⁻¹)	实际供水规模 /(m³·d⁻¹)	供水人口 /人	水源类型	水处理设备类型	清水池 /m³	消毒设备类型	消毒设备规格	设备厂家
57	辽宁省黑山县	迷子山水厂	174.03	21	870	地下水	除铁、锰罐	—	紫外线	TJUV-20	天津云鹏环保科技开发有限责任公司
58	辽宁省黑山县	泉眼水厂	196	10.4	535	地下水	无水处理	—	—	CLN/BF-UV320W	北京太阴河有限公司
59	辽宁省黑山县	下四家水厂	145	55	906	地下水	无水处理	—	—	CLN/BF-UV480W	
60	江西省新建县	铁河水厂	380	160	1 000	地下水	无水处理	—		50 g/h	
61	江西省新建县	八门水厂	120	105.32	1500	地下水	无水处理	—	次氯酸钠	100 g/h	重庆亚太水工业科技有限公司
62	江西省新建县	梦山水厂	100	80	500	地下水	无水处理	—		20 g/h	
63	江西省新建县	肖峰水厂	30	0.15	5	地下水	无水处理	—	紫外线	—	北京太阴河有限公司
64	江西省新建县	朱坊水库	3	3	20	地下水	慢滤	—		CLN/SFB-3/1L	

7.6　农村供水消毒技术及设备选择与应用

7.6.1　消毒设备安装与调试

1. 次氯酸钠(钙)消毒设备安装调试

(1)次氯酸钠(钙)消毒设备安装注意事项。

①次氯酸钠消毒设备安装注意事项。次氯酸钠消毒设备安装时必须有消毒间,产物中含有氢气,应该安装通往室外的排气管,并且排放口处无明火危险且空间开阔。

安装前应仔细阅读说明书,按图纸上设备和管道的标识位置、尺寸逐项安装到位,如有安装和设计的改变,需做好变更记录。

次氯酸钠消毒剂投加点尽可能在清水池(塔)前的进水管上,确保稳定投加和 30 min 的接触时间,并与水泵的开、停联动;变量投加时,应在输水管道上设流量计与消毒剂投加设备联动。

②次氯酸钙消毒设备安装注意事项。设备安装位置一般应选择离水源近,且操作比较方便的位置,安装时应注意留出一定的检修空间,以方便维护。

对于出厂时已装好的部件,开箱后应重新检查,对于松动的部件要重新紧固。设备出水口的连接用硬聚氯乙烯(UPVC)管为宜,避免使用铁管连接。

投加管道应以现场配管为宜,管径应按出水口的使用要求配备,特殊情况需现场确定。

投加药剂必须选用有卫生许可批件的药剂。投加后管网末梢水余氯值必须符合《生活饮用水卫生标准》(GB 5749—2022)中的规定。

(2)次氯酸钠(钙)消毒设备调试方法。

次氯酸钠(钙)消毒设备调试时应根据出厂水和末梢水中消毒剂余量进行调节,使消毒剂余量和微生物指标满足《生活饮用水卫生标准》(GB 5749—2022)中规定的出厂水中余氯含量为 0.3 ~ 4 mg/L,末梢水余氯含量不小于 0.5 mg/L,菌落总数不大于 100 CFU/mL,总大肠菌群、耐热大肠菌群、大肠埃希氏菌不得检出。

2. 二氧化氯消毒设备安装调试

(1)二氧化氯消毒设备安装注意事项。

因二氧化氯气体具有强腐蚀性,二氧化氯消毒设备安装时必须有单独消毒间和原料间。消毒间内应铺设水泥地面,并设有冲洗水源和排水下水道。设备所需水源压力为 0.2 ~ 0.4 MPa,所需电源为 220 V,5 ~ 10 A 单相电源。

安装前应仔细阅读说明书,按图纸上设备和管道的标识位置、尺寸逐项安装到位,如有安装和设计的改变,需做好变更记录。

二氧化氯消毒剂投加点尽可能在清水池(塔)前的进水管上,确保稳定投加和 30 min 的接触时间,并与水泵的开、停联动;变量投加时,应在输水管道上设流量计与消毒剂投加设备联动。

（2）二氧化氯消毒设备调试方法。

应根据出厂水和末梢水中消毒剂余量对二氧化氯消毒设备进行调节，使消毒剂余量和微生物指标满足《生活饮用水卫生标准》（GB 5749—2022）中规定的出厂水中二氧化氯含量为 0.1 ~ 0.8 mg/L，末梢水二氧化氯含量不小于 0.02 mg/L，菌落总数不大于 100 CFU/mL，总大肠菌群、耐热大肠菌群、大肠埃希氏菌不得检出。

3. 紫外线消毒设备安装调试

（1）紫外线消毒设备安装注意事项。

紫外线消毒设备宜安装在室内，电控箱应防水、防雨；室内温度要求不结冰，紫外线消毒的最适宜水体温度范围是 20 ~ 40 ℃。

紫外线消毒设备的进水水压不高于 0.6 MPa；若水量大、水压高或管网过长时则以安装在接近用户的输水干（支）管为佳。

紫外线消毒设备的进水口、出水口分别采用法兰与供水管路连通，设备安装时应设旁通管路，为便于维修，保养时可放空装置中的水，宜在设备前后各安装一个截止阀和放空阀。

紫外线消毒设备可以安装上水和下水。上水安装在上水清水池前或者变频泵后，该方式对紫外线消毒设备的承压要求高，并且需要上水清水池封闭。下水安装在清水池出水的主管道上，对紫外线消毒设备的承压和产水量要求必须按"随需开启、延时关停"控制装置。

紫外线消毒装置可以水平安装，也可以垂直安装。安装时，应安放在室内坚实、平稳的地面上，为了方便维护紫外线灯套，安装时管留有足够的拆卸空间（相当于两倍装置的长度）。

（2）紫外线消毒设备调试方法。

在调试紫外线消毒设备时应根据安装要求条件进行试运行，评价紫外线消毒设备的水密性与供电安全性，以及微生物安全性。微生物学指标满足《生活饮用水卫生标准》（GB 5749—2022）中规定的出厂水中菌落总数不大于 100 CFU/mL，总大肠菌群、耐热大肠菌群、大肠埃希氏菌不得检出。

4. 臭氧消毒设备安装调试

（1）臭氧消毒设备安装注意事项。

臭氧消毒设备的投加点应设在清水池或臭氧接触罐的进水管道上，可采用水射器、气水混合泵和静态混合器投加。清水池和臭氧接触罐设在室内时应全密闭，池（罐）顶应设自动排气阀，臭氧可经尾气管排到室外。变量投加时，应在输水管道上设流量计，并将臭氧发生器及投加装置与供水泵联动。所有与臭氧气体或溶解有臭氧的水体接触的材料必须耐臭氧腐蚀。

（2）臭氧消毒设备调试方法。

应根据出厂水和末梢水中消毒剂余量对臭氧消毒设备进行调节，使消毒剂余量和微生物指标满足《生活饮用水卫生标准》（GB 5749—2022）中规定的出厂水中臭氧含量小于 0.3 mg/L，末梢水臭氧含量不小于 0.02 mg/L，菌落总数不大于 100 CFU/mL，总大肠菌群、耐热大肠菌群、大肠埃希氏菌不得检出。

7.6.2　消毒设备运行环境条件与要求

1. 消毒设备运行管理的基本要求

正确操作使用消毒设备是保证设备正常运行和消毒效果达标的重要环节。为此,要求操作人员要仔细阅读产品说明书和操作规程,全面掌握消毒设备的结构和工作原理;在设备启动前,深入检查设备是否正常,环境条件是否满足运行要求,如电压、电流、设备进水压力、各关键组件的液流流量、水泵的冲程和频率等;设备启动和运行过程中,应严格按照操作规程步骤和要求,密切关注运行状况;设备关机或停止运行较长时间时,应按要求进行必要的清洗养护。

2. 次氯酸钠及其他氯消毒设备运行条件

①环境温度。0～40 ℃。

②环境相对湿度。空气中最大相对湿度不超过90%(体积分数,以空气温度(20±5)℃时计)。

③次氯酸钠发生器应放置在独立消毒间,其使用空间应能满足操作要求;消毒间通水、通电,且通风良好。

④次氯酸钠发生器工作电源电压为(380±38)V,电解电压为9～10 V,电解电流为200～220 A。

⑤次氯酸钠消毒液投加点应设置在清水池入口处。

⑥电解生成的次氯酸钠溶液不易久贮,夏天应当天生产、当天用完;冬天贮存时间不超过1周,并采取避光措施。

现场发生电解次氯酸钠发生器对原料的要求为:

①电解液应采用不加碘精制盐,含氯化钠量(以干基计)不小于97%,精制盐应符合国家推荐标准《食用盐》(GB/T 5461—2016)中精制盐的要求,盐的卫生质量符合《食品安全国家标准　食用盐》(GB 2721—2015)的要求。

②水应采用水厂处理后未加消毒剂的水,水质应符合《生活饮用水卫生标准》(GB 5749—2022)的要求。

③电解液浊度应不大于20 NTU。

④电解时食盐水含量以3%～3.5%为宜。

3. 二氧化氯消毒设备运行条件

采用二氧化氯消毒时,应设原料间,原料间应符合下列要求:

①应靠近消毒间。

②占地面积应根据原料储存量设计,并应留有足够的安全通道。原料储存量应根据原料特性、日消耗量、供应情况和运输条件等确定,一般可按照15～30 d的用量计算。

③应安装通风设备或设置通风口,并保持环境整洁和空气干燥;房间内明显位置应有防火、防爆、防腐等安全警示标志。

④原料间地面应进行过耐腐蚀的表层处理,房间内不得有电路明线,并应采用防爆灯

具。

⑤原料应符合《工业氯酸钠》（GB/T 1618—2018）、《工业合成盐酸》（GB 320—2006）、《工业亚氯酸钠》（HG/T 3250—2023）、《工业硫酸》（GB/T 534—2014）、《柠檬酸》（GB/T 8269—2006）等相关标准的规定。此外，因原料属于危险化学品，应符合《危险化学品安全管理条例》（国务院令第 591 号）和《危险化学品仓库储存通则》（GB 15603—2022）的要求。

⑥化学法制备二氧化氯的原材料，严禁相互接触，必须分别贮存在分类的库房内：盐酸、硫酸或柠檬酸库房，应设置酸泄漏的收集槽；氯酸钠或亚氯酸钠库房，应备有快速冲洗设施。

⑦原料间环境温度为 5～40 ℃；环境相对湿度不大于 90%。

投加点应符合下列要求：

①投加点最好选在离设备出口小于 100 m，且没有背压的地方。

②投加点应选在能保证消毒剂与水混合均匀处，而且混合后应有足够的接触时间（不少于 30 min）。

③应选择水射器投加，保证消毒剂与水混合均匀，且能避免消毒剂挥发损失。

4. 紫外线消毒设备运行条件

①紫外线消毒设备所适用源水情况是，进入紫外线消毒设备的水质（天然源水、净化过的自来水等）除余氯和微生物学指标外，其余指标应符合《生活饮用水卫生标准》（GB 5749—2022）中的规定。

②紫外线消毒设备应安装在清水池出水口或者是水厂出水管路上，设备的进水水压不高于 0.6 MPa；若水量大、水压高或管网过长时则以安装在接近用户的输水干（支）管为佳。

③紫外线消毒设备安装的环境条件是室内安装，电控箱应防水、防雨；室内温度要求不结冰，紫外线消毒的最适宜水体温度范围是 20～40 ℃。

④紫外线消毒装置的生物验证剂量应不小于 40 mJ/cm²，紫外线透射率 T254 不小于 85%。

⑤紫外线消毒装置可以水平安装，也可以垂直安装。安装时，应安放在室内（或者有防雨的密封结构内）坚实、平稳的地面上，并用 4 个螺栓固定；为了方便维护紫外线灯套管，安装时留有足够的拆卸空间（相当于两倍装置的长度）。

⑥紫外线消毒设备的进水口、出水口分别采用法兰与供水管路连通，设备安装时应设旁通管路，为了便于维修，保养时可放空装置中的水，宜在设备前后各安装一个截止阀和放空阀。

5. 臭氧消毒设备运行条件

①采用臭氧消毒时，应对原水中的溴化物进行检测。当溴化物含量超过0.02 mg/L时，存在溴酸盐消毒副产物超标的风险，应进行臭氧投加量与溴酸盐消毒副产物试验，再确定能否选用臭氧消毒。

②单独设置消毒设备间，将溶解罐的尾气排到室外；环境温度为 0～45 ℃，环境相对

湿度为 65% ~ 85%,大气压为 86 ~ 106 kPa,冷却水温度低于 35 ℃。设观察窗、直接通向外部的外开门和通风设施;投加臭氧的管线应采用无毒的耐腐蚀材料;照明和通风设备的开关应设在室外;冬季应采用暖气采暖,散热片应离开投加设备。消毒间内设呼吸带(距离地面 1.2 ~ 1.5 m),臭氧含量应不大于 0.16 mg/m^3。

7.6.3　消毒设备运行操作程序和方法

1. 次氯酸钠(钙)消毒设备运行操作

(1)运行操作程序和方法。

①准备与检查。首先应该根据设备要求的参数条件与实际运行条件进行核实是否条件具备,包括设备的电压、电流、设备进水压力、各关键组件的液流流量、水泵的冲程和频率。开机前应确认溶盐罐内盐水是否足量,不应超出最高盐位,当低于低盐位时必须补盐,再确认进水浮球阀无异常;然后确认缓冲水箱内软水到达满液位,满液位时再打开设备电源,否则会报警影响正常运行;此外按说明书确认各阀门是否开启或关闭至正确位置,在正常工作时开启的阀门有总进水阀、软水调节阀、电解槽出水阀、次氯酸钠储罐出水阀、软水器排污阀等,必须关闭的阀门包括次氯酸钠取样阀、稀盐水取样阀、电解槽排污阀、储罐排污阀、溶盐罐排污阀。

②设备开启。在次氯酸钠发生器开启时,应先将电解槽的"电流"调至最小值,以保护电极;然后打开电控箱的"电源",将发生器的"运行"档位由停止调至运行位置。此时应检查设备各部件是否有报警提示,是否正常运行。

③设备关机。关机前首先要观察软水器是否处于再生状态,如处于再生状态应待软水器再生完成后再关机。关机的顺序是先将发生器"运行"档位由运行状态切换至停止状态,然后将电控箱"电源"关闭即可。

(2)操作使用的注意事项。

次氯酸钠发生器的操作使用应严格遵守操作说明,并做好设备开机前的准备,确保设备运行外部环境条件满足设备需求。在设备运行过程中需要注意的事项有:

①次氯酸钠溶液。电解槽内及储药箱内的次氯酸钠溶液具有强氧化性,严禁直接饮用,切忌接触眼睛、皮肤,一旦接触应立即用水冲洗,并就医治疗;操作过程应穿好防护设备,如护目镜和橡胶手套等;次氯酸钠溶液一旦泄露,则用水清洗并使房间通风;切忌将酸溶液(盐酸和聚合氯化铝等)与次氯酸钠溶液混合,两者反应会产生 Cl_2。

②H_2 外排。因电解产物为 H_2,所以电解槽所在的设备区域要严格禁火,包括设备或管道及发生器排氢点均需严格禁火;设备运行时,必须确保排氢口通风性良好和出水阀开启,以避免发生爆炸;室外排氢口需做好防水和防雨保护。

③整流器电力供应。整流器切忌空转,即电解槽内未注入盐水时不可开启整流器,避免高热损坏电解槽。整流器运行时切忌接触任何通电部分(如电极组两端接线端、电缆、电控箱内部接线端)。

④电极结垢。在次氯酸钠发生器运行过程中,阴极会缓慢结垢,从而导致槽电压上升;当达到规定的酸洗周期、整流器的输出电压快速升高或通过透明电解槽观察到电极阴极结垢时,要对电极进行酸洗清垢处理。

⑤酸洗操作。酸洗操作具有危险性,操作人员必须经过培训,操作前必须熟读酸洗操作说明中,明确所有阀门位置和功能,并掌握每个步骤的操作方法和意义;酸洗液的配制采用盐酸稀释,应先将清水注入容器,然后再加入盐酸;因次氯酸钠遇酸产生 Cl_2,电解槽进行酸洗前,应先将槽内次氯酸钠溶液用清水冲洗干净,酸洗后应将残余的盐酸用清水冲洗干净;酸洗的环境应保持通风;酸洗人员必须配备防护装备(包括护目镜、防酸服、防酸靴、橡胶手套、胶鞋等);酸洗时若不小心将酸洗液接触到皮肤或眼睛,应用大量的水冲洗并及时就医。

⑥泵。不要在泵空载的时候运行,必须保证增压泵开启前打开次氯酸钠储罐出水阀;投加泵的投加流量必须小于发生器出水流量;发现盐泵进水软管内有空气时需要旋动排气阀进行排气操作。

⑦进水温度。进水温度不应低于 10 ℃,当出现温度过低时建议停机,低温运行对电极板寿命极为不利。

(3)运行操作程序和方法。

①使用前检查。打开原水阀门,将水压按要求调至稳定状态;检查设备各部件是否正常,有无泄漏;检查各阀门开关位置是否准确;检查投药口密封盖是否漏水,将其拧紧;打开阀门,观察流量计是否正常,流量根据清水池含氯量而确定。

②使用前准备。消毒片添加前,必须将设备内排空,将消毒片分别平行放在投药室内(严禁直放),把投药室密封盖拧紧;打开设备后盖板内的调节阀门,观察流量计是否正常,流量根据第 2 天清水池含氯量而确定。

③设备运行。启动设备时,打开动力水调节阀门,将水压力调至稳定状态,使流量计正常工作即可;一般情况无须关机,无动力水时则自动停止投加。

④产氯量调节。产氯量调节通过调节流量计来实现;是否需要调节,根据出厂水和管网末梢水中余氯值确定;一般情况下,应固定流量。

(4)操作使用的注意事项。

①加药。运行一段时间后,如水中余氯量不够,应抽出储药内胆将消毒片上下调换,至药量完全耗尽为止,再重新更换新的药品。

②进水。进入设备内的水需为清水,以防堵塞内置流量系统。

③安全检查。设备运行时应经常对密封盖进行巡视检查,发现设备间有明显氯味时应立即检查并拧紧密封盖,拧至不漏水、漏气为止。如更换药片时发现反应器内有沉淀物,需抽出内胆清洗药渣。

④设备维护。应半年检查 1 次设备内部沉淀物情况,同时进行清洗排污,排出沉淀物。

2. 二氧化氯消毒设备运行操作

(1)运行操作程序和方法。

①使用前准备工作。首先应该根据设备要求的参数条件与实际运行条件进行核实是否条件具备,包括电压、电流、室温、通风等要素。再次检查设备的储药桶内有无原料,当原料桶全空或液面处于低液位状态时需要配药。配药时需要注意的是,先加水后加原料,以免发生爆炸事故。注水至原料桶注水位,加入粉剂的亚氯酸钠或氯酸钠原料,然后搅拌

均匀至粉剂全部溶解;盐酸稀释也是先注水,再加入体积分数为 31% 的盐酸至设定液位即可。最后对原料泵进行排气处理,打开排气阀排空泵内及管内残余的气体,释放压力,保证液体顺畅流通。排气的方式是打开计量泵的排气阀直至有液体从排气管流出即可。

②开机。当准备工作完成后,调节各阀门至运行指定位置,然后接通设备电源,打开开关,调节两原料泵的频率一致,设备运行频率、加药时间及加药量根据用水量的具体变化而设定。运行时应注意发生器是否吸入原料,如不吸原料应根据故障排除资料进行检查。

③关机。当设备出现异常报警状态,或停止供水等情况时,需要关停设备。请先检测设备情况,条件具备情况下关停设备,切断电源。

（2）操作使用的注意事项。

①不同原料应单独存放,如氯酸钠和盐酸、亚氯酸钠和盐酸应分开单独存放。氯酸钠和亚氯酸钠应放在干燥、通风、避光处,严禁与易燃物品混放,严禁挤压和碰撞。

②药剂管理人员应掌握药剂特性及其安全使用要求,作好入库和出库记录,并对各种药剂每天的用量、配制浓度、投加量及加药系统的运行状况进行记录。

③药液的配制要称量,按规定比例和浓度配制。配制过程必须先加水,然后缓慢加入原料,禁止使用金属容器,原料洒在地上时务必用大量清水冲洗。

④配药时房间必须通风,操作人员必须戴手套、防护眼镜、防护面具。如有大量刺激性气体产生,务必立即离开现场,待气体挥散后再操作。

⑤设备内不能有原料及产生物残留;按原料桶上各液位指示标记配药;应注意经常清洗原料罐下部的沉淀物,防止堵塞计量泵。

⑥检测人员应熟练掌握检测仪器的使用方法,每天至少检测 1 次出厂水二氧化氯余量及自由性余氯量,消毒剂余量过高或过低时及时查明原因。

⑦经常察看罐(桶)的液位,以及计量泵的工作状况。

3. 紫外线消毒设备运行操作

（1）运行操作程序和方法。

①开机前准备。首先检查设备安装的条件是否具备设备正常运行所必需的环境条件,检查紫外线消毒设备各连接口是否漏水。

②开机。接通电源,打开控制器开关即可。冬季温度过低情况下,应开启其中一根灯管对设备内进行保温,以免冻裂灯管。注意紫外线消毒设备的电源应采用单独的插线板,千万不要与水泵等使用同一插线板,防止其他非线性负荷对紫外线杀菌效果的影响。

③关机。检查灯管运行状态是否正常,正常情况下直接关闭控制器开关,然后切断电源即可,若设备存在故障,需要排除设备故障后再关机。

（2）操作使用的注意事项。

①在购置设备时应购买配套的紫外线灯管作为备用,保证设备出现故障时能及时更换。

②设备运行时严禁紫外线直接照射到人体皮肤。

③石英套管及紫外线灯管属易碎品,在运输、安装、使用中应避免磕碰。

④使用中严禁超过额定工作压力,应避免设备构件受到猛烈水流冲击。

⑤注意设备运行的电压为 220 V,请勿接工业用电,以免电压过大烧毁灯管。

⑥在使用过程中,应保持紫外线灯表面的清洁,一般每两周用酒精棉球擦拭 1 次,发现灯管表面有灰尘、油污时应随时擦拭。

⑦安装前,石英套管内部不应有水,如有水应等其干燥后才能安装。灯管及控制装置应避免浸水。

⑧设备在停止运行期间可能会结冰,应打开一根灯管进行保温,或者是停止运行后立即放空设备中的水。

⑨根据水质情况,当使用时间达到 500 ~ 2 000 h 后,或通过观察发现紫外线灯的亮度降低时,应及时对紫外线灯管进行维护保养。

⑩在维护设备时,应先断开电源,关闭设备两端阀门,放空管道内余留的水,然后根据说明书要求对灯管和套管进行清洗。

4. 臭氧消毒设备运行操作

(1)运行操作程序和方法。

①使用前准备工作。首先应该根据设备要求的参数条件与实际运行条件进行核实是否条件具备,包括电压、电流、室温、通风等要素。再次检查电机及设备的开关状态,按说明书检查气路供给状态,以及气路是否稳定,是否有泄漏和堵塞等问题。

②开机。当准备工作完成后,调节各阀门至运行指定位置,然后接通设备电源,打开开关,期间应观察各功能指示是否正常,各指示灯和电流等是否开启,定期检查臭氧进出口各管路有无漏气,及时维护。设备运行频率、加药时间及加药量根据用水量的具体变化而设定。如当水厂内无调节构筑物时,采用接触时间 2 min(或水厂内的水龙头取水样),臭氧余量为 0.3 ~ 0.4 mg/L,控制投加量,以保证对致病微生物的灭活效果。

③关机。当设备出现异常报警状态,或停止供水等情况时,需要关停设备。先检测设备情况,条件具备情况下关停设备,切断电源。机器长时间不使用而放置环境低于 0 ℃时,应使用无油气泵向进水口内打入空气(压力小于 0.05 MPa),将发生管内残留冷却水排出。

(2)操作使用的注意事项。

①臭氧发生器安装人员必须经过培训才能开机操作与日常维修。

②设备保养或维修应在电源断开和臭氧泄气状态下进行,能够很好地确保人员安全维修。

③经常查看设备的运行状况,包括指示灯、电压、电流,管路是否被水珠堵塞(湿度较大时会出现该问题),以及室内、尾气管和溶解罐内水的臭氧气味等。当发现室内有较高的臭氧味,或者室内和溶解罐中的水无任何臭氧味时,可能出现了故障,应进行检查。

④如发生臭氧泄漏的情况需要第一时间关闭臭氧发生器,并开启通风设备进行通风处理后,即刻退出臭氧发生器使用空间,等空间残余臭氧降至安全范围再进入。

⑤臭氧发生器应安装在干燥宽敞的地方,以便于散热和维护;发生器有高压危险时,不要用水冲洗设备。

⑥采用电解纯水法时,要及时加纯净水;采用电晕放电法时,要按要求定期维护空气过滤器,定期更换分子筛。

⑦冬季要有保温措施。采用电解纯水法时,禁用火炉取暖。

7.6.4　消毒设备运行管理中常见问题与对策

1. 环境条件问题与对策

(1)水处理不达标导致消毒剂过量消耗问题。

对策:应对水处理设备改造或更换,确保水质达标。

(2)清水池过大导致消毒剂的消耗问题。

对策:应进行分格或降低水位使用,原则上应以消毒剂在水池中循环一次所用时间不超过 4 h,清水池体积为日供水量的 20% ~40%。

(3)消毒剂采用管道直接投加方式,消毒剂混合不均匀,消毒效果不理想问题。

对策:对无清水池和消毒剂管道直加的水厂,可在投加点下游安装管道混合器,以提高消毒剂分布的均匀度。

(4)无独立的消毒间,或消毒间空间狭小问题。

对策:应确保消毒间的空间大小、位置、设施等符核规范规定;对未建单独消毒间的水厂应加设消毒间,对空间狭小的进行扩建改造。

(5)消毒间内无通风和保温等措施的问题。

对策:对于采用二氧化氯和次氯酸钠消毒的水厂,消毒间应加装通风设备;对于冬季消毒间温度过低而影响消毒效果的水厂,应立即增加非明火型保温措施,如土暖气和电油汀(电暖气)等。

2. 操作使用问题与对策

(1)水厂管理人员对设备原理及操作方法不熟悉问题。

对策:加强运管人员培训,由示范市(县)和企业共同组织设备操作培训,确保每个水厂至少有 2 人全面掌握消毒设备性能及操作使用方法。

(2)使用说明书相对复杂问题。

对策:进一步简化操作使用方法,如对消毒设备阀门进行编号,形成简化使用流程图,并上墙。

(3)消毒剂投加量不正确或不能根据水质、水量变化调整投加量问题。

对策:进一步加强水质检测能力建设,配备水质检测仪器,改善试验条件,加强检测人员培训;开展水厂供水水质状况的日常监测,实现水厂根据水质和水量变化变量投加消毒剂。

3. 行业监管问题与对策

(1)对承包和租赁等方式经营的水厂,为节约运行成本,购置廉价原料或降低消毒剂投加量问题。

对策:县级主管部门应加强对水厂的监管,统一进货渠道,对购置原料是否合格进行检验判定;同时明确职责与奖惩制度,及时监管消毒设备运行是否稳定连续,投加量能否保证出厂水和末梢水达标。

(2)水厂管理人员因部分群众反映消毒剂余味,关停消毒设备或降低消毒剂投加量问题。

对策：县级主管部门应对示范工程监管消毒设备运行是否稳定连续，投加量能否保证出厂水和末梢水达标，同时做好饮用水消毒的技术宣传培训，通过海报墙和新闻媒体等方式对用户进行宣传，提高用户的接受度。

7.7 农村供水消毒设备运行监测与评价

7.7.1 运行监测目的

为及时掌握消毒技术试点工程及消毒设备运行状况、消毒效果和运行成本，及时发现问题和解决问题，为全面评价不同消毒设备的技术经济性能、适用条件、安全性、可靠性及运行管理方便程度，为研究建立不同类型农村供水工程消毒技术模式（包括消毒方法、设备选型、设计要点）提供科学依据，故开展了消毒设备的消毒效果与运行成本的连续运行观测记录。

7.7.2 运行监测内容和频率

1. 运行监测内容

（1）消毒设备运行状况监测。

检查内容包括设备运行是否正常，消毒药剂是否需要添加，设备与管道的接口和阀门等处是否有渗漏，是否需要维修养护。对检查观测情况和维修养护措施，以及耗用人工、时间、费用等做好记录，为正确评价设备运行的安全性、可靠性、持续性及自动化或操作使用方便程度提供基础数据。每日观测并记录。

（2）消毒设备运行成本监测。

监测内容包括实际日供水量（消毒水量）、消毒设备及投加装置耗电量、日运行时间、消毒剂投加量、消毒设备原材料成本及消耗量等。为此应在消毒设备运行前安装供水总表、消毒设备专用电表。每日观测并记录。

（3）消毒效果监测。

监测水样：水源水或水处理后出水作为消毒效果评价的背景值；出厂水和末梢水用于评价消毒设备灭菌能力及持续消毒效果。

水质状况检测指标：

①消毒剂常规指标：游离氯、二氧化氯、臭氧。采用液氯或次氯酸钠（钙）消毒时，检测余氯含量；采用高纯型二氧化氯消毒时，检测二氧化氯余量；采用复合型二氧化氯消毒时，同时检测二氧化氯余量及余氯含量；采用臭氧消毒时，检测臭氧余量。

②微生物指标：总大肠菌群、耐热大肠菌群、大肠埃希氏菌、菌落总数。

③感官性状和一般化学指标：浊度、pH、耗氧量。

④毒理学指标：三氯甲烷、四氯化碳、亚氯酸盐、氯酸盐、溴酸盐、甲醛。采用液氯或次氯酸钠（钙）消毒时，检测三氯甲烷、一溴二氯甲烷、二溴一氯甲烷、三溴甲烷含量；采用高纯型二氧化氯消毒时，检测亚氯酸盐含量；采用复合型二氧化氯消毒时，检测亚氯酸盐、氯

酸盐含量;采用臭氧消毒时,检测溴酸盐和甲醛含量。

2. 运行监测频率

根据监测内容的不同,合理设定监测频率能保证获取完整有效的数据。

每日监测消毒设备运行状况和运行成本,并记录。

试点工程水源水、出厂水、末梢水的监测频率见表 7.15。

表 7.15　试点工程水源水、出厂水、末梢水的监测频率

工程类型 水样		检测项目	规模化供水工程 监测频率	小型集中供水工程 监测频率
水源水	地下水	感官性状和一般化学指标	每季度 1 次	每季度 1 次
		微生物指标	每季度 1 次	每季度 1 次
		毒理学指标	每季度 1 次	每季度 1 次
	地表水	感官性状和一般化学指标	每月 1 次	每季度 1 次
		微生物指标	每月 1 次	每季度 1 次
		毒理学指标	每月 1 次	每季度 1 次
出厂水	地下水	感官性状和一般化学指标	每周 2 次	每周 1 次
		微生物指标	每周 1 次	每月 2 次
		消毒剂余量	每周 2 次	每周 1 次
		毒理学指标	每周 2 次	每月 1 次
	地表水	感官性状和一般化学指标	每周 2 次	每周 1 次
		微生物指标	每周 1 次	每月 2 次
		消毒剂余量	每周 2 次	每周 1 次
		毒理学指标	每周 2 次	每月 1 次
末梢水		感官性状和一般化学指标	每周 1 次	每月 1 次
		微生物指标	每周 1 次	每月 2 次
		消毒剂余量	每周 1 次	每周 1 次
		毒理学指标	每月 2 次	每月 1 次

7.7.3　监测仪器和方法

1. 监测仪器

评价消毒效果的水质监测仪器设备和材料应包括:水样处理、试剂配制需要的仪器设备和分析仪器、药剂、试剂和标样等。评价消毒效果所需仪器设备见表 7.16。

表7.16　评价消毒效果所需仪器设备

检测项目	主要仪器设备
消毒剂余量	检测余氯、二氧化氯和臭氧等指标的便携式测定仪
微生物指标	冰箱、高压蒸汽灭菌器、培养箱、菌落计数器、 显微镜、培养皿、超净工作台等
感官性状和 一般化学指标	酸度计、散射浊度仪等
消毒副产物指标	气相色谱仪（检测四氯化碳、三卤甲烷等） 离子色谱仪（检测溴酸盐、氯酸盐、亚氯酸盐等） 紫外可见光分光光度计（检测甲醛等）

2. 监测方法

水样的采集、保存、运输和检测方法参照《生活饮用水标准检验方法》（GB/T 5750—2006）。水质检验也可采用国家质量监督部门、卫生部门认可的简便设备和方法。

7.7.4　示范应用效果与成本分析

30 处规模化供水消毒技术试点工程共收集水样检测数据 389 份,64 处小型集中供水消毒技术试点工程共收集水样检测数据 630 份。

1. 规模化供水消毒技术试点工程消毒设备运行效果

30 处规模化供水消毒技术试点工程共收集水样检测数据 389 份,其中水源水共计 68 份,出厂水共计 228 份,末梢水共计 93 份。

规模化供水消毒技术试点工程水质检测结果见表 7.17。采用单因子评价法对 389 份水质报告进行评价,水质合格率为 67.1%。分析原因主要是消毒剂余量指标不达标,引起的水质合格率偏低。本节对单因子评价法进行了改进,将消毒剂余量指标对水质的影响作用弱化,即当微生物指标及其他指标均合格的前提下,消毒剂余量不合格仍视水样合格。改进后单因子评价法的评价结果是水质合格率为 94.6%,提高了 27.5%。水源水因未检测消毒剂余量,其合格率不受该指标影响,两种评价方法得出水源水的合格率均为 97.1%;出厂水和末梢水受消毒剂余量指标的影响较大,出厂水用两种方法进行评价得到的合格率分别为 54.8% 和 91.7%,提高了 36.9%;末梢水用两种方法进行评价得到的合格率分别为 75.3% 和 100%,提高了 24.7%。

表 7.17　规模化供水消毒技术试点工程水质检测结果

水样	单因子评价法			改进的单因子评价法		
	测量数量/份	合格数量/份	合格率/%	测量数量/份	合格数量/份	合格率/%
总计	389	261	67.1	389	368	94.6
水源水	68	66	97.1	68	66	97.1
出厂水	228	125	54.8	228	209	91.7
末梢水	93	70	75.3	93	93	100

规模化供水消毒技术试点工程不同水样各类型水质指标检测结果见表 7.18。出厂水中消毒剂余量的合格率仅为 50.3%，但微生物指标合格率可达 98.2%，感官和一般化学指标的合格率为 90.3%，毒理学指标合格率为 100%。末梢水中消毒剂余量指标合格率为 70.9%，其余的微生物指标、感官和一般化学指标、毒理学指标的合格率均为 100%。

表 7.18　规模化供水消毒技术试点工程不同水样各类型水质指标检测结果

检测项目	水源水		出厂水		末梢水	
	N/份	n/%	N/份	n/%	N/份	n/%
改进方法合计	68	97.1	228	91.7	93	100
原方法合计	68	97.1	228	54.8	93	75.3
消毒剂余量	—	—	181	50.3	79	70.9
微生物指标	68	97.1	228	98.2	93	100
感官和一般化学指标	30	100	155	90.3	43	100
毒理学指标	4	100	55	100	45	100

注：N 为测量数量，n 为合格率。

规模化供水消毒技术试点工程不同水样水质检测结果见表 7.19。

表 7.19　规模化供水消毒技术试点工程不同水样水质检测结果

检测项目	水源水		出厂水		末梢水	
	N/份	n/%	N/份	n/%	N/份	n/%
改进方法合计	68	97.1	228	91.7	93	100
原方法合计	68	97.1	228	54.8	93	75.3
余氯	0	—	75	32.0	36	47.2
二氧化氯	0	—	106	63.2	43	90.7
菌落总数	62	96.8	212	98.1	91	100
总大肠菌群	67	97.0	175	99.4	82	100
耐热大肠菌群	22	90.9	47	100	15	100
大肠埃希氏菌	34	100	95	98.9	22	100
色度	5	100	16	100	6	100

续表7.19

检测项目	水源水		出厂水		末梢水	
	N/份	n/%	N/份	n/%	N/份	n/%
浑浊度	18	100	125	90.4	43	100
嗅和味	2	100	53	100	43	100
肉眼可见物	3	100	53	100	43	100
pH	25	100	145	100	40	100
耗氧量	11	100	13	100	3	100
总硬度	3	100	13	100	3	100
氯化物	2	100	13	100	3	100
硫酸盐	2	100	13	100	3	100
氟化物	4	100	50	100	40	100
溶解性总固体	0	—	50	100	40	100
铁	5	100	50	100	40	100
锰	5	100	50	96.0	40	100
砷	2	100	13	100	3	100
铅	2	100	13	100	3	100
汞	2	100	13	100	3	100
镉	2	100	13	100	3	100
铬	2	100	13	100	3	100
硝酸盐	2	100	13	100	2	100
氨氮	2	100	13	92.3	3	100
铜	4	100	13	100	3	100
锌	4	100	13	100	3	100
铝	2	100	11	100	1	100
挥发性酚	2	100	13	100	3	100
阴离子合成洗涤剂	2	100	13	100	3	100
氰化物	2	100	13	100	3	100
硒	2	100	13	100	3	100
四氯化碳	2	100	11	100	1	100
三氯甲烷	2	100	14	100	4	100
亚氯酸盐	0	—	2	100	2	100
氯酸盐	0	—	2	100	2	100

注:N 为测量数量,n 为合格率。

水源水的68份水质检测报告中,不合格的指标主要是菌落总数、总大肠菌群、耐热大肠菌群3个指标,超标率分别为3.2%、3.0%、9.1%。

出厂水228份水水质检测报告中,不合格的指标主要是余氯、二氧化氯、菌落总数、总大肠菌群、大肠埃希氏菌、浑浊度、锰和氨氮,超标率分别是68.0%、36.8%、1.9%、0.6%、1.1%、9.6%、4.0%、7.7%。

末梢水93份水水质检测报告中,不合格的指标主要是消毒剂余量,余氯和二氧化氯的超标率分别53.8%和9.3%。

2. 小型集中供水消毒技术试点工程消毒设备运行效果

64处小型集中供水消毒技术试点工程共收集水样检测数据603份,其中水源水共计49份,水处理后进消毒设备的进水共计25份,出厂水共计288份,末梢水共计241份。

小型集中供水消毒技术试点工程水质检测结果见表7.20。采用单因子评价法对603份水质报告进行评价,水质合格率为66.7%;采用改进的单因子评价法对603份水质报告进行评价,水质合格率为94.9%,提高了28.2%。水源水和水处理后进消毒设备的进水因未检测消毒剂余量,其合格率不受该指标影响,两种评价方法得出水源水和进水的合格率一致,分别为73.5%和100%。出厂水和末梢水受消毒剂余量指标的影响较大,出厂水用两种方法进行评价得到的合格率分别为59.4%和93.8%,提高了34.4%;末梢水用两种方法进行评价得到的合格率分别为70.5%和100%,提高了29.5%。

表7.20 小型集中供水消毒技术试点工程水质检测结果

水样	单因子评价法			改进的单因子评价法		
	测量数量/份	合格数量/份	合格率/%	测量数量/份	合格数量/份	合格率/%
总计	603	402	66.7	603	572	94.9
水源水	49	36	73.5	49	36	73.5
进水	25	25	100	25	25	100
出厂水	288	171	59.4	288	270	93.8
末梢水	241	170	70.5	241	241	100

水型集中供水消毒技术试点工程不同水样各类型水质指标检测结果见表7.21。水源水的微生物指标合格率为76.6%,感官和一般化学指标合格率为93.6%,毒理学指标合格率为100%。水处理后进消毒设备的进水仅测了微生物指标,合格率为100%。出厂水中消毒剂余量的合格率仅为19.8%,但微生物指标合格率可达94.1%,感官和一般化学指标的合格率为99.6%,毒理学指标合格率为100%。末梢水中消毒剂余量指标合格率为41.8%,其余的微生物指标、感官和一般化学指标、毒理学指标的合格率均为100%。

表 7.21　小型集中供水消毒技术试点工程不同水样各类型水质指标检测结果

检测项目	水源水		进水		出厂水		末梢水	
	N	n/%	N	n/%	N	n/%	N	n/%
改进方法合计	49	73.5	25	100	288	93.8	241	100
原方法合计	49	73.5	25	100	288	59.4	241	70.5
消毒剂余量	—	—	—	—	126	19.8	122	41.8
微生物指标	47	76.6	25	100	228	94.1	241	100
感官和一般化学指标	47	93.6	—	—	239	99.6	225	100
毒理学指标	4	100	—	—	230	100	217	100

注:N 为测量数量,n 为合格率。

小型集中供水消毒技术试点工程不同水样水质检测结果见表 7.22。

水源水的 49 份水质检测报告中,不合格的指标主要是菌落总数、总大肠菌群、耐热大肠菌群、浑浊度、铁 5 个指标,超标率分别为 10.0%、19.1%、3.1%、2.9%、40.0%。

水处理后进消毒设备的进水的 25 份水质检测报告中,水质指标均合格。

出厂水 288 份水质检测报告中,不合格的指标主要是余氯、二氧化氯、菌落总数、总大肠菌群、耐热大肠菌群和氨氮,超标率分别是 99.0%、10.3%、4.9%、3.1%、8.5% 和 4.0%。

末梢水 241 份水质检测报告中,不合格的指标主要是余氯,其超标率 69.6%。

表 7.22　小型集中供水消毒技术试点工程不同水样水质检测结果

检测项目	水源水		进水		出厂水		末梢水	
	N	n/%	N	n/%	N	n/%	N	n/%
改进方法合计	49	73.5	25	100	288	93.8	241	100
原方法合计	49	73.5	25	100	288	59.4	241	70.5
余氯	0	—	0	—	97	1.0	102	30.4
二氧化氯	0	—	0	—	29	89.7	20	100
菌落总数	40	90.0	25	100	288	95.1	241	100
总大肠菌群	47	80.9	25	100	288	96.9	241	100
耐热大肠菌群	32	96.9	25	100	71	91.5	28	100
大肠埃希氏菌	5	100	0	—	33	100	22	100
色度	5	100	0	—	36	100	28	100
浑浊度	34	97.1	0	—	238	100	225	100
嗅和味	3	100	0	—	233	100	225	100
肉眼可见物	4	100	0	—	233	100	225	100
pH	47	100	0	—	230	100	217	100
耗氧量	37	100	0	—	27	100	14	100

续表7.22

检测项目	水源水		进水		出厂水		末梢水	
	N	n/%	N	n/%	N	n/%	N	n/%
总硬度	3	100	0	—	27	100	14	100
氯化物	4	100	0	—	27	100	14	100
硫酸盐	4	100	0	—	27	100	14	100
氟化物	4	100	0	—	224	100	211	100
溶解性总固体	1	100	0	—	224	100	211	100
铁	5	60.0	0	—	225	100	213	100
锰	5	100	0	—	225	100	213	100
砷	3	100	0	—	27	100	14	100
铅	3	100	0	—	19	100	12	100
汞	3	100	0	—	19	100	12	100
镉	3	100	0	—	19	100	12	100
铬	3	100	0	—	19	100	12	100
硝酸盐	3	100	0	—	27	100	14	100
氨氮	4	100	0	—	25	96.0	14	100
铜	5	100	0	—	19	100	12	100
锌	5	100	0	—	19	100	12	100
铝	3	100	0	—	7	100	0	—
挥发性酚	4	100	0	—	19	100	12	100
阴离子合成洗涤剂	4	100	0	—	19	100	12	100
氰化物	4	100	0	—	19	100	13	100
硒	3	100	0	—	19	100	12	100
四氯化碳	4	100	0	—	7	100	0	—
三氯甲烷	4	100	0	—	11	100	4	100
亚氯酸盐	0	—	0	—	1	100	1	100
氯酸盐	0	—	0	—	1	100	1	100

注:N 为测量数量,n 为合格率。

3. 不同类型消毒设备运行成本核算

(1)消毒成本核算方法。

评价消毒设备运行成本能更科学地指导消毒设备的选择。作者首先对各种消毒技术的成本进行理论计算,然后针对单项消毒技术并结合各示范工程实际运行效果数据,得出各项消毒技术的运行成本。

在消毒成本理论计算过程中,主要考虑消毒过程中的原材料购置费用、电费及更换零

配件产生的费用,计算公式如下:

$$C = \sum_{i=1}^{n} M_i U_i + EP + \sum_{i=1}^{m} A_i \tag{7.6}$$

式中　C——消毒成本,元/t;

　　　M——原材料的消耗量,kg/t;

　　　U——原材料的单价,元/kg;

　　　E——消毒设备运行所耗的电量,度/t;

　　　P——电价,元/度;

　　　A——零配件的价格,元/t。

(2)次氯酸钠消毒成本。

次氯酸钠消毒成本的来源主要是原料和耗电产生的费用。原料是无碘精制盐,耗盐量约为4×10^{-3}kg/t,单价为1.2元/kg;次氯酸钠设备所耗电量约为1.2×10^{-2}度/t,电费价格按0.5元/度计。

根据计算公式得到的次氯酸钠理论消毒成本约为0.010元/t,结合采用次氯酸钠发生器示范工程实际运行效果数据,次氯酸钠消毒运行成本为0.007~0.015元/t。

(3)次氯酸钙消毒成本。

次氯酸钙消毒成本的来源主要是耗电和原料产生的费用。次氯酸钙消毒设备的耗电量为1.0×10^{-2}度/t,电费价格按0.5元/度计;原料耗药量为5×10^{-3}kg/t,单价为20元/kg。

根据计算公式得到的次氯酸钙理论消毒成本约为0.015元/t,结合采用次氯酸钠发生器示范工程实际运行效果数据,次氯酸钠消毒运行成本为0.010~0.020元/t。

(4)高纯型二氧化氯消毒成本。

高纯型二氧化氯消毒成本的来源主要是原料和耗电产生的费用。原料是盐酸和亚氯酸钠,两种原料耗药量分别是1.6×10^{-3}kg/t和0.6×10^{-3}kg/t,单价分别为5元/kg和20元/kg,所耗电量约为4×10^{-3}度/t,电费价格按0.5元/度计。

根据计算公式得到的高纯型二氧化氯理论消毒成本约为0.022元/t,结合采用高纯型二氧化氯发生器示范工程实际运行效果数据,高纯型二氧化氯消毒运行成本为0.020~0.040元/t。

(5)复合型二氧化氯消毒成本。

复合型二氧化氯消毒成本的来源主要是原料和耗电产生的费用。原料是盐酸和氯酸钠,两种原料耗药量分别是2×10^{-3}kg/t和1×10^{-3}kg/t,单价分别为5元/kg和10元/kg,所耗电量约为2.0×10^{-2}度/t,电费价格按0.5元/度计。

根据计算公式得到的复合型二氧化氯理论消毒成本约为0.030元/t,结合采用复合型二氧化氯发生器示范工程实际运行效果数据,复合型二氧化氯消毒运行成本为0.025~0.040元/t。

(6)紫外线消毒成本。

紫外线消毒成本的来源主要是耗电和零配件耗材产生的费用。紫外线消毒设备的耗电量为3.3×10^{-2}度/t,电费价格按0.5元/度计;零配件主要包括灯管和整流器更换产生的费用,按1×10^{-3}元/t计。

根据计算公式得到的紫外线理论消毒成本约为 0.018 元/t,结合采用紫外线消毒设备的示范工程实际运行效果数据,紫外线消毒运行成本为 0.015～0.025 元/t。

(7)臭氧消毒成本。

臭氧消毒的耗电量约为 0.2 度/t,电费价格按 0.5 元/度计。

根据计算公式得到的臭氧理论消毒成本约为 0.100 元/t,结合采用臭氧发生器的示范工程实际运行效果数据,臭氧消毒运行成本为 0.08～0.15 元/t。

综合上述消毒设备运行成本核算结果,不同类型消毒设备运行成本由低到高大致顺序是:次氯酸钠、次氯酸钙、紫外线、高纯型二氧化氯、复合型二氧化氯、臭氧。

7.8　农村供水消毒技术模式

作者在总结水利科技推广"农村饮水安全消毒集成技术的推广应用"项目中示范工程的运行情况,并完善技术的基础上,对消毒技术的灭菌能力、消毒副产物、消毒剂的稳定性及其对 pH 变化范围的适应程度、消毒剂亚慢性毒性和经济性等方面进行了比较,形成了不同类型农村供水消毒技术模式四套,即次氯酸钠(钙)消毒技术模式、二氧化氯消毒技术模式、紫外线消毒技术模式和臭氧消毒技术模式,技术模式的主要内容包括技术特点、适用条件、技术要点、消毒成本等。

7.8.1　次氯酸钠(钙)消毒技术模式

1. 次氯酸钠消毒技术模式

该模式以次氯酸钠发生器现场制备的次氯酸钠溶液为消毒剂,通过自动变量投加装置投入清水池,实现饮用水消毒。次氯酸钠消毒技术模式如图 7.18 所示。

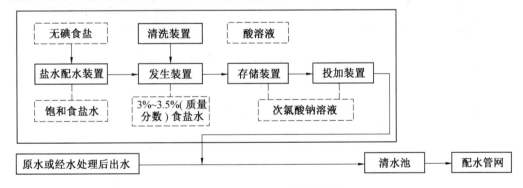

图 7.18　次氯酸钠消毒技术模式

(1)技术特点。

次氯酸钠消毒具有持续杀菌效果,广谱、安全、经济等,工艺成熟,效果稳定可靠,但易产生消毒副产物,且需要与水有 30 min 的接触时间。

(2)适用条件。

原水水质较好(CODMn 的含量不大于 3 mg/L)、pH 小于 8;供水系统最好有清水池等调节设施,以保证消毒剂与水的接触时间。

（3）技术要点。

①基本要求。应使出厂水和管网末梢水的余氯指标、微生物指标、消毒副产物指标符合《生活饮用水卫生标准》（GB 5749—2022），保证灭活致病微生物，防止管网二次污染，同时控制消毒副产物（主要是三卤甲烷和卤乙酸等）。

②投加量的确定。次氯酸钠的投加量与原水中的氯氨比、pH、水温和接触时间等均密切相关，一般水源的滤前投加量（以有效氯计）可在 1.0 ~ 2.0 mg/L 范围内选取，滤后或地下水投加量（以有效氯计）可在 0.5 ~ 1.0 mg/L 范围内选取，具体可根据水厂运行试验或相似条件下水厂的运行经验初步确定后，再通过生产调试确定。

③投加量调试方法。初步选取投加量后，检测出厂水的游离余氯含量是否在 0.3 ~ 4.0 mg/L 范围内，管网末梢水的游离余氯含量是否大于 0.05 mg/L，消毒副产物三氯甲烷含量是否小于 0.06 mg/L（质量浓度，下同）等。如不符合则做相应调整，直至符合要求为止。

（4）消毒成本。

吨水消毒成本为 0.007 ~ 0.015 元。

2. 次氯酸钙消毒技术模式

该模式采用次氯酸钙消毒技术，以次氯酸钙溶药投加装置为核心。次氯酸钙消毒技术模式如图 7.19 所示。

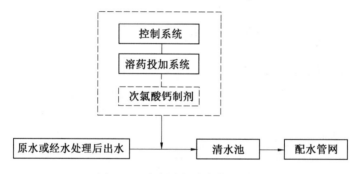

图 7.19　次氯酸钙消毒技术模式

（1）技术特点。

该模式具有持续杀菌效果；运行管理较简单，消毒时需要与水有 30 min 的接触时间。

（2）适用条件。

适用于以地下水为水源、水质较好（CODMn 含量不大于 3 mg/L），且 pH 不大于 8 的小型供水工程。

（3）技术要点。

①总体原则。应使出厂水和管网末梢水的余氯指标、微生物指标、消毒副产物指标符合《生活饮用水卫生标准》（GB 5749—2022）的要求，保证灭活致病微生物，防止管网二次污染，同时控制消毒副产物（主要是三卤甲烷和卤乙酸等）。

②投加量的确定。次氯酸钙的投加量与原水中的氯氨比、pH、水温和接触时间等均密切相关，一般滤后或地下水投加量（以有效氯计）可在 0.5 ~ 1.0 mg/L 范围内选取，具体可根据水厂运行试验或相似条件下水厂的运行经验初步确定后，再通过生产调试确定。

③投加量调试方法。初步选取投加量后,检测出厂水的游离余氯含量是否在0.3～4.0 mg/L范围内,管网末梢水的游离余氯含量是否大于0.05 mg/L,消毒副产物三氯甲烷含量是否小于0.06 mg/L等,如不符合则做相应调整,直至符合要求为止。

（4）消毒成本。

吨水消毒成本为0.010～0.020元。

7.8.2　二氧化氯消毒技术模式

1. 高纯型二氧化氯消毒技术模式

该模式采用二氧化氯消毒技术,以亚氯酸钠和盐酸为原料,通过高纯型二氧化氯发生器在常温条件下反应生成二氧化氯和氯气,再通过精量投加装置投入待处理水体,实现饮用水消毒,高纯型二氧化氯消毒技术模式如图7.20所示。

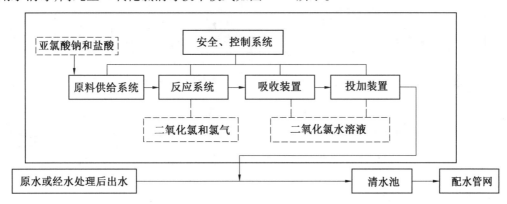

图7.20　高纯型二氧化氯消毒技术模式

（1）技术特点。

该模式采用的消毒剂为二氧化氯和氯气,具有强的氧化性和持续杀菌效果,对细菌和病毒等具有广谱杀灭能力,但需要与水有30 min的接触时间。

（2）适用条件。

CODMn含量较高的水源;藻类和真菌造成的含色、嗅、味的水源;pH和氨氮含量较高的水源;铁和锰含量较高的地下水源。

（3）技术要点。

①总体原则。应使出厂水和管网末梢水的二氧化氯指标、微生物指标、消毒副产物指标符合《生活饮用水卫生标准》(GB 5749—2022)的要求,保证灭活致病微生物,防止管网二次污染,同时控制消毒副产物(主要是亚氯酸盐)。

②投加量的确定。受原水水质和投加量的影响,当仅用作消毒时投加量一般在0.1～0.5 mg/L范围内选取,当兼用于除臭时投加量一般在0.5～1.5 mg/L范围内选取,当兼用于前处理、氧化有机物、除铁和锰时投加量一般在0.5～3.0 mg/L范围内选取,具体可根据水厂运行试验或相似条件下水厂的运行经验初步确定后,再通过生产调试确定。

③投加量调试方法。初步选取投加量后,检测出厂水的二氧化氯含量是否在0.1～0.8 mg/L范围内,管网末梢水的二氧化氯含量是否大于0.02 mg/L,消毒副产物亚氯酸盐

含量(质量浓度,下同)是否小于 0.7 mg/L 等,如不符合则做相应调整,直至符合要求为止。

(4)消毒成本。

吨水消毒成本为 0.020~0.040 元。

2. 复合型二氧化氯消毒技术模式

该模式采用二氧化氯消毒技术,以氯酸钠和盐酸为原料,通过复合型二氧化氯发生器在加热至 70 ℃条件下反应生成二氧化氯和氯气,通过精量投加装置投入待处理水体,实现饮用水消毒,复合型二氧化氯消毒技术模式如图 7.21 所示。

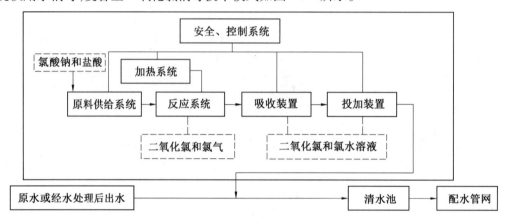

图 7.21 复合型二氧化氯消毒技术模式

(1)技术特点。

该技术模式具有氯气和二氧化氯消毒的共同优点,具有持续杀菌效果,但需要与水有 30 min 的接触时间。

(2)适用条件。

介于次氯酸钠与高纯型二氧化氯适用范围之间。

(3)技术要点。

①总体原则。应使出厂水和管网末梢水的余氯指标、微生物指标、消毒副产物指标符合《生活饮用水卫生标准》(GB 5749—2022)的要求,保证灭活致病微生物,防止管网二次污染,同时控制消毒副产物(包括亚氯酸盐和氯酸盐)。

②投加量的确定。复合型二氧化氯发生器的产物是二氧化氯和氯的混合物,按二氧化氯 2.6 倍的有效氯折算,以折算后总的有效氯量确定投加量,其与原水中的氯氨比、pH、水温和接触时间等均密切相关,一般水源的滤前投加量(以有效氯计)在 1.0~2.0 mg/L 范围内选取,滤后或地下水投加量(以有效氯计)在 0.5~1.0 mg/L 范围内选取,具体可根据水厂运行试验或相似条件下水厂的运行经验初步确定后,再通过生产调试确定。

③投加量调试方法。初步选取投加量后,检测出厂水的游离余氯含量是否在 0.3~4.0 mg/L 范围内,管网末梢水的游离余氯含量是否大于 0.05 mg/L,消毒副产物三氯甲烷含量是否小于 0.06 mg/L,消毒副产物亚氯酸盐和氯酸盐含量是否均小于 0.7 mg/L 等,

如不符合则做相应调整,直至符合要求为止。

（4）消毒成本。

吨水消毒成本为 0.025 ~ 0.040 元。

7.8.3　紫外线消毒技术模式

该模式采用紫外线消毒技术,以紫外线消毒设备为核心。紫外线消毒技术模式如图 7.22 所示。

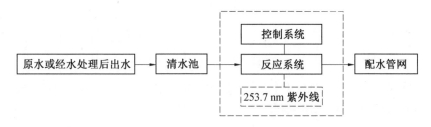

图 7.22　紫外线消毒技术模式

（1）技术特点。

该模式具有瞬时杀菌效果,不具有持续杀菌能力,运行管理较简单,且不易生成副产物。

（2）适用条件。

适用于以地下水为水源、水质较好、主管网长度最好不超过 1 km 的小型单村供水工程。

（3）技术要点。

①总体原则。应使出厂水和管网末梢水的微生物指标符合《生活饮用水卫生标准》（GB 5749—2022）的要求,保证灭活致病微生物。

②投加量的确定。紫外线有效剂量不应低于 40 mJ/cm² 其计算方法为:紫外线有效剂量 = 紫外强度×杀菌壳体有效容积/最大设计过水流量。

（4）消毒成本。

吨水消毒成本为 0.015 ~ 0.025 元。

7.8.4　臭氧消毒技术模式

该模式采用臭氧消毒技术,以臭氧发生器和精量投加器为核心。臭氧消毒技术模式如图 7.23 所示。臭氧发生器有两种类型,一种是电晕放电法臭氧发生器,二是电解纯水法臭氧发生器,最为常见的电晕放电法臭氧发生器,以空气为原料,空气中氧气经放电形成臭氧气体,再经气水混合后进行定量投加。

（1）技术特点。

该模式具有非常强的氧化性,能快速杀灭病原体,但不具有持续杀菌效果,消毒时需要与水有 12 min 的接触时间。

（2）适用条件。

适用于水源为地下水,水质条件较好（水中杂质少,CODMn 含量小于 3.0 mg/L,溴化

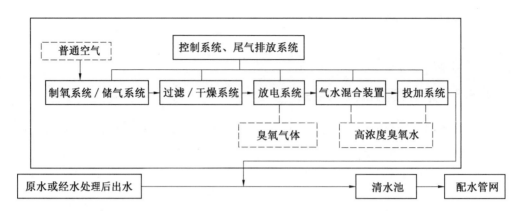

图 7.23　臭氧消毒技术模式

物含量小于 0.02 mg/L,浊度小于 1 NTU,水中溶解性固体含量的总和(TDS,质量浓度)小于 400 mg/L)的小型单村供水工程。

(3)技术要点。

①总体原则。应使出厂水和管网末梢水的臭氧指标、微生物指标、消毒副产物指标符合《生活饮用水卫生标准》(GB 5749—2022)的要求,保证灭活致病微生物,防止管网二次污染,同时控制消毒副产物(主要是溴酸盐和甲醛等)。

②投加量的确定。一般臭氧投加量在 0.3 ~ 0.6 mg/L 范围内选取,具体可根据供水水质对臭氧的消耗试验或参照相似条件下水厂的运行经验初步确定后,再通过生产调试确定。

③投加量调试方法。初步选取投加量后,检测出厂水的臭氧含量是否小于 0.3 mg/L,管网末梢水的臭氧含量是否大于 0.02 mg/L,消毒副产物溴酸盐含量是否小于 0.01 mg/L,消毒副产物甲醛含量(质量浓度,下同)是否小于 0.9 mg/L 等,如不符合则做相应调整,直至符合要求为止。

(4)消毒成本。

吨水消毒成本为 0.08 ~ 0.15 元。

本 章 习 题

一、填空题

1.指示水中微生物检验指标有_____、_____、_____和_____。

2.国内外常用消毒技术包括_____、_____、_____和_____。

3.电晕放电法臭氧发生器包含的系统:_____、_____、_____、_____、_____和_____。

4.评价消毒效果的水质检测仪器设备和材料应包括_____、_____、_____、_____和_____。

二、简答题

1.概括介水传染病的流行特点。

2.农村供水消毒问题形成的原因主要有哪几个方面？针对上述问题可以采取哪些措施？

3.简述紫外线消毒的优点和缺点。

4.农村供水工程在选择消毒技术及设备时应重点考虑的因素有哪些？

5.使用臭氧消毒设备时应注意哪些事项？

三、思考题

1.在日常生活中您见过哪些供水消毒设备，它们的基本原理是什么？

第8章 农村供水工程技术设备研发

8.1 自动清洗紫外线消毒设备

8.1.1 需求和目标

黑龙江省现有农村饮水安全工程 19 192 处,其中采用紫外线消毒的工程有 17 080 处,占工程总数的 89%。紫外线会被许多水中的物质吸收而影响消毒效果,紫外线灯管密封管等易被水垢遮挡而降低透光性,从而影响消毒能力,需要专业技术人员进行维护,工作量大,并且更换灯管成本高。为实现农村供水达到饮水标准,需要采用自动清洗紫外线消毒技术,改进紫外线消毒设备,进一步提升供水工程出厂水水质。

8.1.2 技术原理

在普通紫外线消毒装置的基础上,增加了清洗刮板、定时模块等装置,实现装置自动清洁紫外线灯套管功能,解决紫外线杀菌装置难以清洗、紫外线灯套管结垢后杀菌效果降低等问题。

8.1.3 技术特点

设备配有传感器模块、驱动电机、曲面刮板等仪表和控制元器件,能实现自动清洗紫外线灯套管的功能;结实耐用,紫外线灯管寿命可达 12 000 h,其余部分使用寿命可达 8~10 年;饮水消毒无需其他任何化学原料,设备仅需耗电;安全环保,采用物理法消毒;杀菌效果好,不会产生消毒副产物,不影响水的口感;利用自动化技术,使用便捷,大幅度降低了工作人员的工作强度。

8.1.4 技术指标

自动清洗紫外线消毒设备用于生活饮用水消毒时,紫外线灯管寿命可达 12 000 h,其余部分使用寿命可达 8~10 年,消毒成本为 0.016 元/t。

8.1.5 应用范围及前景

1. 应用范围

农村地下水源供水工程生活饮用水消毒。

2. 应用前景

自动清洗紫外线消毒设备不产生消毒副产物,不使用化学原料,不引进杂质。高寿命,低应用成本。设备构造简单,易安装,小巧轻便。随着自动清洗紫外线消毒设备研究的不断深入及应用领域的扩大,使其朝着清洗效果更好、更高度灵敏、更方便快捷的方向发展,应用前景广泛,已经获得相关实用新型专利(一种自动清洗型紫外线消毒装置 ZL2020 2 3070164.1)。自动清洗紫外线消毒设备如图 8.1 所示。

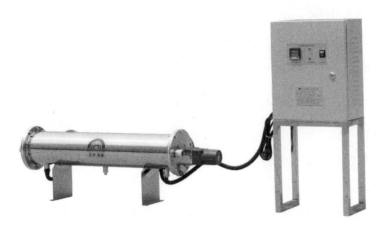

图 8.1　自动清洗紫外线消毒设备

8.2　自动投加二氧化氯消毒设备

8.2.1　需求和目标

黑龙江省地下水源小型集中供水工程点多、面广、缺乏消毒设备和危险化学品管理专业技术人员。为实现农村供水达到饮水标准,需要采用自动投药技术,改进二氧化氯消毒设备,进一步提升供水工程出厂水和末梢水水质。

8.2.2　技术原理

二氧化氯是国际上公认的含氯消毒剂中唯一的高效消毒灭菌剂,它可以杀灭一切微生物,并且不会产生抗药性。高纯型二氧化氯加药消毒设备采用自动投药技术、定量投加技术、缺料保护技术等,首先通过全自动溶解装置,将高纯型二氧化氯消毒剂添加到于水中后自动进行搅拌溶解配制成一定浓度的消毒药液,然后通过电磁计量泵精确计量后投加到所需消毒的饮用水中,计量泵的投加量可通过 PLC 接受余氯分析仪、电磁流量计(在线测量处理水量)信号自动进行调节,无须人工调节计量泵的投加量,并保证消毒后的微生物指标满足《生活饮用水卫生标准》(GB 5749—2022)的要求。

8.2.3　技术特点

设备为完全密封设计;具有欠原料报警、防回流和防虹吸等多种安全措施;采用高纯型二氧化氯消毒剂消毒,杀菌效果快,药剂投加量低且不产生三卤甲烷致癌物;全自动接收流量计或余氯的信号,实现定比列全自动精准投加;设备结构紧凑,占地面积小;能自动溶解消毒药剂,并定期搅拌消毒溶液;使用寿命超过 10 年,结实耐用。

8.2.4　技术指标

高纯型二氧化氯用于生活饮用水消毒时,二氧化氯的投加量为 0.2 ~ 0.4 mg/L(地下水),消毒成本为 0.005 ~ 0.01 元/t。

8.2.5　应用范围及前景

1. 应用范围

地下水水源供水规模不小于 20 m³/d 的农村供水工程。

2. 应用前景

高纯型二氧化氯消毒设备具有自动化、网络化、高寿命、低应用成本、快速、可靠等优点。随着高纯型二氧化氯消毒装置研究的不断深入及应用领域的扩大,使其朝着降低消毒副产物和更方便快捷的方向发展,应用前景广泛,已经获得相关实用新型专利(一种高纯型二氧化氯加药消毒装置 ZL 2020 2 3070165.6)。自动投加二氧化氯消毒设备如图 8.2 所示。

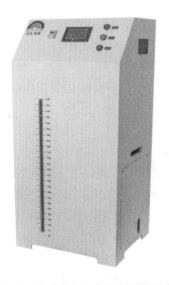

图 8.2　自动投加二氧化氯消毒设备

8.3　高效气提除铁和锰设备

8.3.1　需求和目标

黑龙江省含铁、锰地下水分布比较广泛,调查涉及 42 个市(县、区)中有 35 个市(县、区)存在不同程度铁、锰超标现象。为了避免杂质进入设备都会在连接管内安装过滤网,随着过滤网使用的时间延长,会导致杂质堆积在过滤网的表面,引起过滤网堵塞,从而影响除铁、锰能力,需要专业技术人员进行维护,工作量大,而且更换滤料成本高。为实现农村供水达到饮水标准,需要改进高效气提除铁、锰设备,进一步提升供水工程出厂水和末梢水水质。

8.3.2　技术原理

通过过滤介质(锰砂)对水中的铁和锰进行吸附和过滤,利用气提增高水位,从而可以充分对水中的铁离子、锰离子进行氧化,进而改善过滤罐的铁、锰过滤效果。通过设置清洁装置,可解决过滤网堵塞问题,提高净化效率。通过设置防护装置,可解决传统的法兰螺丝裸露在外长时间风吹雨淋后易生锈难以拧下的问题。

8.3.3　技术特点

运行效率高,锰砂过滤器又称多介质过滤器,可以 24 h 连续工作,不需停机反冲洗;运行费用低,不需高扬程大流量的反冲洗泵;出水水质稳定,过滤效果好;滤料清洁及时,可保证高质、稳定的出水效果,无周期性水质波动现象;占地面积小,外形美观。

8.3.4　技术指标

气水反冲洗装置采用水泵反冲洗,反冲洗强度为 $20 \sim 25$ L/$(s \cdot m^2)$,锰砂膨胀率为 $15\% \sim 25\%$,冲洗时间为 $5 \sim 10$ min,冲洗频次以滤池水头损失 $1.5 \sim 2.5$ m,出水铁的含量不大于 0.3 mg/L,锰的含量不大于 0.1 mg/L。

8.3.5　应用范围及前景

1. 应用范围

铁、锰超标地下水水源供水规模不小于 20 m³/d 的农村供水工程。

2. 应用前景

设备主体部分是以强氧化反应、分离除砂器、分组式悬浮过滤池等工艺为一体的装置,结构独特。降低滤网堵塞可以提高效气提除铁、锰设备的工作效率及水质。池内部设有自身反冲洗装置,不需配备反冲洗水泵和反冲洗水池,可减少工程占地,降低工程投资。压力式滤池反冲洗强度高,随着高效气提除铁、锰设备研究的不断深入,使其朝着更高效、更方便快捷的方向发展,应用前景广泛,已经获得相关实用新型专利(一种高效气提除铁、锰设备 ZL 2020 2 29516191.7）。高效气提除铁、锰设备如图 8.3 所示。

图 8.3　高效气提除铁、锰设备

8.4　气水脉冲管道清洗装置

8.4.1　需求和目标

由于农村劳动力的转移,所需实际用水量远低于设计供水规模,流速低,供水压力低,水流的方向、流速和水压容易发生变化,会使管道沿壁层流遭到破坏,管道内壁疏松结垢易脱落;部分地区铁、锰含量相对较高形成黑色沉淀,沉积到输配水管网的内壁上,降低输水能力;许多供水厂消毒设备未能正常运行,沿管内壁有"生长环"(沉积物的软垢和硬垢),多孔的结构有利于微生物的大量繁殖,导致给水管网被腐蚀;管网监测自动化水平低,管网漏损不易被发现,而漏量大才能从地面表露,造成供水水质污染严重。为实现农村供水达到饮用水标准,需要改进气水脉冲管道清洗装置,进一步提升水质。

8.4.2　技术原理

气水脉冲清洗技术是以气和水为介质实现气水结合的高速射流,可控脉冲所形成的物理波对管内的锈垢存积物进行冲击和振动,逐层剥落锈垢和存积物并快速排出管道之外来实现清洗目的。

8.4.3　技术特点

基于气水脉冲技术的管道清洗装置结构设计合理,使用方便,通过设置驱动电机、齿条及其附属组件的结构,达到了能为气水脉冲清洗方案提供足够强大的动力源的效果;能够产生足够强劲的气水脉冲,从而达到将待清洗管道内侧壁的污渍和锈蚀残余清除干净的效果。通过设置脉冲仓及其附属组件的结构,达到了能形成气水混合物,为气水脉冲提供物质准备的效果;能够在待清洗管道中形成泡沫丰富的脉冲,利用泡沫炸裂瞬间释放出的能量粉碎管道内侧壁的顽固杂质。

8.4.4　技术指标

脉冲周期为 4~5 s,供水压力为 0.2 MPa,供气工作压力为 0.2~0.3 MPa,平均作业效率为 96.7 min/km。

8.4.5　应用范围及前景

1. 应用范围

集中供水工程。

2. 应用前景

气水脉冲技术的冲洗时间短,而且可节约大量水资源,是一种见效快、能耗低、经济实用的二次污染供水管道的清洗技术,应用前景广阔,已经获得相关实用新型专利(一种基于气水脉冲技术的管道清洗装置 ZL 2020 2 1199387.5)。气水脉冲管道清洗装置及承载工程车如图 8.4 所示。

图 8.4　气水脉冲管道清洗装置及承载工程车

8.5　生物漫滤柱

8.5.1　需求和目标

农村地区以地下水为水源的单户家庭缺乏除铁、锰简易装置。为实现农村供水达到饮用水标准,需要研制简易除铁、锰装置,以进一步提升水质。

8.5.2　技术原理

生物漫滤柱内部放置卵石作为垫料,锰砂作为滤料,辅以生物膜过滤,能很好地过滤掉地下水中的杂质。

8.5.3 技术特点

生物漫滤柱可对常年处于 4~6 ℃的地下水进行过滤,借助过滤器过滤掉部分铁、锰的同时还能改善饮用水口感;摒弃了传统的过滤器和管道连接方式,在使用时提高了过滤器和管道的安装效率,也节省了安装时间,具有实用性;通过垫板来支撑过滤器,再通过螺纹销固定夹环位置来限制过滤器位置,能够适配不同大小的过滤器,具有适用性。

8.5.4 技术指标

卵石层厚度为 100 mm,锰砂滤料粒径为 0.6~1.2 mm,滤层厚度为 1 000 mm,出水铁的含量不大于0.3 mg/L,锰的含量不大于 0.1 mg/L。

8.5.5 应用范围及前景

1. 应用范围

农村地区以地下水为水源的单户家庭。

2. 应用前景

生物漫滤柱填补了集中供水工程覆盖不到用户水质净化问题,应用前景广阔,已经获得相关实用新型专利(一种生物漫滤柱 ZL 2021 2 1010849.9)。

8.6 涌砂离心过滤器

8.6.1 需求和目标

成井困难地区完井时下入的套管出现破漏,地层的泥沙自破漏处涌入井内,为在前处理中去除水中泥沙使水质合格,需要研制涌砂离心过滤器,以进一步提升水质。

8.6.2 技术原理

基于重力和离心力工作原理,利用高速旋转水流所产生的离心力,推动泥沙及密度较高的颗粒沿管壁流动形成旋流,使沙子和石块进入集砂罐,净水则顺流沿出口流出,即完成水砂分离。

8.6.3 技术特点

通过设置连接装置有效对水管与离心过滤器进行连接,避免了使用螺母的方式对离心过滤器进行连接易导致螺母滑丝无法固定牢固的情况,降低了设备的维护难度,提高了设备的易用性;通过设置稳固装置,有效将离心过滤器与地面固定在一起,避免了使用砖块及重物对离心过滤器进行固定易出现倒塌的现象,降低了设备的损坏率,提高了设备的安全性。

8.6.4　技术指标

原水浊度不小于 300 NTU,进水压力为 0.2～0.25 MPa,除砂直径大于 0.1 mm,工作温度不大于85 ℃。

8.6.5　应用范围及前景

1. 应用范围

成井困难地区完井时下入的套管出现破漏,地层的泥沙自破漏处涌入井内的农村供水工程水质前处理。

2. 应用前景

涌砂离心过滤器不仅可应用于水处理,还可用于农业灌溉、渔业等许多行业,应用前景广阔,已经获得相关实用新型专利(一种农村供水用离心过滤器 ZL 2021 21007745.2)。

8.7　农村生活污水快速处理装置

8.7.1　需求与目标

生活污水、食品加工废水是农村地下水源污染源重要来源。为保护水源,需要研制农村生活污水快速处理装置,改善农村生态环境,提高居民的生活水平。

8.7.2　技术原理

通过蜂窝状特殊结构拼接的多个功能过滤模块实现节省场地空间的同时还能够实现抽吸设备及电动机设备数量的精简,以及多个引流管道的舍弃,从而实现对生活污水的快速处理。

8.7.3　技术特点

在采用过滤板旋转过程中,颗粒杂质通不过滤网被留在集杂孔内,达到污水过滤的效果;曝气管经由喷气口向第二蜂窝箱内输入氧气,加速氧气溶于污水中,提高污水处理效率;絮凝剂管向第三蜂窝箱内输入絮凝剂,且开始搅拌污水与絮凝剂混合,进而沉淀内部的大颗粒;活性炭过滤层对污水进行深度净化。

8.7.4　技术指标

化学需氧量(CODMn)的含量小于 1 000 mg/L、生化需氧量(BOD)的含量小于 500 mg/L(质量浓度,下同)的农村生活污水处理。

8.7.5　应用范围及前景

1. 应用范围

农村生活污水处理。

2. 应用前景

农村生活污水快速处理装置管理简单、维护量小、运行管理简单及技术要求低,应用前景广阔,已经获得相关发明专利(一种农村生活污水快速处理装置 ZL 2020 10722893. 6)

本 章 习 题

一、填空题

1. 在普通紫外线消毒装置的基础上,增加了 _____ 和 _____ 等装置,可实现装置自动清洁紫外线灯套管功能。

2. 高纯型二氧化氯加药消毒设备采用 _____、_____、_____ 等技术。

3. 高效气提除铁、锰设备通过 _____ 对水中的铁和锰进行吸附和过滤。

4. 气水脉冲清洗技术是以 _____ 和 _____ 为介质实现气水结合的高速射流。

5. 农村地下水源污染源的重要来源是 _____ 和 _____。

二、简答题

1. 自动清洗紫外线消毒设备相比于普通紫外线消毒装置有什么创新?

2. 高纯型二氧化氯加药消毒设备的原理是什么?

3. 传统除铁、锰设备有什么缺陷?

4. 简述生物漫滤柱的技术特点。

5. 使用农村生活污水快速处理装置的必要性是什么?

三、思考题

1. 生活中还有哪些常见的农村供水工程技术设备,该如何根据实际情况进行选择?

第9章 农村供水工程应用效果评价

9.1 农村供水工程评价指标体系构建

9.1.1 一级评价指标选取

为了全面反映农村饮用水水源地安全内涵,本章所构建的一级评价指标体系相应地包括四个方面:水质安全评价、水量安全评价、环境安全评价和经济安全评价。

1. 水质安全一级评价指标

水质安全指标列为首位,因为水质合格率是反映水质安全的根本指标,直接关系到群众的身心健康和生活质量。黑龙江省农村地下饮用水水源铁、锰超标现象普遍,部分地区地下水中氟含量超标,水质安全问题是保障黑龙江省农村饮水安全的首要问题。

2. 水量安全一级评价指标

水量安全指标与水质安全指标同等重要,实现安全供水要做到有水喝、有水用。黑龙江省除少数山丘区水量偶有不足外,大部分地区水量充足,因此水量安全评价指标位于水质安全评价指标之后。

3. 环境安全一级评价指标

环境安全指标能保障水源处于一种不受威胁、没有危险的健康状态。黑龙江省部分水源周边存在与取水设施无关的建筑物;向陆域排放污水的排污口,倾倒、堆放工业废渣;乡村垃圾、粪便及其他有害废弃物;输送污水渠道、输油管道;油库;墓地等水源安全隐患,可见环境安全也是保障饮水安全的一项重要指标。

4. 经济安全一级评价指标

经济安全指标是水源建设方案的重要决策依据,反映项目是否具有可接受性,工程能否持续运行。虽然饮水工程本身是民生工程,不以盈利为目的,但是保证基本的收支平衡是保障工程可持续供水的关键,因此经济安全指标位于最后。

9.1.2 二级评价指标选取

按照《关于印发农村饮用水安全卫生评价指标体系的通知》(水农〔2004〕547 号)和《水利部办公厅关于进一步明确全国重要饮用水水源地安全保障达标建设年度评估工作有关要求的通知》(办资源函〔2018〕204 号)文件要求,筛选出准则层(B)的影响因子,分别为反映水质健康的水质安全指标(B_1)、水资源承载能力的水量安全指标(B_2)、环境风险及保障措施的环境安全指标(B_3)和工程建设经济可行性的经济安全指标(B_4)。

1. 水质安全二级评价指标

水质安全即饮用水水源地地域中各项指标都能够持续满足饮用水水源水质的要求，依据《关于印发农村饮用水安全卫生评价指标体系的通知》（水农〔2004〕547 号）文件要求，水质符合国家《生活饮用水卫生标准》（GB 5749—2022）要求的为安全，符合《农村实施〈生活饮用水卫生标准〉准则》要求的为基本安全。根据《地下水质量标准》（GB/T 14848—2017），结合《生活饮用水卫生标准》（GB 5749—2022），并依据我国地下水水质现状、人体健康基准值及地下水质量保护目标，并参照生活饮用水及工业、农业用水水质最高要求，将地下水质量划分为五类。

Ⅰ类：主要反映地下水化学组分的天然低背景含量。适用于各种用途。

Ⅱ类：主要反映地下水化学组分的天然背景含量。适用于各种用途。

Ⅲ类：以人体健康基准值为依据。主要适用于集中式生活饮用水水源及工业、农业用水。

Ⅳ类：以农业和工业用水要求为依据。除适用于农业和部分工业用水外，适当处理后可作生活饮用水。

Ⅴ类：不宜饮用，其他用水可根据使用目的选用。

根据地下水各指标含量特征，分为五类，是地下水质量评价的基础。以地下水为水源的各类专门用水，在地下水质量分类管理基础上，可选择Ⅳ类以上作为饮用水水源，水质指标共 39 项。水质指标及限值见表 9.1。

表 9.1　水质指标及限值

序号	分类	水质指标	限值
1		色度/度	≤25
2		嗅和味	无
3		浑浊度/NTU	≤10
4		肉眼可见物	无
5		pH	5.5~6.5,8.5~9.0
6		总硬度（以 $CaCO_3$ 计）/(mg·L^{-1})	≤550
7		溶解性总固体/(mg·L^{-1})	≤2 000
8		硫酸盐/(mg·L^{-1})	≤350
9	感官性状及一般化学指标	氯化物/(mg·L^{-1})	≤350
10		铁（Fe）/(mg·L^{-1})	≤1.5
11		锰（Mn）/(mg·L^{-1})	≤1.0
12		铜（Cu）/(mg·L^{-1})	≤1.5
13		锌（Zn）/(mg·L^{-1})	≤5.0
14		钼（Mo）/(mg·L^{-1})	≤0.5
15		钴（Co）/(mg·L^{-1})	≤1.0
16		挥发性酚类（以苯酚计）/(mg·L^{-1})	≤0.01
17		阴离子合成洗涤剂/(mg·L^{-1})	≤0.3
18		高锰酸盐指数/(mg·L^{-1})	≤10

续表 9.1

序号	分类	水质指标	限值
19		硝酸盐(以 N 计)/(mg · L^{-1})	≤30
20		亚硝酸盐(以 N 计)/(mg · L^{-1})	≤0.1
21		氨氮(NH$_4$)/(mg · L^{-1})	≤0.5
22		氟化物/(mg · L^{-1})	≤2.0
23		碘化物/(mg · L^{-1})	≤1.0
24		氰化物/(mg · L^{-1})	≤0.1
25		汞(Hg)/(mg · L^{-1})	≤0.001
26		砷(As)/(mg · L^{-1})	≤0.05
27	毒理学指标	硒(Se)/(mg · L^{-1})	≤0.01
28		镉(Cd)/(mg · L^{-1})	≤0.01
29		六价铬(Cr^{6+})/(mg · L^{-1})	≤0.1
30		氟化物(Pb)/(mg · L^{-1})	≤0.1
31		铍(Be)/(mg · L^{-1})	≤0.001
32		钡(Ba)/(mg · L^{-1})	≤4.0
33		镍(Ni)/(mg · L^{-1})	≤0.1
34		滴滴滴/(μg · L^{-1})	≤1.0
35		六六六/(μg · L^{-1})	≤5.0
36	微生物指标	总大肠菌群/(个 · L^{-1})	≤100
37		细菌总数/(个 · L^{-1})	≤1 000
38	放色性指标	总 σ 放射性/(Bq · L^{-1})	≤0.1
39		总 β 放射性/(Bq · L^{-1})	≤1.0

水源选择的目标是提供优质的饮用水,对现有水质安全指标进行进一步梳理,将水质二级评价指标分为感官性状和一般化学指标(简称一般化学指标,C_1)、污染性指标(C_2)和毒理指标(C_3)。基于前期研究成果,截至 2015 年,黑龙江省未发现放射性指标超标的地下水源,因此放射性指标不纳入水质二级评价指标体系中。

在水质安全类指标体系中,一般化学指标反映水质是否满足感官要求,污染性指标反映水质的环境质量,毒理指标则反映水质对人体健康的危害。一般化学指标的评价因子为岩层中溶出的铁(D_1)、锰(D_2)离子。污染性指标为水质检测的常见代表性因子,总大肠菌群(D_3)、硝酸盐(D_4)、亚硝酸盐(D_5)、高锰酸盐指数(D_6)和氨氮(D_7)。毒理性指标从《地下水质量标准》(GB/T 14848—2017)规定的指标中进行筛选,最后确定以汞(D_8)、砷(D_9)、镉(D_{10})、铬(D_{11})、氟化物(D_{12})和钡(D_{13})作为评价因子。

2. 水量安全二级评价指标

对农村饮用水水源水量安全评价的目的是要确定水源供水量能否满足水源原设计供

水量或开采量的要求,即能否达到安全供水的程度。在水量安全类指标体系中,水源产水能力指标(C_4)反映源头上水量是否充足,工程供水能力指标(C_5)反映水源工程能否满足居民生产、生活的需求。保障水量安全的评价因子从《建设项目水资源论证导则 第1部分:水利水电建设项目》(SL/T 525.1—2023)的规定中进行筛选,最后确定以反映水源产水能力的地下水开采率(D_{14})及反映工程供水能力的丰水期供水保证率(D_{15})、枯水期供水保证率(D_{16})作为评价因子。

3. 环境安全二级评价指标

在环境安全类指标体系中,环境风险指标(C_6)和保护措施指标(C_7)能保障水源处于一种不受威胁、没有危险的健康状态。环境风险指标从《饮用水水源保护区污染防治管理规定》(〔89〕环管字第201号)中筛选,最后确定以工业或生活排污口(D_{17})、排污企业(D_{18})、易溶有毒废弃物堆放(D_{19})、分散式养殖废弃物堆放(D_{20})、生活垃圾堆放(D_{21})和道路桥梁穿越(D_{22}),以及反映水源保护措施的管理人员占每千人口比(D_{23})和隔离设施建设(D_{24})作为评价因子。

4. 经济安全二级评价指标

经济安全指标是水源选择方案的重要决策依据,资金投入与收益指标(C_8)和供水水价指标(C_9)反映项目是否具有可接受性,确定的评价因子为反映饮水工程盈利能力的投入产出比(D_{25})和反映工程水价高低的理论水价(D_{26})。

评价指标体系包含一级、二级和三级3个评价层次。目标层反映的是各子系统综合运行的最终效果,是安全评价结果的总结和直观表达。一级评价指标从水质安全、水量安全、环境安全和经济安全4个方面进一步提升水源地安全水平。二级、三级评价指标是结合研究区域实际情况选取的具体评价指标,更深入地揭示了水源地安全状况。农村小型地下饮用水水源地安全评价指标体系如图9.1所示。

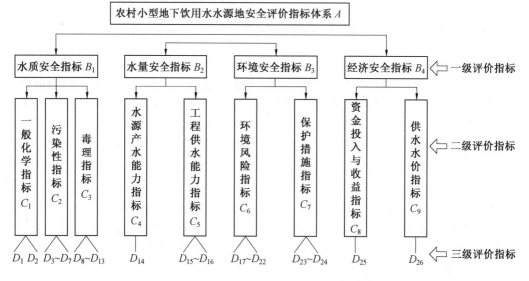

图9.1 农村小型地下饮用水水源地安全评价指标体系

9.2 农村供水工程评价模型构建

9.2.1 评价指标的赋权

采用专家问卷调查与层次分析法(AHP)相结合的方法,分析指标间的比例标度,建立判断矩阵,计算各指标的权重(W)及一致性指标(CI),并检验是否具有可接受的一致性(CR),结果见表 9.2~9.15。

表 9.2 准则层 B 对目标层 A 的判断矩阵与权重

A	B_1	B_2	B_3	B_4	W_I	CI	CR
B_1	1	3	5	6	0.557 1		
B_2	1/3	1	3	3	0.240 6		
B_3	1/5	1/3	1	3	0.131 7	0.055 7	0.062 6
B_4	1/6	1/3	1/3	1	0.070 5		

表 9.3 指标层 C 对准则层 B_1 的判断矩阵与权重

B_1	C_1	C_2	C_3	W_I	CI	CR
C_1	1	1/5	1/9	0.062 3		
C_2	5	1	1/4	0.236 4	0.036 1	0.069 5
C_3	9	4	1	0.701 3		

表 9.4 指标层 C 对准则层 B_2 的判断矩阵与权重

B_2	C_4	C_5	W_I	CI	CR
C_4	1	1	0.500 0		
C_5	1	1	0.500 0	0	0

表 9.5 指标层 C 对准则层 B_3 的判断矩阵与权重

B_3	C_6	C_7	W_I	CI	CR
C_6	1	5	0.833 3		
C_7	1/5	1	0.166 7	0	0

表 9.6 指标层 C 对准则层 B_4 的判断矩阵与权重

B_4	C_8	W_I	CI	CR
C_8	1	1.000 0	0	0

表9.7 评价层 D 对指标层 C_1 的判断矩阵与权重

C_1	D_1	D_2	W_I	CI	CR
D_1	1	1/3	0.250 0		
D_2	3	1	0.750 0	0	0

表9.8 评价层 D 对指标层 C_2 的判断矩阵与权重

C_2	D_3	D_4	D_5	D_6	D_7	W_I	CI	CR
D_3	1	1/7	1/9	1/7	1/7	0.030 9		
D_4	7	1	1/3	1	1	0.174 4		
D_5	9	3	1	3	3	0.445 8	0.022 2	0.019 8
D_6	7	1	1/3	1	1	0.174 4		
D_7	7	1	1/3	1	1	0.174 4		

表9.9 评价层 D 对指标层 C_3 的判断矩阵与权重

C_3	D_8	D_9	D_{10}	D_{11}	D_{12}	D_{13}	W_I	CI	CR
D_8	1	1	1/5	1/5	1/5	1/5	0.045 5		
D_9	1	1	1/5	1/5	1/5	1/5	0.045 5		
D_{10}	5	5	1	1	1	1	0.227 3		
D_{11}	5	5	1	1	1	1	0.227 3	0	0
D_{12}	5	5	1	1	1	1	0.227 3		
D_{13}	5	5	1	1	1	1	0.227 3		

表9.10 评价层 D 对指标层 C_4 的判断矩阵与权重

C_4	D_{14}	W_I	CI	CR
D_{14}	1	1.0000	0	0

表9.11 评价层 D 对指标层 C_5 的判断矩阵与权重

C_5	D_{15}	D_{16}	W_I	CI	CR
D_{15}	1	1/3	0.2500		
D_{16}	1	1	0.7500	0	0

表 9.12　评价层 D 对指标层 C_6 的判断矩阵与权重

C_6	D_{17}	D_{18}	D_{19}	D_{20}	D_{21}	D_{22}	W_I	CI	CR
D_{17}	1	3	3	5	7	7	0.418 2		
D_{18}	1/3	1	1	4	5	5	0.206 6		
D_{19}	1/3	1	1	4	5	5	0.206 6		
D_{20}	1/5	1/4	1/4	1	2	3	0.079 5	0.046 2	0.036 6
D_{21}	1/7	1/5	1/5	1/2	1	2	0.051 1		
D_{22}	1/7	1/5	1/5	1/3	1/2	1	0.037 9		

表 9.13　评价层 D 对指标层 C_7 的判断矩阵与权重

C_7	D_{23}	D_{24}	W_I	CI	CR
D_{23}	1	1/5	0.166 7	0	0
D_{24}	5	1	0.833 3		

表 9.14　评价层 D 对指标层 C_8 的判断矩阵与权重

C_8	D_{25}	D_{26}	W_I	CI	CR
D_{25}	1	1/5	0.166 7	0	0
D_{26}	5	1	0.833 3		

表 9.15　评价层 D 对指标层 C_9 的判断矩阵与权重

C_9	D_{25}	D_{26}	W_I	CI	CR
D_{25}	1	1/3	0.250 0	0	0
D_{26}	1	1	0.750 0		

由表 9.2～9.15 的计算结果可见,逐层进行判断一致性检验 CR 计算值均小于 0.100 0,说明判断矩阵的一致性是可以接受的。

目标层至评价层合成权重见表 9.16。

表 9.16 目标层至评价层合成权重

目标层	一级评价指标		二级评价指标		三级评价指标	
	指标	权重	指标	权重	指标	权重
农村小型地下饮用水水源地安全评价指标体系（A）	水质安全指标（B_1）	0.557 1	一般化学指标（C_1）	0.034 7	铁（D_1）	0.008 7
					锰（D_2）	0.026 0
			污染性指标（C_2）	0.131 7	总大肠菌群（D_3）	0.004 1
					硝酸盐（D_4）	0.023 0
					亚硝酸盐（D_5）	0.058 7
					高锰酸盐指数（D_6）	0.023 0
					氨氮（D_7）	0.023 0
			毒理指标（C_3）	0.390 7	汞（D_8）	0.017 8
					砷（D_9）	0.017 8
					镉（D_{10}）	0.088 8
					铬（D_{11}）	0.088 8
					氟化物（D_{12}）	0.088 8
					钡（D_{13}）	0.088 8
	水量安全指标（B_2）	0.240 6	水源产水能力指标（C_4）	0.120 3	地下水开采率（D_{14}）	0.120 3
			工程供水能力指标（C_5）	0.120 3	丰水期供水保证率（D_{15}）	0.030 1
					枯水期供水保证率（D_{16}）	0.090 2
	环境安全指标（B_3）	0.131 7	环境风险指标（C_6）	0.109 7	工业或生活排污口（D_{17}）	0.045 9
					排污企业（D_{18}）	0.022 7
					易溶有毒废弃物堆放（D_{19}）	0.022 7
					分散式养殖废弃物堆放（D_{20}）	0.008 7
					生活垃圾堆放（D_{21}）	0.005 6
					道路桥梁穿越（D_{22}）	0.004 2
	经济安全指标（B_4）	0.070 5	保护措施指标（C_7）	0.022 0	管理人员占每千人口比（D_{23}）	0.003 7
					隔离设施建设（D_{24}）	0.018 3
			资金投入与收益指标（C_8）	0.017 6	投入产出比（D_{25}）	0.011 8
			供水价格指标（C_9）	0.052 9	理论水价（D_{26}）	0.058 7

由表 9.16 可见，目标层至评价层合成权重（$A \sim D$），经计算 CR 为 0.027 5（小于 0.100 0），说明合成权重具有良好的一致性。

9.2.2 评价指标的量化

依据《地下水质量标准》（GB/T 14848—2017）、《建设项目水资源论证导则 第 1 部分:水利水电建设项目》(SL/T 525.1—2023)和《饮用水水源保护区污染防治管理规定》([89]环管字第201号)等法律法规所涉及的指标限值结合作者多年积累的案例经验,针对综合评估所涉及的26项指标制定了一套赋分标准。

将评价因子等级划分为极不适宜、不适宜、尚可、比较适宜和极适宜5个等级,分别赋予0、40、60、80、100相应分值。在评价过程中,各评价因子的得分参照现行法律法规相关等级要求。区间范围的具体分值可通过内插法进行计算,通过评分标准和权重的计算求得的加权平均数即为水源选择适宜性评价的最终得分。60分以下的选择方案应予放弃,60分以上的选择方案可作为考虑方案,分值越高,方案的合理性越强。当水体中有毒污染物超标危害到人体健康,或水量不能满足需求时,执行"一票否决制",综合得分再高也不能作为饮用水水源。评价因子的评分标准见表9.17。

表9.17 评价因子的评分标准

目标层	一级评价指标	二级评价指标	三级评价指标	分值				
				0分	40分	60分	80分	100分
农村小型地下饮用水水源地安全评价指标体系(A)(100分)	水质安全指标(B_1)(55.71分)	一般化学指标(C_1)(3.47分)	铁(D_1)(0.87分)	>1.5		≤1.5		≤0.2
			锰(D_2)(2.6分)	>1.0		≤1.0		≤0.05
		污染性指标(C_2)(13.17分)	总大肠菌群(D_3)(0.41分)	>100		≤100		≤3.0
			硝酸盐(D_4)(2.3分)	>30		≤30		≤5.0
			亚硝酸盐(D_5)(5.87分)	>0.1		≤0.1		≤0.01
			高锰酸盐指数(D_6)(2.3分)	>10		≤10		≤2.0
			氨氮(D_7)(2.3分)	>0.5		≤0.5		≤0.02
		毒理指标(C_3)(39.07分)	汞(D_8)(1.78分)	>0.001		≤0.001		≤0.0005
			砷(D_9)(1.78分)	>0.05		≤0.05		≤0.01
			镉(D_{10})(8.88分)	>0.01		≤0.01		≤0.001
			铬(D_{11})(8.88分)	>0.1		≤0.1		≤0.01
			氟化物(D_{12})(8.88分)	>0.1		≤0.1		≤0.01
			钡(D_{13})(8.88分)	>4.0		≤4.0		≤0.1
	水量安全指标(B_2)(24.06分)	水源产水能力指标(C_4)(12.03分)	地下水开采率(D_{14})(12.03分)	>130	≤130	≤115	≤100	<85
		工程供水能力指标(C_5)(12.03分)	丰水期供水保证率(D_{15})(3.01分)	≤85	<100	=100	>100	≥115
			枯水期供水保证率(D_{16})(9.02分)	≤85	<100	=100	>100	≥115

续表 9.17

目标层	一级评价指标	二级评价指标	三级评价指标	分值				
				0分	40分	60分	80分	100分
农村小型地下饮用水水源地安全评价指标体系（A）（100分）	环境安全指标（B_3）（13.17分）	环境风险指标（C_6）（10.97分）	工业或生活排污口（D_{17}）（4.59分）			存在但可迁移		不存在
			排污企业（D_{18}）（2.27分）			存在但可迁移		不存在
			易溶有毒废弃物堆放（D_{19}）（2.27分）			存在但可迁移		不存在
			分散式养殖废弃物堆放（D_{20}）（0.87分）			存在但可迁移		不存在
			生活垃圾堆放（D_{21}）（0.56分）			存在但可迁移		不存在
			道路桥梁穿越（D_{22}）（0.42分）			存在但可迁移		不存在
	经济安全指标（B_4）（7.05分）	保护措施指标（C_7）（2.20分）	管理人员占每千人口比（D_{23}）（0.37分）	0	0~1	1~2	2~3	3~5
			隔离设施建设（D_{24}）（1.83分）	不存在		存在但需改进		存在
		资金投入与收益指标（C_8）（3.53分）	投入产出比（D_{25}）（1.18分）	0~0.5	0.5~1	1~1.2	1.2~1.5	1.5~2
		供水价格指标（C_9）（3.53分）	理论水价（D_{26}）（5.87分）	5倍实际水价	2倍实际水价	1.2倍实际水价	实际水价	0.8倍实际水价

注:管理人员占每千人口比=(机构管理人员数/当地人口总数)×1 000;投入产出比=总效益/(投资总额+运行管理费);理论水价=等额年总成本/年销售水量。

9.3　典型工程评价

兼顾水源水质类型、供水规模、净化方式、消毒方式和取水构筑物类型,对黑龙江省不同区域典型供水工程进行评价。评价结果可为黑龙江省农村小型集中供水工程的水源选址、水处理工艺设计、水处理设备选择、地方病预防、污染预防等方面提供理论依据及数据支撑。水源水质类型包括铁和锰超标、水质合格、氟化物超标、氨氮超标、水量不达标 5 种类型。供水规模有 3 种,包括小于 20 m³/d、20 ~200 m³/d、200 ~1 000 m³/d。净化方式包括除铁和锰及降氟工艺,消毒方式包括紫外线、二氧化氯、次氯酸钠 3 种消毒工艺。

北安市、呼兰区、双城区、泰来县、肇州县、逊克县、富裕县、兰西县、林甸县、依安县、安达市、绥化市北林区、勃利县、方正县、富锦市、依兰县、桦川县、桦南县、汤原县、鸡东县、萝北县、佳木斯市郊区、七台河市、孙吴县、拜泉县、绥棱县、明水县、肇东市、肇源县、巴彦县、宾县、阿城区、木兰县、虎林市、绥滨县等 35 个市(县、区)铁和锰超标地区,可应用铁和锰超标工程建设与评价模式。东宁市、海林市、林口县、穆棱市、宁安市、鹤岗市、密山市 7 个水质合格市(县),可应用水质合格工程建设与评价模式。肇东市、安达市、梅里斯镇 3 个氟化物超标地区,可采用氟化物超标工程建设与评价模式。

9.3.1　古北乡龙泉二队供水工程

水源水质铁和锰超标、供水规模 200 ~ 1 000 m³/d、锰砂过滤、二氧化氯消毒、管井的古北乡龙泉二队供水工程,依据《生活饮用水标准检验方法》(GB/T 5750—2023)对水质安全指标 $D_1 ~ D_{13}$ 进行化验分析,采用现场调查法对水量安全指标 $D_{14} ~ D_{16}$ 及环境安全指标 $D_{17} ~ D_{22}$ 进行量化,采用资料分析方法对经济安全指标 $D_{23} ~ D_{26}$ 进行计算,将水质化验及现场查勘的结果带入评价模型。古北乡龙泉二队供水工程综合评价结果见表 9.18。

由表 9.18 可见,综合评价得分 99.13 分,其中一级评价指标中水质安全指标 55.71 分,水量安全指标 24.06 分,环境安全指标 12.31 分,经济安全指标 7.05 分。二级评价指标一般化学指标 3.47 分,污染性指标 13.16 分,毒理指标 39.08 分,水源产水能力指标 12.03 分,工程供水能力指标 12.03 分,环境风险指标 10.11 分,保护措施指标 2.2 分,资金投入与收益指标 1.18 分,供水价格指标 5.87 分。古北乡龙泉二队供水工程水质、水量及环境状况良好,调查发现存在分散式养殖的情况,建议规范养殖。

9.3.2　明义乡油坊村油新屯供水工程

水源水质铁和锰超标、供水规模小于 20 m³/d、锰砂过滤、二氧化氯消毒、管井的明义乡油坊村油新屯供水工程,将水质化验及现场查勘的结果带入评价模型。明义乡油坊村油新屯供水工程综合评价结果见表9.19。

表 9.18 古北乡龙泉二队供水工程综合评价结果

目标层	一级评价指标 指标	一级评价指标 得分	二级评价指标 指标	二级评价指标 得分	三级评价指标 指标	单位	水源实测平均值	出厂实测平均值	评分	综合得分
农村小型地下饮用水水源地安全评价指标体系（A）	水质安全指标（B₁）	55.71	一般化学指标（C₁）	3.47	铁（D₁）	mg/L	1.2	0.03	0.87	99.13
					锰（D₂）	mg/L	1.5	0.05	2.60	
			污染性指标（C₂）	13.16	总大肠菌群（D₃）	个	0	0	0.41	
					硝酸盐（D₄）	mg/L	3.1	3.1	2.30	
					亚硝酸盐（D₅）	mg/L	≤0.01	≤0.01	5.85	
					高锰酸盐指数（D₆）	mg/L	1.1	1.1	2.30	
					氨氮（D₇）	mg/L	0.02	0.02	2.30	
			毒理指标（C₃）	39.08	汞（D₈）	mg/L	≤0.0001	≤0.0001	1.78	
					砷（D₉）	mg/L	<0.001	<0.001	1.78	
					镉（D₁₀）	mg/L	未检出	未检出	8.88	
					铬（D₁₁）	mg/L	未检出	未检出	8.88	
					氟化物（D₁₂）	mg/L	未检出	未检出	8.88	
					钡（D₁₃）	mg/L	0.08	0.08	8.88	

续表 9.18

目标层	一级评价指标		二级评价指标		三级评价指标					综合得分
	指标	得分	指标	得分	指标	单位	水源实测平均值	出厂实测平均值	评分	
农村小型地下饮用水水源地安全评价指标体系（A）	水量安全指标（B_2）	24.06	水源产水能力指标（C_4）	12.03	地下水开采率（D_{14}）	—	—	—	—	99.13
			工程供水能力指标（C_5）	12.03	丰水期供水保证率（D_{15}）	—	120	120	3.01	
					枯水期供水保证率（D_{16}）	—	120	120	9.02	
	环境安全指标（B_3）	12.31	环境风险指标（C_6）	10.11	工业或生活排污口（D_{17}）	—	不存在	不存在	4.59	
					排污企业（D_{18}）	—	不存在	不存在	2.27	
					易溶有毒废弃物堆放（D_{19}）	—	不存在	不存在	2.27	
					分散式养殖废弃物堆放（D_{20}）	—	存在	存在	0	
					生活垃圾堆放（D_{21}）	—	不存在	不存在	0.56	
					道路桥梁穿越（D_{22}）	—	不存在	不存在	0.42	
			保护措施指标（C_7）	2.20	管理人员占每千人口比（D_{23}）	—	1	1	0.37	
					隔离设施建设（D_{24}）	—	存在	存在	1.83	
	经济安全指标（B_4）	7.05	资金投入与收益指标（C_8）	1.18	投入产出比（D_{25}）	—	1.0	1.0	1.18	
			供水价格指标（C_9）	5.87	理论水价（D_{26}）	元/t	实际水价	实际水价	5.87	

表 9.19　明义乡油坊村油新屯新村供水工程综合评价结果

目标层	一级评价指标		二级评价指标		三级评价指标					综合得分
	指标	得分	指标	得分	指标	单位	水源实测平均值	出厂实测平均值	评分	
农村小型地下水饮用水水源地安全评价指标体系（A）	水质安全指标（B_1）	55.71	一般化学指标（C_1）	3.47	铁（D_1）	mg/L	1.0	0.03	0.87	98.57
					锰（D_2）	mg/L	0.9	0.05	2.60	
			污染性指标（C_2）	13.16	总大肠菌群（D_3）	个	0	0	0.41	
					硝酸盐（D_4）	mg/L	3.1	3.1	2.30	
					亚硝酸盐（D_5）	mg/L	≤0.01	≤0.01	5.85	
					高锰酸盐指数（D_6）	mg/L	1.1	1.1	2.30	
					氨氮（D_7）	mg/L	0.02	0.02	2.30	
			毒理指标（C_3）	39.08	汞（D_8）	mg/L	≤0.0001	≤0.0001	1.78	
					砷（D_9）	mg/L	<0.001	<0.001	1.78	
					镉（D_{10}）	mg/L	未检出	未检出	8.88	
					铬（D_{11}）	mg/L	未检出	未检出	8.88	
					氟化物（D_{12}）	mg/L	未检出	未检出	8.88	
					钡（D_{13}）	mg/L	0.08	0.08	8.88	
	水量安全指标（B_2）	24.06	水源产水能力指标（C_4）	12.03	地下水开采率（D_{14}）	—	75	75	12.03	
			工程供水能力指标（C_5）	12.03	丰水期供水保证率（D_{15}）	—	120	120	3.01	
					枯水期供水保证率（D_{16}）	—	120	120	9.02	

续表 9.19

目标层	一级评价指标		二级评价指标		三级评价指标		单位	水源实测平均值	出厂实测平均值	评分	综合得分
	指标	得分	指标	得分		指标					
农村小型地下饮用水水源地安全评价指标体系（A）	环境安全指标（B_3）	11.75	环境风险指标（C_6）	9.55		工业或生活排污口（D_{17}）	—	不存在	不存在	4.59	98.57
						排污企业（D_{18}）	—	不存在	不存在	2.27	
						易溶有毒废弃物堆放（D_{19}）	—	不存在	不存在	2.27	
						分散式养殖废弃物堆放（D_{20}）	—	存在	存在	0	
						生活垃圾堆放（D_{21}）	—	存在	存在	0	
						道路桥梁穿越（D_{22}）	—	不存在	不存在	0.42	
			保护措施指标（C_7）	2.20		管理人员占每千人口比（D_{23}）	—	1	1	0.37	
						隔离设施建设（D_{24}）	—	存在	存在	1.83	
	经济安全指标（B_4）	7.05	资金投入与收益指标（C_8）	1.18		投入产出比（D_{25}）	—	1.0	1.0	1.18	
			供水价格指标（C_9）	5.87		理论水价（D_{26}）	元/t	实际水价	实际水价	5.87	

由表 9.19 可见,综合评价得分 98.57 分,其中一级评价指标中水质安全指标 55.71 分,水量安全指标 24.06 分,环境安全指标 11.75 分,经济安全指标 7.05 分。二级评价指标一般化学指标 3.47 分,污染性指标 13.16 分,毒理指标 39.08 分,水源产水能力指标 12.03 分,工程供水能力指标 12.03 分,环境风险指标 9.55 分,保护措施指标 2.20 分,资金投入与收益指标 1.18 分,供水价格指标 5.87 分,水源铁和锰超标。明义乡油坊村油新屯供水工程安装了除铁和锰设备,对出厂水中铁和锰进行检测,出厂水符合《生活饮用水卫生标准》(GB 5749—2022)的规定,进一步验证了采用的水处理及消毒工艺合理,水源安全可靠,调查发现工程周边存在生活垃圾及秸秆堆放的情况,建议对其进行清理。

9.3.3 逊河镇一屯供水工程

水源水质含铁和锰但不超标、供水规模 20~200 m^3/d、紫外线消毒、大口井的逊河镇一屯供水工程,将水质化验及现场查勘的结果带入评价模型。逊河镇一屯供水工程综合评价结果见表 9.20。

由表 9.20 可见,综合评价得分 100 分,其中一级评价指标中水质安全指标 55.71 分,水量安全指标 24.06 分,环境安全指标 13.18 分,经济安全指标 7.05 分。二级评价指标一般化学指标 3.47 分,污染性指标 13.16 分,毒理指标 39.08 分,水源产水能力指标 12.03 分,工程供水能力指标 12.03 分,环境风险指标 10.98 分,保护措施指标 2.20 分,资金投入与收益指标 1.18 分,供水价格指标 5.87 分。逊河镇一屯供水工程对出厂水中铁、锰进行检测,出厂水符合《生活饮用水卫生标准》(GB 5749—2022)的规定,水质、水量及环境状况良好,水源安全可靠。

9.3.4 宾西镇朝阳村宿家屯供水工程

水源水质合格、供水规模 20~200 m^3/d、次氯酸钠消毒、管井的宾西镇朝阳村宿家屯供水工程,将水质化验及现场查勘的结果带入评价模型。宾西镇朝阳村宿家屯供水工程综合评价结果见表 9.21。

由表 9.21 可见,综合评价得分 99.44 分,其中一级评价指标中水质安全指标 55.71 分,水量安全指标 24.06 分,环境安全指标 12.62 分,经济安全指标 7.05 分。二级评价指标一般化学指标 3.47 分,污染性指标 13.16 分,毒理指标 39.08 分,水源产水能力指标 12.03 分,工程供水能力指标 12.03 分,环境风险指标 10.42 分,保护措施指标 2.20 分,资金投入与收益指标 1.18 分,供水价格指标 5.87 分。宾西镇朝阳村宿家屯供水工程水源安全可靠,调查发现,工程周边存在生活垃圾堆放的情况,建议对其进行清理。

9.3.5 梅里斯镇前平村饮水安全工程

氟化物超标、供水规模 20~200 m^3/d、活性三氧化二氯过滤、紫外线消毒、管井的梅里斯镇前平村饮水安全工程,将水质化验及现场查勘的结果带入评价模型。梅里斯镇前平村饮水安全工程综合评价结果见表 9.22。

表9.20　逊河镇一屯供水工程综合评价结果

目标层	一级评价指标 指标	一级评价指标 得分	二级评价指标 指标	二级评价指标 得分	三级评价指标 指标	单位	水源实测平均值	出厂实测平均值	评分	综合得分
农村小型地下水饮用水水源地安全评价指标体系（A）	水质安全指标（B₁）	55.71	一般化学指标（C₁）	3.47	铁（D₁）	mg/L	0.09	0.04	0.87	100
					锰（D₂）	mg/L	0.08	0.03	2.60	
			污染性指标（C₂）	13.16	总大肠菌群（D₃）	个	0	0	0.41	
					硝酸盐（D₄）	mg/L	3.1	3.1	2.30	
					亚硝酸盐（D₅）	mg/L	≤0.01	≤0.01	5.85	
					高锰酸盐指数（D₆）	mg/L	1.1	1.1	2.30	
					氨氮（D₇）	mg/L	0.02	0.02	2.30	
			毒理指标（C₃）	39.08	汞（D₈）	mg/L	≤0.000 1	≤0.000 1	1.78	
					砷（D₉）	mg/L	<0.001	<0.001	1.78	
					镉（D₁₀）	mg/L	未检出	未检出	8.88	
					铬（D₁₁）	mg/L	未检出	未检出	8.88	
					氟化物（D₁₂）	mg/L	未检出	未检出	8.88	
					钡（D₁₃）	mg/L	0.08	0.08	8.88	
	水量安全指标（B₂）	24.06	水源产水能力指标（C₄）	12.03	地下水开采率（D₁₄）	—	75	75	12.03	
			工程供水能力指标（C₅）	12.03	丰水期供水保证率（D₁₅）	—	120	120	3.01	
					枯水期供水保证率（D₁₆）	—	120	120	9.02	

续表 9.20

目标层	一级评价指标		二级评价指标		三级评价指标					综合得分
	指标	得分	指标	得分	指标	单位	水源实测平均值	出厂实测平均值	评分	
农村小型地下饮用水水源地安全评价指标体系（A）	环境安全指标（B_3）	13.18	环境风险指标（C_6）	10.98	工业或生活排污口（D_{17}）	—	不存在	不存在	4.59	100
					排污企业（D_{18}）	—	不存在	不存在	2.27	
					易溶有毒废弃物堆放（D_{19}）	—	不存在	不存在	2.27	
					分散式养殖废弃物堆放（D_{20}）	—	不存在	不存在	0.87	
					生活垃圾堆放（D_{21}）	—	不存在	不存在	0.56	
					道路桥梁穿越（D_{22}）	—	不存在	不存在	0.42	
			保护措施指标（C_7）	2.20	管理人员占每千人口比（D_{23}）	—	1	1	0.37	
					隔离设施建设（D_{24}）	—	存在	存在	1.83	
	经济安全指标（B_4）	7.05	资金投入与收益指标（C_8）	1.18	投入产出比（D_{25}）	—	1.0	1.0	1.18	
			供水价格指标（C_9）	5.87	理论水价（D_{26}）	元/t	实际水价	实际水价	5.87	

表 9.21　宾西镇朝阳村宿家屯供水工程综合评价结果

目标层	一级评价指标		二级评价指标		三级评价指标					综合得分
	指标	得分	指标	得分	指标	单位	水源实测平均值	出厂实测平均值	评分	
农村小型地下饮用水水源地安全评价指标体系(A)	水质安全指标(B_1)	55.71	一般化学指标(C_1)	3.47	铁(D_1)	mg/L	未检出	未检出	0.87	99.44
					锰(D_2)	mg/L	未检出	未检出	2.60	
			污染性指标(C_2)	13.16	总大肠菌群(D_3)	个	0	0	0.41	
					硝酸盐(D_4)	mg/L	3.1	3.1	2.30	
					亚硝酸盐(D_5)	mg/L	≤0.01	≤0.01	5.85	
					高锰酸盐指数(D_6)	mg/L	1.1	1.1	2.30	
					氨氮(D_7)	mg/L	0.02	0.02	2.30	
			毒理指标(C_3)	39.08	汞(D_8)	mg/L	≤0.0001	≤0.0001	1.78	
					砷(D_9)	mg/L	<0.001	<0.001	1.78	
					镉(D_{10})	mg/L	未检出	未检出	8.88	
					铬(D_{11})	mg/L	未检出	未检出	8.88	
					氟化物(D_{12})	mg/L	未检出	未检出	8.88	
					钡(D_{13})	mg/L	0.08	0.08	8.88	

续表 9.21

目标层	一级评价指标		二级评价指标		三级评价指标					综合得分
	指标	得分	指标	得分	指标	单位	水源实测平均值	出厂实测平均值	评分	
农村小型地下饮用水水源地安全评价指标体系 (A)	水量安全指标 (B₂)	24.06	水源产水能力指标 (C₄)	12.03	地下水开采率 (D₁₄)	—	75	75	12.03	99.44
			工程供水能力指标 (C₅)	12.03	丰水期供水保证率 (D₁₅)	—	120	120	3.01	
					枯水期供水保证率 (D₁₆)	—	120	120	9.02	
	环境安全指标 (B₃)	12.62	环境风险指标 (C₆)	10.42	工业或生活排污口 (D₁₇)	—	不存在	不存在	4.59	
					排污企业 (D₁₈)	—	不存在	不存在	2.27	
					易溶有毒废弃物堆放 (D₁₉)	—	不存在	不存在	2.27	
					分散式养殖废弃物堆放 (D₂₀)	—	不存在	不存在	0.87	
					生活垃圾堆放 (D₂₁)	—	存在	存在	0	
					道路桥梁穿越 (D₂₂)	—	不存在	不存在	0.42	
			保护措施指标 (C₇)	2.20	管理人员占每千人口比 (D₂₃)	—	1	1	0.37	
					隔离设施建设 (D₂₄)	—	存在	存在	1.83	
	经济安全指标 (B₄)	7.05	资金投入与收益指标 (C₈)	1.18	投入产出比 (D₂₅)	—	1.0	1.0	1.18	
			供水价格指标 (C₉)	5.87	理论水价 (D₂₆)	元/t	实际水价	实际水价	5.87	

表9.22 梅里斯镇前平村饮水安全工程综合评价结果

目标层	一级评价指标		二级评价指标		三级评价指标					综合得分
	指标	得分	指标	得分	指标	单位	水源实测平均值	出厂实测平均值	评分	
农村小型地下饮用水水源地安全评价指标体系（A）	水质安全指标（B_1）	55.71	一般化学指标（C_1）	3.47	铁（D_1）	mg/L	未检出	未检出	0.87	95.41
					锰（D_2）	mg/L	未检出	未检出	2.60	
			污染性指标（C_2）	13.16	总大肠菌群（D_3）	个	0	0	0.41	
					硝酸盐（D_4）	mg/L	3.1	3.1	2.30	
					亚硝酸盐（D_5）	mg/L	≤0.01	≤0.01	5.85	
					高锰酸盐指数（D_6）	mg/L	1.1	1.1	2.30	
					氨氮（D_7）	mg/L	0.02	0.02	2.30	
			毒理指标（C_3）	39.08	汞（D_8）	mg/L	≤0.0001	≤0.0001	1.78	
					砷（D_9）	mg/L	<0.001	<0.001	1.78	
					镉（D_{10}）	mg/L	未检出	未检出	8.88	
					铬（D_{11}）	mg/L	未检出	未检出	8.88	
					氟化物（D_{12}）	mg/L	1.8	0.4	8.88	
					钡（D_{13}）	mg/L	0.08	0.08	8.88	
	水量安全指标（B_2）	24.06	水源产水能力指标（C_4）	12.03	地下水开采率（D_{14}）	—	75	75	12.03	
			工程供水能力指标（C_5）	12.03	丰水期供水保证率（D_{15}）	—	120	120	3.01	
					枯水期供水保证率（D_{16}）	—	120	120	9.02	

续表 9.22

| 目标层 | 一级评价指标 | | 二级评价指标 | | 三级评价指标 | | | | | 综合得分 |
	指标	得分	指标	得分	指标	单位	水源实测平均值	出厂实测平均值	评分	
农村小型地下水饮用水水源地安全评价指标体系(A)	环境安全指标(B₃)	8.59	环境风险指标(C₆)	6.39	工业或生活排污口(D₁₇)	—	存在	存在	0	95.41
					排污企业(D₁₈)	—	不存在	不存在	2.27	
					易溶有毒废弃物堆放(D₁₉)	—	不存在	不存在	2.27	
					分散式养殖废弃物堆放(D₂₀)	—	不存在	不存在	0.87	
					生活垃圾堆放(D₂₁)	—	不存在	不存在	0.56	
					道路桥梁穿越(D₂₂)	—	不存在	不存在	0.42	
			保护措施指标(C₇)	2.20	管理人员占每千人口比(D₂₃)	—	1	1	0.37	
					隔离设施建设(D₂₄)	—	存在	存在	1.83	
	经济安全指标(B₄)	7.05	资金投入与收益指标(C₈)	1.18	投入产出比(D₂₅)	—	1.0	1.0	1.18	
			供水价格指标(C₉)	5.87	理论水价(D₂₆)	元/t	实际水价	实际水价	5.87	

由表 9.22 可见,综合评价得分 95.41 分,其中一级评价指标中水质安全指标 55.71 分,水量安全指标 24.06 分,环境安全指标 8.59 分,经济安全指标 7.05 分。二级评价指标一般化学指标 3.47 分,污染性指标 13.16 分,毒理指标 39.08 分,水源产水能力指标 12.03 分,工程供水能力指标 12.03 分,环境风险指标 6.39 分,保护措施指标 2.20 分,资金投入与收益指标 1.18 分,供水价格指标 5.87 分。调查发现,梅里斯镇前平村饮水安全工程附近存在农村生活排污沟渠,现已填平。

9.3.6　八面通镇牛新屯供水工程

氨氮超标、供水规模 20 ~ 200 m³/d、紫外消毒、管井的八面通镇牛新屯供水工程,将水质化验及现场查勘的结果带入评价模型。八面通镇牛新屯供水工程综合评价结果见表 9.23。

由表 9.23 可见,综合评价得分 100 分,其中一级评价指标中水质安全指标 55.71 分,水量安全指标 24.06 分,环境安全指标 13.18 分,经济安全指标 7.05 分。二级评价指标一般化学指标 3.47 分,污染性指标 13.16 分,毒理指标 39.08 分,水源产水能力指标 12.03 分,工程供水能力指标 12.03 分,环境风险指标 10.98 分,保护措施指标 2.20 分,资金投入与收益指标 1.18 分,供水价格指标 5.87 分。八面通镇牛新屯供水工程水源铁、锰、微生物及氨氮指标超标,水源未设置隔离防护设施,水源不安全。更换水源后对各项指标进行检测,均符合要求,水质、水量及环境状况良好。

9.3.7　宾西镇西川村姜家屯供水工程

将氨氮超标、供水规模小于 20 m³/d 的宾西镇西川村姜家屯供水工程并入城市管网,然后将水质化验及现场查勘的结果带入评价模型。宾西镇西川村姜家屯供水工程综合评价结果见表 9.24。

由表 9.24 可见,综合评价得分 98.17 分,其中一级评价指标中水质安全指标 55.71 分,水量安全指标 24.06 分,环境安全指标 11.35 分,经济安全指标 7.05 分。二级评价指标一般化学指标 3.47 分,污染性指标 13.16 分,毒理指标 39.08 分,水源产水能力指标 12.03 分,工程供水能力指标 12.03 分,环境风险指标 10.98 分,保护措施指标 0.37 分,资金投入与收益指标 1.18 分,供水价格指标 5.87 分。宾西镇西川村姜家屯供水工程并入城市管网后,对出厂水中铁、锰进行检测,出厂水符合《生活饮用水卫生标准》(GB 5749—2022)的规定,水质、水量及环境状况良好。但工程周边存在农作物种植,建议合理规划种植。

9.3.8　北联镇新兴村供水工程

水量不达标、供水规模 20 ~ 200 m³/d、次氯酸钠消毒、管井的北联镇新兴村供水工程,新打水源井增加水量,然后将水质化验及现场查勘的结果带入评价模型。北联镇新兴村供水工程综合评价结果见表 9.25。

表9.23 八面通镇牛新屯供水工程综合评价结果

目标层	一级评价指标		二级评价指标		三级评价指标					综合得分
	指标	得分	指标	得分	指标	单位	水源实测平均值	出厂实测平均值	评分	
农村小型地下水饮用水安全评价指标体系（A）	水质安全指标（B_1）	55.71	一般化学指标（C_1）	3.47	铁（D_1）	mg/L	0.09	0.04	0.87	100
					锰（D_2）	mg/L	0.08	0.03	2.60	
			污染性指标（C_2）	13.16	总大肠菌群（D_3）	个	0	0	0.41	
					硝酸盐（D_4）	mg/L	3.1	3.1	2.30	
					亚硝酸盐（D_5）	mg/L	≤0.01	≤0.01	5.85	
					高锰酸盐指数（D_6）	mg/L	1.1	1.1	2.30	
					氨氮（D_7）	mg/L	0.02	0.02	2.30	
			毒理指标（C_3）	39.08	汞（D_8）	mg/L	≤0.000 1	≤0.000 1	1.78	
					砷（D_9）	mg/L	<0.001	<0.001	1.78	
					镉（D_{10}）	mg/L	未检出	未检出	8.88	
					铬（D_{11}）	mg/L	未检出	未检出	8.88	
					氟化物（D_{12}）	mg/L	未检出	未检出	8.88	
					钡（D_{13}）	mg/L	0.08	0.08	8.88	
	水量安全指标（B_2）	24.06	水源产水能力指标（C_4）	12.03	地下水开采率（D_{14}）	—	75	75	12.03	
			工程供水能力指标（C_5）	12.03	丰水期供水保证率（D_{15}）	—	120	120	3.01	
					枯水期供水保证率（D_{16}）	—	120	120	9.02	

续表 9.23

目标层	一级评价指标		二级评价指标		三级评价指标					综合得分
	指标	得分	指标	得分	指标	单位	水源实测平均值	出厂实测平均值	评分	
农村小型地下饮用水水源地安全评价指标体系 (A)	环境安全指标 (B_3)	13.18	环境风险指标 (C_6)	10.98	工业或生活排污口 (D_{17})	—	不存在	不存在	4.59	100
					排污企业 (D_{18})	—	不存在	不存在	2.27	
					易溶有毒废弃物堆放 (D_{19})	—	不存在	不存在	2.27	
					分散式养殖废弃物堆放 (D_{20})	—	不存在	不存在	0.87	
					生活垃圾堆放 (D_{21})	—	不存在	不存在	0.56	
					道路桥梁穿越 (D_{22})	—	不存在	不存在	0.42	
			保护措施指标 (C_7)	2.20	管理人员占每千人口比 (D_{23})	—	1	1	0.37	
					隔离设施建设 (D_{24})	—	存在	存在	1.83	
	经济安全指标 (B_4)	7.05	资金投入与收益指标 (C_8)	1.18	投入产出比 (D_{25})	—	1.0	1.0	1.18	
			供水价格指标 (C_9)	5.87	理论水价 (D_{26})	元/t	实际水价	实际水价	5.87	

表 9.24 宾西镇西川村姜家屯供水工程综合评价结果

目标层	一级评价指标		二级评价指标			三级评价指标					综合
	指标	得分	指标	得分	指标	单位	水源实测平均值	出厂实测平均值	评分	得分
农村小型地下饮用水水源地安全评价指标体系 (A)	水质安全指标 (B_1)	55.71	一般化学指标 (C_1)	3.47	铁 (D_1)	mg/L	1.8	0.05	0.87	
					锰 (D_2)	mg/L	1.3	0.04	2.60	
			污染性指标 (C_2)	13.16	总大肠菌群 (D_3)	个	0	0	0.41	
					硝酸盐 (D_4)	mg/L	3.1	3.1	2.30	
					亚硝酸盐 (D_5)	mg/L	≤0.01	≤0.01	5.85	
					高锰酸盐指数 (D_6)	mg/L	1.1	1.1	2.30	
					氨氮 (D_7)	mg/L	0.02	0.02	2.30	
			毒理指标 (C_3)	39.08	汞 (D_8)	mg/L	≤0.000 1	≤0.000 1	1.78	98.17
					砷 (D_9)	mg/L	<0.001	<0.001	1.78	
					镉 (D_{10})	mg/L	未检出	未检出	8.88	
					铬 (D_{11})	mg/L	未检出	未检出	8.88	
					氟化物 (D_{12})	mg/L	未检出	未检出	8.88	
					钡 (D_{13})	mg/L	0.08	0.08	8.88	
	水量安全指标 (B_2)	24.06	水源产水能力指标 (C_4)	12.03	地下水开采率 (D_{14})	—	75	75	12.03	
			工程供水能力指标 (C_5)	12.03	丰水期供水保证率 (D_{15})	—	120	120	3.01	
					枯水期供水保证率 (D_{16})	—	120	120	9.02	

续表 9.24

目标层	一级评价指标		二级评价指标		三级评价指标					综合得分
	指标	得分	指标	得分	指标	单位	水源实测平均值	出厂实测平均值	评分	
农村小型地下饮用水水源地安全评价指标体系（A）	环境安全指标（B_3）	11.35	环境风险指标（C_6）	10.98	工业或生活排污口（D_17）	—	不存在	不存在	4.59	98.17
					排污企业（D_18）	—	不存在	不存在	2.27	
					易溶有毒废弃物堆放（D_19）	—	不存在	不存在	2.27	
					分散式养殖废弃物堆放（D_20）	—	不存在	不存在	0.87	
					生活垃圾堆放（D_21）	—	不存在	不存在	0.56	
					道路桥梁穿越（D_22）	—	不存在	不存在	0.42	
			保护措施指标（C_7）	0.37	管理人员占每千人口比（D_23）	—	1	1	0.37	
					隔离设施建设（D_24）	—	不存在	不存在	0	
	经济安全指标（B_4）	7.05	资金投入与收益指标（C_8）	1.18	投入产出比（D_25）	—	1.0	1.0	1.18	
			供水价格指标（C_9）	5.87	理论水价（D_26）	元/t	实际水价	实际水价	5.87	

表9.25 北联镇新兴村供水工程综合评价结果

目标层	一级评价指标		二级评价指标		三级评价指标					综合得分
	标准	得分	指标	得分	指标	单位	水源实测平均值	出厂实测平均值	评分	
农村小型地下饮用水水源地安全评价指标体系（A）	水质安全指标（B_1）	55.71	一般化学指标（C_1）	3.47	铁（D_1）	mg/L	未检出	未检出	0.87	98.17
					锰（D_2）	mg/L	未检出	未检出	2.60	
			污染性指标（C_2）	13.16	总大肠菌群（D_3）	个	0	0	0.41	
					硝酸盐（D_4）	mg/L	3.1	3.1	2.30	
					亚硝酸盐（D_5）	mg/L	≤0.01	≤0.01	5.85	
					高锰酸盐指数（D_6）	mg/L	1.1	1.1	2.30	
					氨氮（D_7）	mg/L	0.02	0.02	2.30	
			毒理指标（C_3）	39.08	汞（D_8）	mg/L	≤0.0001	≤0.0001	1.78	
					砷（D_9）	mg/L	<0.001	<0.001	1.78	
					镉（D_{10}）	mg/L	未检出	未检出	8.88	
					铬（D_{11}）	mg/L	未检出	未检出	8.88	
					氟化物（D_{12}）	mg/L	未检出	未检出	8.88	
					钡（D_{13}）	mg/L	0.08	0.08	8.88	
	水量安全指标（B_2）	24.06	水源产水能力指标（C_4）	12.03	地下水开采率（D_{14}）	—	75	75	12.03	
			工程供水能力指标（C_5）	12.03	丰水期供水保证率（D_{15}）	—	120	120	3.01	
					枯水期供水保证率（D_{16}）	—	120	120	9.02	

续表 9.25

目标层	一级评价指标		二级评价指标		三级评价指标					综合得分
	指标	得分	指标	得分	指标	单位	水源实测平均值	出厂实测平均值	评分	
农村小型地下饮用水水源地安全评价指标体系（A）	环境安全指标（B_3）	13.18	环境风险指标（C_6）	10.98	工业或生活排污口（D_{17}）	—	不存在	不存在	4.59	98.17
					排污企业（D_{18}）	—	不存在	不存在	2.27	
					易溶有毒废弃物堆放（D_{19}）	—	不存在	不存在	2.27	
					分散式养殖废弃物堆放（D_{20}）	—	不存在	不存在	0.87	
					生活垃圾堆放（D_{21}）	—	不存在	不存在	0.56	
					道路桥梁穿越（D_{22}）	—	不存在	不存在	0.42	
			保护措施指标（C_7）	2.20	管理人员占每千人口比（D_{23}）	—	1	1	0.37	
					隔离设施建设（D_{24}）	—	不存在	不存在	0	
	经济安全指标（B_4）	7.05	资金投入与收益指标（C_8）	1.18	投入产出比（D_{25}）	—	1.0	1.0	1.18	
			供水价格指标（C_9）	5.87	理论水价（D_{26}）	元/t	实际水价	实际水价	5.87	

由表 9.25 可见,综合评价得分 98.17 分,其中一级评价指标中水质安全指标 55.71 分,水量安全指标 24.06 分,环境安全指标 13.18 分,经济安全指标 7.05 分。二级评价指标一般化学指标 3.47 分,污染性指标 13.16 分,毒理指标 39.08 分,水源产水能力指标 12.03 分,工程供水能力指标 12.03 分,环境风险指标 10.98 分,保护措施指标 2.20 分,资金投入与收益指标 1.18 分,供水价格指标 5.87 分。新打水源井后,未设置隔离防护设施,建议加强水源保护。

本 章 习 题

一、填空题

1. 农村供水工程一级评价指标体系包括 _____、_____、_____、_____ 四个方面。

2. 保障黑龙江省农村饮水安全的首要问题是 _____。

3. 在量化评价指标时各评价因子的得分通过 _____ 计算。

4. 典型工程评价结果可为黑龙江省农村小型集中供水工程的 _____、_____、_____、地方病预防、污染预防等方面提供理论依据及数据支撑。

二、简单题

1. 简述农村供水工程一级评价指标的意义。

2. 水质安全二级评价指标中地下水质量被划分为哪五类?

3. 如何对评价指标进行赋权?

3. 如何将水源中影响因子量化并计算最终得分?

4. 典型工程评价的意义是什么?

三、思考题

1. 为什么要对农村供水工程应用效果进行评价?

第10章 工程运行管理模式研究及效益分析

10.1 工程建设管理与运行

农村供水工程建设是基础,运行管理是关键。农村小型地下水源供水工程运行管理规程模式的实施便于水行政主管部门的监督和管理,对供水管理单位的经营行为和服务质量进行规范,确保工程良性运行。

10.1.1 基本规定

农村供水工程应满足《村镇供水工程技术规范》(SL 310—2019)要求,设施设备配套齐全,具备正常运行条件,确定产权和运行管护主体,供水水量、水压、供水时间、供水保证率等指标应达到设计要求,且运行管护宜符合《城镇供水厂运行、维护及安全技术规程》(CJJ 58—2009)规定,建立健全管理体制与机制,优先保障生活饮用水。工程建成后,产权应及时移交。

供水单位应建立健全生产运行、水源保护、水质检测、维修养护、计量收费、安全生产、财务管理、卫生管理、培训考核、档案管理等各项规章制度和操作规程,落实管护责任,并严格执行,明确岗位责任,做好农村供水工程及供水设施保护范围内的安全防护。工程生产区和单独设立的生产构(建)筑物卫生防护范围,应设置防护围墙或防护栏,进行封闭式管理及绿化美化,建立维修养护队伍或配置维修养护人员或由组建的区域性专业化供水管护单位负责维修养护,严格管理各类物资的采购、储存和使用,对原水、出厂水、管网末梢水水质定期进行检测,供水水质应符合《生活饮用水卫生标准》(GB 5749—2022)规定的要求。此外,供水单位还应接受用水户在供水水量、水质、服务等方面的监督,积极开展和配合主管部门对用水户进行安全用水、节约用水、有偿用水等知识普及宣传。

10.1.2 供水与用水管理

1. 供水管理

供水单位应具备的条件为内容完整、要求明确、具有可操作性的管理制度及组织开展水质检测的能力,对用水户进行登记造册,并与用水户签订供水用水协议。供水单位因供水工程施工、设施维修等原因确需临时停止供水时,应提前24 h公告用水户。因自然灾害或者突发事故无法提前通知时,在抢修的同时公告用水户。此外,供水单位不应擅自停业、歇业和改变工程用途,加强对供水计量设施的维护管理。供水工程应设置原水、出厂水和用水户用水计量装置。

2. 用水管理

用水户管理应安装水表,计量收费。用水户应遵守下列规定:管理好入户设施,发现结算水表损毁、停行、逆行、滞行时,及时告知供水单位进行检修;负责入户供水设施设备管护工作;农村公共供水管道上连接取水设施时应经供水单位同意;任何单位和个人不应擅自改装、迁移、拆除或者终止运行农村供水设施。不应盗用或者擅自向其他单位和个人转供水或改变用水性质;不应擅自安装、改造结算水表之前的用水设施设备,确需安装、改造用水设施设备的,需要提前征得供水单位同意。

新增、临时用水户应遵守下列规定:应向供水单位提交书面申请材料。未经供水单位同意,任何单位或个人不应私自接水;供水单位接纳新增或临时用水户时,任何单位或个人不应干涉和阻碍施工。

3. 其他用水管理

其他用水管理,应符合下列要求:用水户如不再需要用水,可申请销户,但应办理水费结算,以及管、表拆除等销户手续;对水压、水质有特殊要求的用户,应自备水池和自行处理,不应在供、用水管道上直接装泵加压;凡需二次供水的单位,储水设施要完善、配套,应有专业人员管理;对于使用或生产有毒、有害、挥发性气味物质的单位,其内部用水管道不与供水工程供水管道直接连接。

10.1.3 水质检测

农村供水单位应建立水质检验制度,加强饮用水常规检测工作。对原水、净化工序出水、出厂水、管网末梢水等定期进行水质检测。供水工程应单独或联合设立水质化验室或通过委托第三方检测等方式,按照有关标准开展日常水质检验。原水水质宜按照《生活饮用水卫生标准》(GB 5749—2022)的有关规定,并结合原水水质特点进行检验,未建立原水水质在线监测及预警系统的水厂,应在划定的原水水质监测段内设置有代表性的水质监测点。

以地表水为水源时,水厂宜在水源地适宜地点建立水质在线监测及预警系统监测点,水质监测及预警项目应根据原水特性和条件选择,供水工程宜对沉淀池、滤池工序出水设置水质监测点,出厂水水质须达到《生活饮用水卫生标准》(GB 5749—2022)规定的要求。以地下水为水源的供水工程应将供水水源井或从井群中选择有代表性的水源井作为原水水质监测点;以劣质地下水为水源时,水厂宜将滤池工序出水设为水质监测点。

水质检验项目为浑浊度及特定项目,当水质指标检验结果超出限值时,应立即复测,增加检验频率。水质检验结果连续超标时,应查明原因,及时采取措施解决。水质检验记录应及时归档、统一管理,供水工程的水质检验资料应按当地主管部门的要求上报,供水单位不能检验的水质指标项目,应委托具有相关检验资质或相应检验能力的单位进行检验。水样采集、保存、运输和水质检验方法应符合《生活饮用水标准检验方法》(GB/T 5750—2023)的有关规定。水质检测也可采用国家质量监督部门、卫生部门认可的简便设备和方法。

出厂水水质不满足标准要求时,供水单位应根据不达标水质指标项目,论证水厂净水工艺技术的适宜性和净水过程存在的不足,并采取改进措施。供水单位发现水质发生重大异常变化时,应及时采取相应措施,并向上级主管部门报告。化验室所用的计量分析仪器在日常使用过程中应定期进行校验和维护。

10.1.4　水源与水源地管理

地表水水源的水量管理应定期观察取水口附近的水位是否符合设计要求,汛期应适当增加观测次数;记录每日总取水量;定期对观测数据进行整理、分析,发现异常情况应及时查清原因,并及时处理;汛期应及时了解和掌握上游来水情况,包括水文、水质、含砂量变化情况和洪水来量。地下水水源的水量管理应记录每日的取水量;水源井实际取水量不宜大于开采含水层的允许开采量;定期观测水源井的静水位和动水位,分析水源井出水量的变化趋势。供水单位应巡查、记录水源水量的变化情况,发现水量不足时,应查明原因,及时向主管部门报告,提出处理措施和建议。

水源水量应满足设计保证率。当水源水量减少时,供水单位应向主管部门提出优化调度建议,优先保证生活饮用水供应。应加强水源水水质的检(监)测,采样点位置应在水源取水口处。对水源水质资料进行整理、分析,发现异常情况应及时查清原因,并及时处理。

供水单位应负责做好水源地保护日常巡查和管理工作,及时处理影响水源安全的问题。宜将水源保护要求纳入村规民约。水源地保护区划分和标志设置应遵照《饮用水水源保护区划分技术规范》(HJ 338—2018)和《饮用水水源保护区标志技术要求》(HJ/T 433—2008)规定执行。应加强水体污染的调查,识别污染来源、污染途径、污染范围、程度及发展趋势。

10.1.5　取水构筑物运行管理

1. 取水设施运行管理

取水设施的运行维护管理应符合下列要求:供水单位应制订取水构筑物运行维护管理规定和操作规程;取水构筑物应建立技术档案;做好取水构筑物的卫生防护和安全防范工作;做好取水设施运行的记录工作;每日对取水构筑物进行巡视检查,发现问题及时处理。

2. 地表水取水构筑物运行管理

地表水取水设施的防汛应符合下列要求:汛前对取水设施进行全面检查,发现问题及时消除;汛期要了解上游汛情,加强对取水设施和取水口的巡查,发现险情及时处理;汛后要对取水设施进行全面检查和总结。在冰冻期间地表水取水口应有防结冰措施,流冰期和开河期应有防冰凌措施。河床式取水构筑物的自流引水管应定期进行清淤冲洗;虹吸式取水构筑物应防止漏气,发现问题应及时维修。固定式取水设施的运行与维护,应符合《村镇供水工程技术规范》(SL 310—2019)的有关规定,移动式取水设施的运行与维护应符合《村镇供水工程技术规范》(SL 310—2019)的有关规定。

3. 地下水取水构筑物的运行管理

记录取水设施的出水量、水温、地下水位、水质、含砂量变化及清淤和事故处理情况。在冰冻期间地下水取水设施应有完善的防护措施。水源井的运行与维护应符合下列要求:水源井应有井房或地下井室,应清洁卫生。地下井室应采取防冻害、防渗漏和防径流措施。水源井的运行应符合下列要求:运行管理人员应在机泵起动前对配套设备进行检查;做好各项运行内容的记录,包括开机时间、停机时间、耗油或耗电数量、出水量等;应观察机泵运转情况。发现异常现象,应及时停泵检查和排除。应设置测量水位的装置。水源井的静水位、动水位每月宜进行两次测定,静水位测试应在水泵启动前进行,动水位测试应在水泵关闭前进行;水源井定期测量井深,井底淤积物较多时应及时清淤;出水量减少或者出水含沙量增加时应查明原因并及时维修,每次维修后应进行消毒。

井群供水时,应合理安排水源井的轮换供水。水源井停用时,应定期进行维护性抽水,每次抽水时间不少于4 h;应定期对供水管井所有配套设施状况进行检查维护,保持管井正常发挥效能;水源井报废条件、审批程序、报废处理方法和要求,应符合《机井技术规范》(GB/T 50625—2010)的有关规定。渗渠运行与维护及泉室的运行与维护均应符合《村镇供水工程技术规范》(SL 310—2019)的有关规定。

10.1.6　水质净化与消毒

1. 水质净化管理

水质净化管理的一般要求是净水构筑物(或一体化净水装置)应按设计工况运行。当超负荷运行时,应以保证出水水质符合控制标准的下限值为最大负荷量;各净水构筑物(或净水装置)的出口应设质量控制点。当出水浊度及特定项目不能满足要求时,应查明原因,并采取相应的措施;新建农村供水工程投产前或供水设施设备修复改造后,应进行冲洗、消毒;净水构筑物(或净水装置)及其附件应定期维护。每日检查运行状况,每月检修1次,每年涂防锈漆1次,每3~5年全面检修1次;净水构筑物(或净水装置)应做好防冻、保温措施。应定期检测冻胀、沉降和裂缝等情况,发现异常及时处理;各净水构筑物水位应定期观测,及时清除淤积泥沙,并应定期检修;供水单位生产区和净水构筑物(或净水装置)应做好安全防护工作。净水构筑物每年至少清洗消毒1次,完成后应用清水再次冲洗;供水工程宜完善污泥的处理措施,具备治理排放泥水能力;寒冷季节应强化低温低浊原水水质的净化管理,合理调整混凝药剂和投加量、净水设施中水的流速与滤速。混凝药剂的选择、投加与混合应符合《村镇供水工程技术规范》(SL 310—2019)的有关规定。

常规净水构筑物的运行与维护应符合下列要求:原水浊度超过500 NTU时,应经预沉设施进行净化;应根据水源水质和试验结果合理选择氧化剂和确定氧化剂的投加量、投加方式和投加点。絮凝池的运行与维护、沉淀池的运行与维护、滤池的运行与维护均应符合《村镇供水工程技术规范》(SL 310—2019)的有关规定。

地下水除铁、锰、氟净水装置的运行与维护应符合下列要求:净水装置运行开启前应检查水泵、罐体的进出水阀门是否正常开启;运行时应注意压力情况,定时检测装置顶部的排气阀和安全阀,发现故障应及时排除;运行中应定期检测装置出水水质,水质指标应满足《生活饮用水标准》(GB 5749—2022)要求;停运时应开启产水阀,并关闭其他所有阀门;停运 48 h 以上重新运行时,应适当送水,更换存水;水处理过程中产生的废水或泥渣等应及时处置;每 3~5 年宜对净水装置进行 1 次全面检修。除铁、锰净水装置应符合下列要求:有氧化水箱时,至少每半年清洗 1 次;有曝气装置时,在生产运行过程中必须保证曝气量,要观察曝气效果,对损坏设施应进行检修或更换。采用化学氧化法直接过滤时,应进行实验室试验确定投加量。应避免含铁和锰地下水在取水、输水过程中的充氧机会。不应向输水管道中投入预氧化剂。当滤后水中铁、锰含量或进出水压力差超过规定允许值时,应对滤料进行清洗,必要时补充滤料。吸附法除氟装置应符合下列要求:运行期间定期反冲洗松动滤料层,防止滤料发生板结现象;运行中氟含量大于标准规定限值时,在其他都正常情况下,应对吸附滤料按设计要求进行再生或更换。反渗透膜或纳滤膜净水装置的运行维护应符合《村镇供水工程技术规范》(SL 310—2019)的有关规定。

2. 消毒管理

消毒管理一般要求包括应根据原水水质条件、供水规模等综合因素,合理选择消毒方法对供水进行消毒;消毒剂投加点宜设在清水池、高位水池或水塔的进水管上,无调节构筑物时可在泵前或泵后管道中投加。配水管线过长时,应在管网中途添加消毒剂;消毒剂与水的接触时间、出厂水和管网末梢水中的消毒剂余量应符合《生活饮用水标准》(GB 5749—2022)的有关规定;消毒剂加注时应配置计量器具,计量器具应定期进行检定;应经常巡查消毒设备与管道接口、阀门等渗漏情况,及时更换易损部件,每半年至少维护保养 1 次。采用氯(次氯酸钠、次氯酸钙等)、二氧化氯、臭氧、紫外线消毒时应符合《村镇供水工程技术规范》(SL 310—2019)的规定。消毒间的维护应符合下列要求:氯、二氧化氯和臭氧消毒应单独设消毒间;消毒间的管线应敷设在管沟内;投加消毒剂的水应保证足够的水量和压力;消毒间应设置观察窗及直接通向室外的外开门;消毒间应具备良好的通风条件,通风孔应设置在外墙下方(低处),配备通风设备(排气扇)。采用次氯酸钠发生器消毒时,消毒间应采用高位通风排放氢气;消毒间照明和通风设备的开关应设置在室外,应设置防爆灯具;消毒间应配备橡胶手套、防护面罩等个人防护用品,以及抢救材料和工具箱;消毒间应设置报警器,有条件的水厂应将通风设备与报警器联动;消毒间应清洁卫生。净水药剂应根据其特性和安全要求分类存放,实行专人管理,并做好出入库记录。根据需要配备防毒面具、抢救材料和工具箱,定期进行检修和防腐处理。消毒原材料应分类储存。储存氯酸钠或亚氯酸钠时,应备有快速冲洗设施;储存盐酸、硫酸或柠檬酸时,应设置酸泄漏的收集槽。储药间应每 5 年全面检修 1 次,存储设备应每 5 年做防腐处理。消毒剂的固定储备量应按 15~30 d 的最大用量储备。储药间应清洁卫生,通风和照明设备齐全,备件、物品放置整齐。

10.1.7　输配水管道、调节构筑物运行维护

输配水管道(网)运行与维护应按《村镇供水工程技术规范》(SL 310—2019)标准执行。技术档案资料归档保存,有条件的宜逐步建立供水管网管理信息系统。应对输配水管道(网)中的空气阀、减压阀、管道闸阀、测压装置等定期检修。调节构筑物的运行与维护、泵站管理、离心泵及电机的运行管理、潜水泵及电机的运行管理均应符合《村镇供水工程技术规范》(SL 310—2019)的有关规定;水泵机组及其辅助设备应定期保养维修,应符合《泵站技术管理规程》(GB/T 30948—2014)的规定;防雷保护装置的管理应符合《建筑物防雷设计规范》(GB 50057—2010)的有关规定。

10.1.8　运营管理

1. 水费计收与管理标准

水费计收应符合下列要求:水价标准以公示等形式向供水覆盖区公开,接受社会和群众监督;供水工程宜实行计量收费;供水单位或其委托的组织和个人向用水户收取水费;供水单位应规范水费计收行为,定期收费。用水户应按时足额缴纳水费。水费管理应符合下列要求:供水单位应按照有关规定建立收支管理台账。水费开支应符合有关财务规定,主要用于农村供水工程运行管理支出。

2. 档案管理

供水单位应建立档案管理制度,对档案资料进行分类归档。应归档的主要资料包括:规划、设计、施工、验收等工程建设资料和图纸;各项操作规程和管理制度;设备材料采购、工程巡查和维修养护记录、水质检测报告、水费收缴和财务资料、人员管理、应急方案、突发事件及投诉处理等资料。工程设备设施档案应完整、齐全,能与实物对应。有条件的实行电子档案管理,应落实档案管理职责,及时归档相关资料。档案归档应规范齐全、分类清楚、存放有序。严格执行保管、借阅制度。

3. 应急管理

供水单位应根据当地供水应急预案制订相应的应急方案,并配备必要的工作设备和物资。发生供水突发事件时,供水单位应及时上报主管部门,并通告用水户,启动应急方案。恢复正常供水时应遵循"谁启动、谁终止"的原则进行应急终止程序,并公告于众。供水单位应加强对运行管理人员应急处置业务培训,向用水户宣传应急措施常识,提高安全防范意识,应设 24 h 服务热线,向用水户及社会公布,并保持通信畅通。及时处理、反馈用户投诉并做好记录。

10.1.9　安全生产与节能

1. 安全生产管理

安全生产管理应符合《村镇供水工程技术规范》(SL 310—2019) 的有关规定；做好运行管理人员的安全生产教育培训和考核工作，提高管理人员和作业人员的安全意识、安全防护和操作技能。

2. 节能管理

供水单位宜使用节能节水的供水设备，在确保供水水质的前提下减少反冲洗用水量；加强管道的巡查和检漏工作，降低水量漏损率；应对水泵机组等主要供水设备进行能耗计量或监测，逐步建立能耗考核指标；供水单位应做好暖通、空调、照明、电气设备等的节能工作。做到随用随开，停止使用时及时关闭；结合供水工程特点，积极采取节能措施：依据原水水质变化情况及时调整混凝剂和消毒剂投加量，节约药剂使用量；加强管网压力监测，合理调整管网供水压力，优化工程运行工况；对于具有多台、不同型号水泵机组的工程，合理组合水泵机组的开机组合，保持水泵在高效区运行，提高水泵的运行效率；对于有压力罐、变频器等压力控制调节方式的工程，应探索小流量等工况下的优化运行方式；对于需要反冲洗或再生的供水设施或设备，应根据水量、水质监测结果优化运行方案；及时更换易损易耗件，更新老化和高能耗的供水材料、设备与设施，保持供水设备与设施的高效运行状态。

10.2　水　价　机　制

为促进农村小型集中供水工程长效运行，促使供水单位提供合格的"商品水"和必要的供水服务，必须建立合理的水价形成和水费收缴机制，实行有偿供水。黑龙江省农村供水工程点多、量大、面广，水源类型多，供水规模大小不一，供水条件千差万别，需要分类核算农村供水成本、合理制订水价。根据《中华人民共和国水法》《中华人民共和国价格法》《政府制定价格成本监审办法》《水利工程供水价格管理办法》《水利工程供水价格核算规范》(试行)《水利工程供水定价成本监审办法》(试行) 等有关文件规定，总结凝练各地好的经验做法，形成适宜农村小型集中供水工程的水价机制。

10.2.1　基本原则

农村集中供水工程水价应遵循节约用水、补偿成本、合理收益、公平负担的原则，统筹考虑当地水资源稀缺程度、供水成本、用水户承受能力等因素合理制订。农村集中供水工程应实行有偿供水，推行计量收费，用水户应及时缴纳水费。对于不收水费的工程，原则上不得安排使用财政补助农村供水工程的维修养护资金。

10.2.2　供水价格构成

农村集中供水工程供水价格由生产成本、费用、利润和税金构成。供水成本指供水单位为生产和销售饮用水而消耗的全部费用。供水运行成本指供水单位为生产和销售饮用水而消耗的除固定资产折旧和大修费用外的其他费用。供水成本包括制水和输配水过程发生的原水费、原材料费、动力费、职工薪酬、日常维护费、水质检测费、大修费、固定资产折旧费、其他与供水相关费用、管理和销售费用及财务费用。由政府补贴或者社会无偿投入的资产及评估增值的部分，不得计提折旧或摊销成本，政府有专项补贴的应相应冲减成本。费用是指组织和管理供水生产经营所发生的合理费用、管理费用和财务费用。税金是指供水单位从事正常供水应获得的合法、合理收益。利润按净资产利润核定。农村集中供水工程净资产利润率不得高于 10%。

10.2.3　分类定价

农村生活用水、非居民用水和特种用水分类定价。农村生活用水水价应按照补偿成本和依法计税原则测算，可实行单一制水价、两部制水价、阶梯水价或固定水价。千人以上供水工程的水价应覆盖供水成本，社会投资建设、企业化运行的工程还应适当考虑利润。千人以下集中供水工程的水价，可按照当地有关规定，适当简化程序由村委会、管水组织和用水户代表等"一事一议"协商确定。非居民用水、特种用水水价由所在县级人民政府价格主管部门会同同级农村供水行政主管部门结合本地实际情况确定。学校、福利院、敬老院等社会福利单位水价，应执行农村生活用水水价。

可以农村集中供水工程为单元，逐一做好供水成本核算和定价工作，也可以市（县）为单元统一进行供水成本核算，并制订农村供水区域指导价格。鼓励"基本水价+计量水价"的两部制水价和阶梯式水价，区域内农村集中供水工程可执行统一水价，也可以是不同工程执行不同水价或同一工程不同类型用水户执行不同水价。千人以上集中供水工程水价由供水单位核算后报水行政主管部门审核，审核后报市（县、区）价格主管部门审批。

10.2.4　水费收取

农村供水原则上由供水单位直接收取水费。需依法委托其他单位、中介组织或个人代收水费的，被委托人在收取水费时应向用户出示委托证明。未出示委托证明的，用户可以拒交水费。所有用水户有义务按时缴纳水费，不得拖欠，缴纳时间以交费通知书规定时间为准。用户未按时缴纳水费的，供水单位可以向欠费用户送达《催款通知》，用户收到《催款通知》后，没有正当理由连续 2 个月不缴纳水费的，供水单位可以暂停供水。停止供水前，供水单位应当书面告知用户。被停止供水的用户交清拖欠的水费后，供水单位应当及时恢复供水。经民政部门认定的五保、低保等特困户生活用水，实行限额内免收水费，具体标准为 4 t/（户·月）。免交水费的用户名单应当在经过村民代表大会确定后公布，无异议后执行。供水单位由此减少的收入向所在市（县、区）镇（乡）政府申请补贴。水费原则上归供水单位统一管理，供水单位指定专人负责收费、巡查，建立收费管理责任制度，实行专款专用。以县为单元建立维修养护基金，所需资金可通过财政补贴等方式筹集，有条件的地区可将维修养护经费纳入财政预算，维修养护经费主要用于农村集中供水工程设施的维修养护、水质检测和卫生监测的保障工作。同时，可对水费收入低于工程运行成本的地区给予适当补贴。

10.2.5　信息化管理

信息化系统应由被授权人员进行操作、维护和管理,根据供水工程的水源类型、水质情况、设计供水规模、净水工艺、输配水管道布置、经济条件、管理水平等合理选择水源地、取水单元、净水单元、输配水单元信息化监控系统的在线检(监)控项目。视频监控应优先安装在水源地、取水口、厂区、关键净水工艺、清水池、水质化验室等区域。视频安防系统应连续运行,图像存储设备应能够满足各监控点足够的存储量,重要部位宜连续录像,摄像头和云台应定期进行清洁、除垢,及时清理障碍物。信息化管理应做好供电系统、视频设备等信息化设备维护。

10.3　地下水源供水技术应用社会化服务体系

10.3.1　组织与推广

在保障上,依托农村饮水安全、脱贫攻坚等国家项目的引领,政策支持和为技术推广应用搭建平台,取得重大经济效益。在机制上,依托县级水利服务组织、乡镇水利合作社、村集体、分散式供水的农户形成有效的推广机制,提高推广实效。在技术上,组织大学和科研院所专家深入乡村现场授课、指导,掌握技术应用要领,确保安全、规范地应用农村供水工程关键技术。

10.3.2　宣传与培训

1. 人才培养

累计培养硕士研究生 100 名,本科生 300 名。累计培训市(县)及农垦水务局、乡镇水利站技术和管理人员,省(市)设计单位和监理单位技术人员,供水服务组织和村级水管员,净水设备操作人员等 2 000 余人。

2. 人员培训

为了便于基层设备操作人员熟练掌握水质检测、水处理设备使用、维护与管理等技术,促进地下水源农村供水工程技术的有效推广,开展相关技术培训工作。举办集中式培训班,培训班以哈尔滨市和齐齐哈尔市的巴彦、木兰、通河、依兰、龙江、依安、泰来、甘南、富裕、拜泉 10 个县为核心,采取授课与现场实例教学相结合的方式,对水务局主管局长、相关技术人员进行培训,培训人数达到 1 500 余人。

10.3.3　技术咨询与成果转化

成果转化结果见表 10.1。

表 10.1　成果转化结果

年度	序号	市	县	覆盖供水人口/万人	水质水量累计提升/万 t	年增收节支总额/万元
2020—2022	1	哈尔滨市	巴彦	12.48	364.42	728.84
	2		木兰	11.42	333.46	666.92
	3		通河	14.05	410.26	820.52
	4		依兰	13.65	398.58	797.16
	5	齐齐哈尔市	龙江	10.72	313.02	626.04
	6		依安	15.89	463.99	927.98
	7		泰来	18.64	544.29	1 088.58
	8		甘南	14.50	423.40	846.80
	9		富裕	8.50	248.20	496.40
	10		拜泉	12.95	378.14	756.28
合计				132.80	3 877.76	7 755.52

由表 10.1 可见,在哈尔滨市、齐齐哈尔市累计 10 个县推广应用,2020—2022 年累计覆盖供水人口 132.80 万人,依据《村镇供水工程技术规范》(SL 310—2019)中的规定,黑龙江居民用水定额按 80 L/(人·d)计算,水质水量累计提升 3 877.76 万 t,水价按黑龙江省农村市场价 2.0 元/t 计算,3 年累计增收达 7 755.52 万元。

本 章 习 题

一、填空题

1.农村供水工程的基础是 _____,关键是 _____。

2.以地下水为水源的供水工程应从 _____ 或 _____ 中选择有代表性的水源井作为原水水质监测点。

3.水源水质检测时采样点应设置在 _____。

4.消毒管理一般要求应根据 _____ 和 _____ 等综合因素,合理选择消毒方法对供水进行消毒。

二、简单题

1.根据《村镇供水工程技术规范》(SL 310—2019)和《城镇供水厂运行、维护及安全技术规程》(CJJ 58—2009),农村供水工程应符合什么要求?

2.简述农村供水水质检验制度中不同水源应如何设立监测点?

3.取水设施的运行维护管理应符合哪些要求?

4.地下水除铁、锰、氟净水装置如何检查与维护?

5.供水单位如何做到节能管理?

6. 农村集中供水工程供水价格由哪几方面构成,并分别简述?

7. 应如何组织与推广地下水源供水技术应用社会化服务体系?

三、思考题

1. 平时在哪里查找农村供水工程应符合的规范?

2. 分别站在用户角度和供水单位角度上分析,对生活用水有什么要求?

参 考 文 献

[1] 中华人民共和国水利部. 村镇供水工程设计规范:SL 687—2014[S]. 北京:中国水利水电出版社,2014.

[2] 张德玲,张勇,陶姗姗. 黑龙江省农村饮水安全工程消毒技术选择[J]. 黑龙江水利, 2016,2(9):54-56.

[3] 周雨晴,袁伟峰,吴天浩,等. 地表水致病微生物的污染特征与处理技术研究[J]. 科教文汇(下旬刊),2017,(36):181-182.

[4] SHAKERI A,SHAKERI R,MEHRABI B. Potentially toxic elements and persistent organic pollutants in water and fish at Shahid Rajaei Dam,north of Iran[J]. International Journal of Environmental Science & Technology,2015,12(7):2201-2212.

[5] MAMONTOVA E A,TARASOVA E N,MAMONTOV A A. Persistent organic pollutants in the natural environments of the city of Bratsk (Irkutsk oblast):levels and risk assessment [J]. Eurasian Soil Science,2014,47(11):1144-1151.

[6] 国家市场监督管理总局,国家标准化管理委员会. 生活饮用水卫生标准:GB 5749—2022[S]. 北京:中国标准出版社,2023.

[7] 周宇渤. 三江平原地下水循环环境演化研究[D]. 长春:吉林大学,2011.

[8] 边静. 松嫩平原(吉林)地下水动态特征及可持续利用研究[D]. 长春:吉林大学, 2016.

[9] 邵北涛. 农村饮水安全工程运行管理浅析[J]. 陕西水利,2012(2):48-49.

[10] 尤春峰,张焕智. 黑龙江省地下水开发、保护与管理措施建议[J]. 黑龙江水利科技, 2012,40(2):237-238.

[11] KHOUND N J,BHATTACHARYYA K G. Multivariate statistical evaluation of heavy metals in the surface water sources of Jia Bharali river basin,North Brahmaputra plain, India[J]. Applied Water Science,2017,7(5):2577-2586.

[12] TIWARI A K,SINGH A K,SINGH A K,et al. Hydrogeochemical analysis and evaluation of surface water quality of Pratapgarh district,Uttar Pradesh,India[J]. Applied Water Science,2017,7(4):1609-1623.

[13] TAYLOR J G,RYDER S D. Use of the Delphi method in resolving complex water resources ISSUES[1][J]. Journal of the American Water Resources Association,2003,39 (1):183-189.

[14] SINGH A S,EANES F R,PROKOPY L S. Assessing conservation adoption decision criteria using the analytic hierarchy process:case studies from three Midwestern watersheds [J]. Society & Natural Resources,2018,31(4):503-507.

［15］ LIU D J, ZOU Z H. Water quality evaluation based on improved fuzzy matter-element method［J］. Journal of Environmental Sciences, 2012, 24（7）: 1210-1216.

［16］ FU X Q, ZOU Z H. Water quality evaluation of the Yellow River Basin based on gray clustering method［J］. IOP Conf Ser: Earth and Environmental Science, 2018, 128: 012139.

［17］ 中华人民共和国国家质量监督检验检疫总局, 中国国家标准化管理委员会. 地下水质量标准: GB/T 14848—2017［S］. 北京: 中国标准出版社, 2017.

［18］ 生态环境部, 国家市场监督管理总局. 土壤环境质量 农用地土壤污染风险管控标准: GB 15618—2018［S］. 北京: 中国环境科学出版社, 2018.

［19］ 国家环境保护总局. 畜禽养殖业污染防治技术规范: HJ/T 81—2001［S］. 北京: 中国环境科学出版社, 2001.

［20］ 国家环境保护总局, 国家质量监督检验检疫总局. 畜禽养殖业污染物排放标准: GB 18596—2001［S］. 北京: 中国环境科学出版社, 2001.

［21］ 环境保护部. 饮用水水源保护区标志技术要求: HJ/T 433—2008［S］. 北京: 中国环境科学出版社, 2008.

［22］ 中华人民共和国生态环境部. 地下水环境监测技术规范: HJ 164—2020［S］. 北京: 中国环境科学出版社, 2021.

［23］ 中华人民共和国环境保护部. 饮用水水源保护区划分技术规范: HJ 338—2018［S］. 北京: 中国环境科学出版社, 2018.

［24］ 中华人民共和国水利部. 村镇供水工程技术规范: SL 310—2019［S］. 北京: 中国水利水电出版社, 2019.

［25］ 李晓刚, 薛雯, 朱敏. 基于层次分析法的丹江流域河流健康评价［J］. 商洛学院学报, 2018, 32（6）: 44-49, 54.

［26］ 中华人民共和国建设部. 生活饮用水水源水质标准: CJ 3020—1993［S］. 北京: 中国标准出版社, 1994.

［27］ 谢崇宝, 张国华, 籍国东. 农村饮用水水源地安全评价与保护实用技术指南［M］. 北京: 中国水利水电出版社, 2016.

［28］ 潘丽雯, 徐佳. 我国小型集中式和分散式供水工程现状及发展对策［J］. 中国农村水利水电, 2014（3）: 169-171.

［29］ YU F C, FANG G H, RU X W. Eutrophication, health risk assessment and spatial analysis of water quality in Gucheng Lake, China［J］. Environmental Earth Sciences, 2010, 59（8）: 1741-1748.

［30］ 杜大仲, 孟宪林, 马放, 等. 基于层次分析法的河流型饮用水水源地选址评价［J］. 哈尔滨工业大学学报, 2011, 43（6）: 34-39.

［31］ NOSRATI K, VAN DEN EECKHAUT M. Assessment of groundwater quality using multivariate statistical techniques in Hashtgerd Plain, Iran［J］. Environmental Earth Sciences, 2012, 65（1）: 331-344.

［32］ 马丹. 吉林省榆树市地下水资源评价与研究［D］. 长春: 吉林大学, 2018: 1-50.

[33] 郗鸿峰.挠力河流域灌区地下水承载力评价指标体系的构建与应用[D].长春:吉林大学,2018:1-69.

[34] 戴长雷,王思聪,李治军,等.黑龙江流域水文地理研究综述[J].地理学报,2015,70(11):1823-1834.

[35] 刁盼盼.酚类内分泌干扰物对珠江口水体和水产动物的污染及风险评价[D].广州:暨南大学,2017:1-67.

[36] 张冬,刘芳蕾,刘武平,等.饮用水中持久性有机污染物的去除效能[J].净水技术,2015,34(1):38-45.

[37] ZHANG L Y,LAVAGNOLO M C,BAI H,et al. Environmental and economic assessment of leachate concentrate treatment technologies using analytic hierarchy process[J]. Resources, Conservation & Recycling,2019,141:474-480.

[38] 中华人民共和国国家质量监督检验检疫总局,中华人民共和国建设部.供水水文地质勘察规范:GB 50027—2001[S].北京:中国计划出版社,2001.

[39] 周宇渤.三江平原地下水循环环境演化研究[D].长春:吉林大学,2011.

[40] 崔小顺,郑昭贤,程中双,等.穆兴平原北区浅层地下水水化学分布特征及其形成机理[J].南水北调与水利科技,2018,16(4):146-153.

[41] 高宇.基于数值模拟的松嫩平原肇州旱灌区地下水安全保障模式研究[D].哈尔滨:黑龙江大学,2017.

[42] 中华人民共和国住房和城乡建设部,中华人民共和国国家质量监督检验检疫总局.管井技术规范:GB 50296—2014[S].北京:中国计划出版社,2014.

[43] 中华人民共和国住房和城乡建设部,中华人民共和国国家质量监督检验检疫总局.机井技术规范:GB/T 50625—2010[S].北京:中国计划出版社,2011.

[44] 李佳鸿.黑龙江省水资源承载力评价及水资源优化配置研究[D].哈尔滨:东北农业大学,2016.

[45] 罗凤莲.黑龙江流域水文概论[M].北京:学苑出版社,1996.

[46] 田旭鹏.第二松花江流域水化学特征及健康风险评价研究[D].长春:吉林大学,2018.

[47] 张晓红,戴长雷,王思聪.乌苏里江流域水文地理研究进展[J].黑龙江水利,2017(1):32-36.

[48] 叶茂,张世红,吴福元.中国满洲里-绥芬河地学断面域古生代构造单元及其地质演化[J].长春地质学院学报,1994,24(3):241-245.

[49] 孙冬梅,胡春双,曹中华.山丘区地下水资源控制开采的分析与评价[J].黑龙江水专学报,2005(2):103-105.

[50] 吕志学,刘凤飞,孙雪文.黑龙江省山丘区分布范围确定研究[J].水土保持应用技术,2014(5):48-49.

[51] 尤春峰,孙香太,张焕智.黑龙江省地下水资源计算分析[J].黑龙江水利科技,2007,35(2):47-51.

[52] 周志祥,刘国义,刘梅侠,等.傍河水源地建设条件研究[J].水利规划与设计,2008

(6):4-5.

[53] 李相莉.三江平原八五九灌区环境安全评价与管理[D].哈尔滨:黑龙江大学,2014.

[54] 赵鑫,郑余.黑龙江省地下水环境现状及应对措施[J].科技致富向导,2012(8):83.

[55] 孟婧莹.黑龙江省肇源县地下水资源评价与合理开发利用研究[D].长春:吉林大学,2013.

[56] 马林,王方浩,马文奇,等.中国东北地区中长期畜禽粪尿资源与污染潜势估算[J].农业工程学报,2006,22(8):170-174.

[57] 李冠杰,范子雁,王郅强,等.新型城镇化背景下农村污水治理责任体系构建研究[J].环境科学与管理,2015,40(1):78-81.

[58] 付强,戴春胜.黑龙江省地下水资源承载力时空差异[J].黑龙江水利科技,2016,44(4):8-13.

[59] 孙国敏,王春雷,张淑霞.黑龙江省地表水铁锰超标成因分析[J].东北水利水电,2013,31(4):34-35,40.

[60] 黄文丹.我国饮用水水源地锰超标原因及防控对策研究进展[J].能源与环境,2018(6):57-58.

[61] 胡婧敏.松嫩平原地方病严重区地下水氟的赋存特征及水质安全评价[D].长春:吉林大学,2016.

[62] KHADSE G K,PATNI P M,LABHASETWAR P K. Removal of iron and manganese from drinking water supply[J]. Sustain Water Resour Manag,2015,1(2):157-165.

[63] BUAMAH R,ODURO C A,SADIK M H. Fluoride removal from drinking water using regenerated aluminum oxide coated media[J]. J Environ Chem Eng,2016,4(1):250-258.

[64] 刘亚琼.目标内插模型的构建与实现[J].科技创业月刊,201,29(20):84-86.